自然教育实务丛书

自然教育实务
植物

白 玉 刘永金 张红珠 主编

ZIRAN JIAOYU SHIWU
ZHIWU

中国林业出版社
China Forestry Publishing House

图书在版编目（CIP）数据

自然教育实务 : 植物 / 白玉, 刘永金, 张红珠主编. --
北京 : 中国林业出版社, 2024. 12. -- (自然教育实务
丛书). -- ISBN 978-7-5219-2982-9

Ⅰ. G40-02

中国国家版本馆CIP数据核字第202462KV20号

责任编辑：张　华
装帧设计：刘临川

出版发行：中国林业出版社
　　　　　（100009，北京市西城区刘海胡同7号，电话 010-83143566）
网址：https://www.cfph.net
印刷：北京博海升彩色印刷有限公司
版次：2024年12月第1版
印次：2024年12月第1次
开本：787mm×1092mm　1/16
印张：18
字数：550千字
定价：78.00元

《自然教育实务：植物》编委会

主　　编　白　玉　刘永金　张红珠
副 主 编　赵嘉迪　周序羽　陈少平
主编单位　深圳市风景园林协会
　　　　　深圳市绿雅生态发展有限公司

编　　者　李　峰　凤　迪　刘晨韵　彭丽芳　杨亚会
　　　　　徐洁华　刘晨乐　刘　晓　彭　程　金惺惺
　　　　　彭达福　李承廉　刘保宁　刘乾发　麦嘉伟
　　　　　李峰仁　刘　靖　王　宏　谢雨霏　蔡筱彦
　　　　　汪立娟　卢杭桢　潘文鑫　陈慧婷　王晓芝
　　　　　黄纪周　邵　燕

前言

快节奏的城市生活中，我们被各种电子屏幕和繁忙的日程所包围，似乎忘记了曾经赋予我们无尽灵感的绿色大地，人与自然的接触、联系越来越少。孤独、焦躁、易怒、肥胖……现实生活中，不仅仅儿童有"自然缺失症"，成人也不例外。

自然不仅是我们生存的基础、生命的摇篮，也是我们精神的家园、智慧的源泉。随着尊重自然、顺应自然、保护自然的生态文明理念深入人心，自然教育行业也迎来更加广阔的前景，同时面临新的重大发展机遇与挑战。为了总结和分享自然教育经验，促进自然教育行业发展，深圳市风景园林协会主持推进，专业人员和志愿者共同参与，编写了这套"自然教育实务"丛书。

自然教育关注的核心是回归自然以改善人与自然的关系，通过多种方式重建人与自然的联结，涉及环境、教育、科学、艺术、社会学、心理学、管理学等多学科视角和方法，融合自然观察、自然体验、自然笔记、自然游戏等多种形式，强调受众的自主思维、参与体验与实践。目前，全国从事自然教育的各类机构近2万家，从业人员约30万人。随着对自然教育需求的不断增加，自然教育行业将更加注重课程的多样化和个性化，以满足不同层次人群和家庭的需求。"自然教育实务"丛书的编写借鉴国际先进经验，结合本土文化和实际，立足粤港澳大湾区，辐射华南地区，为自然教育机构、自然教育工作者提供指导和方向。

本书是丛书的第一部。参编人员多次调查走访粤港澳大湾区重要自然保护地，总结多年导赏实践经验，结合成功案例，理论联系实际，以科学

自然教育实务
植物

务实的态度调研编写，旨在将专业的植物学知识，植物在生活中的应用、养护，植物病虫害防治等用通俗的语言，以科学有趣的方式呈现，力求图文并茂地为老师、学生、机构从业者、自然教育基地人员等提供指导。本书让没有系统学习过植物的普通读者不再因为过多的专业术语而产生阅读上的困难，在体现专业性、科学性和趣味性的同时，更贴近大众的阅读习惯，使他们能轻松顺畅地阅读。

　　本书由植物概论、植物观赏、专题植物、植物养护、森林康养五篇31章组成。从微小的苔藓到参天的大树，从绚烂的花朵到沉静的果实，从独特的形态到药用价值，从文化意义到艺术气息，从病虫害防治到绿地保护，从观赏到生活中的吃、穿、用，多角度多维度解析植物。并且针对社会老龄化发展趋势，增加了由保健专家编写的森林康养内容，从健康监测管理、药物准备及应急措施等方面，提供全方位的生命安全保障指导。

　　为了成长之路更加丰富多彩，让我们在繁忙之余，多一份对自然的向往与亲近，在探索植物之美中感受生命的奇迹，找寻心灵的宁静与自由。让植物之美、森林之韵成为我们生活中不可或缺的一部分。诚挚邀请您一起加入自然教育实务之旅！

编者
2024 年 10 月

目录

前言 ·· 04

第一篇　植物概论 ·· 001

第一章　植物概述 ························· 002
　　一、植物的命名 ······················· 003
　　二、植物的细胞与组织 ············· 003

第二章　植物的器官 ····················· 004
　　一、根 ···································· 004
　　二、茎 ···································· 004
　　三、叶 ···································· 005
　　四、花 ···································· 005
　　五、果 ···································· 006
　　六、种子 ································ 007

第三章　植物分类 ························· 009
　　一、苔藓 ································ 009
　　二、蕨类植物 ························· 012
　　三、裸子植物 ························· 015
　　四、被子植物 ························· 016

第四章　生活中的植物学 ·············· 017
　　一、吃 ···································· 017
　　二、穿 ···································· 021
　　三、用 ···································· 021
　　四、空气 ································ 022

第二篇　植物观赏 ··· 025

第五章　观叶植物 ························· 026
　　001　海芋 ······························· 026
　　002　菩提榕 ···························· 027
　　003　枫香树 ···························· 028
　　004　南天竹 ···························· 028
　　005　鸟巢蕨 ···························· 029
　　006　龟背竹 ···························· 030
　　007　变叶木 ···························· 031
　　008　红花檵木 ························ 032
　　009　落羽杉 ···························· 032
　　010　猪笼草 ···························· 033
　　011　山乌桕 ···························· 034
　　012　朴树 ······························· 034
　　013　乌桕 ······························· 035

自然教育实务
植物

第六章　观花植物 ········ 036
 001　毛棉杜鹃 ········ 036
 002　吊钟花 ········ 037
 003　红花荷 ········ 037
 004　白兰 ········ 038
 005　白花油麻藤 ········ 039
 006　凤凰木 ········ 039
 007　大花紫薇 ········ 039
 008　红花羊蹄甲 ········ 040
 009　火焰树 ········ 040
 010　假鹰爪 ········ 041

第七章　观果植物 ········ 042
 001　假苹婆 ········ 042

 002　铁冬青 ········ 043
 003　火棘 ········ 043
 004　红果仔 ········ 043
 005　吊瓜树 ········ 044
 006　余甘子 ········ 044
 007　露兜树 ········ 045
 008　海桑 ········ 045
 009　盐麸木 ········ 046
 010　秋茄树 ········ 046
 011　朱砂根 ········ 047

第八章　种子观察 ········ 048
 一、种子的拍摄 ········ 048
 二、图片美化步骤 ········ 050

第三篇　专题植物 ········ 057

第九章　先锋植物 ········ 058
 一、先锋植物概述 ········ 058
 二、先锋植物的特点 ········ 058
 三、常见的先锋植物 ········ 059
 001　卷叶湿地藓 ········ 059
 002　尾叶桉 ········ 059
 003　柠檬桉 ········ 060
 004　大叶桉 ········ 061
 005　马占相思 ········ 061
 006　大叶相思 ········ 062

 007　台湾相思 ········ 062
 008　海榄雌 ········ 063
 009　木荷 ········ 063
 010　鬘荫 ········ 064
 011　山鸡椒 ········ 065
 012　桃金娘 ········ 065
 013　薜荔 ········ 066

第十章　保护植物 ········ 068
 一、概念 ········ 068

二、意义 ················ 068
三、方法 ················ 069
四、依据 ················ 069
五、常见保护植物 ········ 070
  001 仙湖苏铁 ········· 071
  002 紫纹兜兰 ········· 071
  003 水松 ············· 072
  004 金毛狗 ··········· 072
  005 桫椤 ············· 073
  006 苏铁蕨 ··········· 073
  007 土沉香 ··········· 074
  008 软荚红豆 ········· 074
  009 广东石豆兰 ······· 074
  010 小果柿 ··········· 075
  011 虎颜花 ··········· 075

第十一章　入侵植物 ······ 076
一、概念 ················ 076
二、特点 ················ 076
三、危害 ················ 077
四、防治 ················ 077

五、依据 ················ 077
六、常见入侵植物介绍 ···· 077
  001 薇甘菊 ··········· 077
  002 空心莲子草 ······· 078
  003 马缨丹 ··········· 078
  004 大薸 ············· 079
  005 银胶菊 ··········· 079
  006 土荆芥 ··········· 080
  007 刺苋 ············· 081
  008 落葵薯 ··········· 081
  009 钻形紫菀 ········· 082
  010 鬼针草 ··········· 082
  011 小蓬草 ··········· 083
  012 一年蓬 ··········· 083
  013 假臭草 ··········· 084
  014 垂穗商陆 ········· 084
  015 光荚含羞草 ······· 085
  016 五爪金龙 ········· 086
  017 喀西茄 ··········· 086
  018 藿香蓟 ··········· 087

第十二章　蜜源植物 088
　一、什么是蜜源植物 088
　二、蜜源植物调查方法 089
　三、调查工具 090
　四、蜜源植物介绍 090
　（一）花蜜腺植物 090
　　001　荔枝 090
　　002　龙眼 091
　　003　鹅掌柴 091
　　004　山乌桕 091
　　005　楝叶吴茱萸 092
　　006　勒花椒 092
　　007　锦绣杜鹃 093
　　008　空心泡 093
　　009　醉蝶花 093
　　010　苏丹凤仙花 094
　　011　马缨丹 094
　（二）花外蜜腺植物 094
　　001　接骨草 094
　（三）有毒蜜源植物 095
　　001　钩吻 095
　　002　八角枫 095

第十三章　防火植物 096
　一、什么是防火植物 096
　二、森林防火的重要性 096
　三、城市防火的重要性 096
　四、防火植物受到的关注越来越多 097
　五、防火植物的特性 097
　六、易燃植物对防火工作有阻挠 098
　七、林区防火基本知识 098
　八、城市绿化也需要防火植物 098
　九、防火植物 099
　　001　木荷 099
　　002　油茶 099
　　003　火力楠（醉香含笑） 099
　　004　深山含笑 100
　　005　红花荷 100
　　006　杨梅 100
　　007　银柴 101
　　008　假苹婆 101
　　009　竹节树 101

　　010　黧蒴锥 102
　　011　山油柑 102
　　012　三叉苦（三桠苦） 103
　　013　铁冬青 103
　　014　红楠 103
　　015　野牡丹（印度野牡丹） 104
　　016　九节 104
　　017　栀子 104
　　018　珊瑚树 105
　十、易燃植物 105
　　001　芒萁 105
　　002　芒 106
　　003　五节芒 106

第十四章　有毒植物 107
　一、概念 107
　二、引起中毒原因 107
　三、引起中毒途径 107
　四、华南地区常见有毒植物 108
　　001　钩吻 108
　　002　海杧果 108
　　003　夹竹桃 109
　　004　海芋 110
　　005　羊角拗 111
　　006　黄蝉 111
　　007　马利筋 112
　　008　山菅 113
　　009　野漆 113
　　010　牛茄子 114
　　011　木曼陀罗 114

第十五章　水源涵养植物 115
　一、水源涵养 115
　二、水源涵养林 117
　三、水源涵养植物 118
　四、水源涵养植物利用历史 119
　五、典型的水源涵养植物 121

第十六章　寄生植物与附生植物 123
　一、寄生植物 123
　　001　红冬蛇菰 124
　　002　野菰 124

003 菟丝子 …………………… 125
　　004 无根藤 …………………… 125
　　005 寄生藤 …………………… 126
　二、附生植物 ……………………… 127
　　001 松萝 …………………… 128
　　002 老人须 …………………… 129
　　003 彩叶凤梨 ………………… 130
　　004 巢蕨 …………………… 131
　　005 二歧鹿角蕨 ……………… 132
　　006 石韦 …………………… 132
　　007 鼓槌石斛 ………………… 133
　三、古诗文中的寄生植物与附生植物 … 134

第十七章　兰花 ……………………… 135
　一、什么是兰花 …………………… 135
　二、兰花有哪些特征 ……………… 135
　三、兰花有哪些类别 ……………… 137
　四、兰花的繁殖 …………………… 137
　五、华南常见兰花介绍 …………… 138
　　001 紫纹兜兰 ………………… 138
　　002 深圳拟兰 ………………… 138
　　003 深圳香荚兰 ……………… 138
　　004 绶草 …………………… 139
　　005 鹅毛玉凤花 ……………… 139
　　006 橙黄玉凤花 ……………… 139
　　007 线柱兰 …………………… 140
　　008 金线兰 …………………… 140
　　009 高斑叶兰 ………………… 140
　　010 寄树兰 …………………… 141
　　011 广东隔距兰 ……………… 141
　　012 美冠兰 …………………… 141
　　013 墨兰 …………………… 142
　　014 竹叶兰 …………………… 142
　　015 香港带唇兰 ……………… 142
　　016 苞舌兰 …………………… 143
　　017 鹤顶兰 …………………… 143
　　018 芳香石豆兰 ……………… 144
　　019 石仙桃 …………………… 144

第十八章　相思 ……………………… 145
　一、长林遍是相思树 ……………… 145
　　001 台湾相思 ………………… 146
　　002 大叶相思 ………………… 147

　　003 马占相思 ………………… 147
　　004 珍珠相思 ………………… 148
　二、万斛相思红豆子 ……………… 149
　　001 海南红豆 ………………… 150
　　002 海红豆 …………………… 150
　　003 相思子 …………………… 151
　三、相思只在，丁香枝上，豆蔻梢头 … 151
　　001 秋海棠 …………………… 152
　　002 枇杷 …………………… 152
　　003 梅 ……………………… 153
　　004 枫香树 …………………… 153

第十九章　榕树 ……………………… 154
　一、榕属植物概述 ………………… 154
　二、榕属植物的传粉 ……………… 154
　三、榕属植物的几大特征 ………… 155
　四、榕属植物 ……………………… 156
　　001 无花果 …………………… 156
　　002 薜荔 …………………… 157
　　003 粗叶榕 …………………… 157
　　004 大果榕 …………………… 159
　　005 高山榕 …………………… 159
　　006 垂叶榕 …………………… 161
　　007 菩提榕 …………………… 162
　　008 黄葛树 …………………… 163
　　009 笔管榕 …………………… 164
　　010 对叶榕 …………………… 165
　　011 印度榕 …………………… 165
　　012 雅榕 …………………… 167

第二十章　竹子 ……………………… 168
　一、竹子植株特点 ………………… 168
　二、竹子的生长特点 ……………… 170
　三、竹子的繁殖 …………………… 170
　四、竹子植株群落分型 …………… 170
　五、中国竹子的历史文化 ………… 170
　六、竹子用途 ……………………… 171
　七、常见竹子 ……………………… 172
　　001 筀竹 …………………… 172
　　002 青皮竹 …………………… 173
　　003 粉单竹 …………………… 173
　　004 佛肚竹 …………………… 174
　　005 黄金间碧竹 ……………… 174

006 毛竹……………………………… 175	004 黄槿……………………………… 189
第二十一章 红树植物…………… 176	005 阔苞菊……………………………… 190
一、红树林的概念……………………… 176	006 水黄皮……………………………… 191
二、红树植物的分类…………………… 177	007 海滨猫尾木………………………… 192
三、红树植物的特征…………………… 177	**第二十二章 滨海植物**…………… 193
四、真红树植物………………………… 178	001 海滨木巴戟………………………… 193
001 木榄……………………………… 178	002 苦郎树……………………………… 195
002 秋茄树……………………………… 179	003 单叶蔓荆…………………………… 195
003 老鼠簕……………………………… 180	004 银毛树……………………………… 196
004 卤蕨……………………………… 181	005 厚藤……………………………… 197
005 无瓣海桑…………………………… 182	006 草海桐……………………………… 198
006 对叶榄李…………………………… 183	007 木麻黄……………………………… 199
007 海榄雌……………………………… 184	008 海岛藤……………………………… 200
008 海漆……………………………… 185	009 榄仁树……………………………… 201
五、半红树植物………………………… 186	010 苦槛蓝……………………………… 203
001 海柠果……………………………… 186	**第二十三章 藤本植物**…………… 204
002 银叶树……………………………… 187	001 使君子……………………………… 204
003 玉蕊……………………………… 188	

11

002　白花油麻藤 ………………… 205
003　紫藤 ……………………… 206
004　凌霄 ……………………… 207
005　珊瑚藤 …………………… 208
006　匙羹藤 …………………… 209
007　龙吐珠 …………………… 210
008　绒苞藤 …………………… 210
009　络石 ……………………… 211
010　盒果藤 …………………… 213
011　龙须藤 …………………… 213
012　扁担藤 …………………… 215
013　爱之蔓 …………………… 216
014　鹅掌藤 …………………… 217

第二十四章　指示植物 ………………… 218
　　一、土壤指示植物 …………………… 218
　　二、气候指示植物 …………………… 219
　　三、矿产指示植物 …………………… 220
　　四、环境污染指示植物 ……………… 221

第二十五章　古树名木 ………………… 222
　　一、什么是古树名木 ………………… 222
　　二、怎样测定古树的年龄 …………… 222
　　三、为什么要保护古树名木 ………… 223
　　四、古树名木探访纪实 ……………… 224

第四篇　植物养护 …………………………………………………………………… 237

第二十六章　日常养护作业 …………… 238
　　一、月度重点养护工作指引 ………… 238
　　二、区域整治提升 …………………… 241

第二十七章　病虫害防治 ……………… 245
　　一、病虫害防治方法 ………………… 245
　　二、草坪病虫害防治 ………………… 247
　　三、花卉和灌木病虫害防治 ………… 247
　　四、乔木病虫害防治 ………………… 248

　　五、全年常见病虫害及防治方法 ……… 248

第二十八章　绿地保护 …………………… 254
　　一、总体设计 …………………………… 254
　　二、方案实施 …………………………… 254
　　三、方案措施 …………………………… 255

第二十九章　古树名木养护管理 ………… 256
　　一、古树衰老的原因 …………………… 256
　　二、古树名木的复壮措施和养护管理 … 257
　　三、古树与周围其他植物之间关系的
　　　　处理 ………………………………… 258

第五篇　森林康养 …………………………………………………………………………… 261

第三十章　森林康养 ……………………… 262
　　一、国外森林康养概况 ………………… 262
　　二、森林康养对人体的影响 …………… 263
　　三、我国森林康养的现状 ……………… 263
　　四、自然教育在森林康养方面的可行性 … 263
　　五、自然教育在森林康养方面实施的
　　　　建议 ………………………………… 264
　　六、我国森林康养发展的必要性 ……… 265

第三十一章　应急处置 …………………… 267
　　一、受伤出血 …………………………… 267
　　二、抽筋 ………………………………… 268

　　三、踝关节扭伤 ………………………… 268
　　四、水疱 ………………………………… 269
　　五、中暑 ………………………………… 269
　　六、晕厥 ………………………………… 270
　　七、热昏厥 ……………………………… 270
　　八、低温症 ……………………………… 270
　　九、溺水 ………………………………… 271
　　十、误触有毒物质 ……………………… 271
　　十一、蛇咬伤 …………………………… 271
　　十二、毒虫咬伤 ………………………… 272
　　十三、常用药品准备 …………………… 273

自然教育实务
植物

第一篇

植物概论

DIYIPIAN
ZHIWU GAILUN

第一章 植物概述

　　植物（Plants）是绿色的生命体，是生命的主要形态之一，包含了如乔木、灌木、藤本、草本、蕨类、苔藓等不同的类型。植物能利用光合作用将无机物转化成有机物，是自然界中的初级生产者。我们目前已经知道的植物种类达39万多种，它们的大小、形态和生活方式各不相同，有藻类植物、地衣植物、苔藓植物、蕨类植物和种子植物等，都是地球生态系统中不可或缺的组成部分。绿色植物所需的大部分能源是经由光合作用从太阳光中得到的，温度、湿度、光照和水分是植物生存的基本需求。根据所执行的功能不同，植物器官分为6类：根、茎、叶、花、果实和种子。绿色植物具有光合作用的能力，叶是进行光合作用的主要场所。光合作用是绿色植物吸收光能，利用二氧化碳和水，合成有机物质，并释放氧的过程。

植物景观

　　地球上只有植物能够自己制造食物，它们是养活地球上一切生命的基础。植物不仅为人类提供了生存必需的氧气、食物和能量，而且为人类提供了棉、麻、橡胶等许多生产原料。

　　生物有不同的分类方法，常见的有两界与五界分类。两界分类法主要由林奈（C. Linnaeus）在1735年提出，分别为植物界和动物界。植物界包括种子植物和孢子植物两大类，种子植物又分为裸子植物和被子植物两类，孢子植物包括藻类、菌类、地衣、苔藓、蕨类五类。五界分类法主要由魏泰克（R. H. Whittaker）在1969年提出。五界分别为原核生物界、原生生物界、植物界、菌物界和动物界。

　　大约在35亿年前，地球上出现最古老、最原始的植物——藻类，藻类是所有植物的祖先，这些原始的单细胞植物，能够通过光合作用产生有机物。随着时间的推移，出现了更复杂的多细胞藻类，它们广泛分布在海洋中。至今，古代蓝藻的子子孙孙仍在延续，是繁殖力最强的水生植物之一。

　　约在5亿年前，苔藓植物率先登上陆地，它们没有真正的根、茎、叶，但有类似于茎和叶的结构。随后，蕨类植物出现，它们具有更复杂的结构，包括真正的根、茎和叶。

3.85亿年前的泥盆纪，出现了最早的种子植物——裸子植物。它们通过种子进行繁殖，种子被包裹在一种叫作珠被的结构中。

被子植物是最晚出现也是最高级的植物类群，它们具有真正的花和果实，通过双受精现象繁殖。

从最早的藻类植物到现代的被子植物，经历了数亿年的演化。而今，地球上的植物多样性极为丰富，它们在不同的生态系统中扮演着重要的角色。

一、植物的命名

世界上，不同的国家或地区对同一种植物会有不同的称谓。比如我国对荷花的称谓就有莲花、芙蓉、芙蕖、水芝等30多种。同时也存在同一称谓对应不同植物的现象。比如叫"夜来香"的植物：一种是茄科夜香树属的多年生灌木，一种是萝藦科的藤本植物，都叫"夜来香"或"夜香花"。诸如此类同物异名和同名异物的情况，数不胜数，极容易让人混淆，不便于相互交流。于是，植物的学名应运而生。

瑞典博物学家卡尔·冯·林奈首次建立了植物学名体系。拉丁语属于严谨文字，变化相对来说比较少，语法固定，词义明确，不会随意变化。也没有政治上的立场，很容易被各个国家所接受。林奈在探索研究过程中发现，许多植物都有共同的形态特点，他把它们归为一类。再把相似的种类合在一起组成更大的类。他发现，自然界是存在秩序的，根据几个重要特性完全可以把植物分类。

1735年，他用这种方式记录了4000多种植物，并且把他的分类体系在《自然系统》一书中发表。

分类系统分为8个层次：种、属、科、目、纲、亚门、门和界。这种分类法在当时引起了很大争议，但是植物学家们发现林奈的这个方法简单易行，很有吸引力。于是林奈的分类法很快传遍了欧洲。

1753年出版的《植物种志》一书中，林奈明确了动植物命名的双名（二名）法，即每个物种学名由两个部分构成：属名和种加词。并在其后附上命名者。属名字首字母大写，种加词小写。在科学文献印刷出版时，使用斜体，或是于学名加底线表示。如银杏的学名：*Ginkgo biloba* L.其中*Ginkgo*是属名（银杏属），*biloba*是种加词（二裂的），L.是林奈的名字缩写。

林奈的双名法分类体系，每个学名对应唯一的植物，避免了同物异名或同名异物的现象，使得植物分类更加精确。保证了不同国家和地区在植物学术交流时的准确性和一致性。在科学研究、数据整合、教育普及、生物多样性保护和国际交流中起着重要的作用。

二、植物的细胞与组织

有机体除了最低等的病毒以外，都是由细胞构成的。植物体也一样。植物细胞由细胞壁、细胞膜、细胞核、细胞质、液泡、叶绿体、线粒体组成。

细胞壁是植物细胞最外一层坚硬组织，主要由纤维素组成，为细胞提供支撑和保护；细胞壁内侧是细胞膜，主要控制物质进出细胞；细胞核包含遗传物质DNA，控制细胞的生长和分裂；细胞质是细胞膜和细胞核之间的液体，含有各种细胞器；细胞质中的液泡，负责储存物质和调节细胞内的压力。叶绿体含有叶绿素，主要进行光合作用，为植物制造营养；线粒体是细胞的能量工厂，通过呼吸作用产生能量。

细胞组成了植物的组织，每种组织都有其特定的生物学功能，共同协作以维持植物的生长和发育。分生组织是具有高度分裂能力的细胞，能够不断分裂产生新细胞；保护组织如表皮组织，保护植物体不受外界伤害；营养组织如薄壁细胞组织，负责储存营养物质；输导组织包括导管和筛管，负责水分和养分的运输；机械组织如纤维组织提供植物体的机械支撑。

第二章 植物的器官

一株高等植物通常由根、茎、叶、花、果实和种子6部分组成。根、茎、叶负责运输水分、无机盐和营养物质,是植物的营养器官;花、果实、种子主要负责传宗接代,是植物的繁殖器官。植物各个器官协同工作,保障了植物的生存和繁衍。

一、根

大部分植物的根位于地下,具有吸收、固着、支持、输导、合成、储藏、繁殖和分泌等功能,少部分根裸露在空气中,如红树科植物的呼吸根及榕属植物的气生根。根固定植物,帮助植物保持直立或攀附在其他物体上;根通过其表皮细胞吸收土壤中的水分和矿物质,为植物提供必需的养分;有些植物的根可以储存养分,供植物在生长季节使用,如胡萝卜和红薯的块根;有些植物的根可以进行气体交换,如榕树的气生根可以吸收水分和养分,无瓣海桑由于生长的土壤中空气缺乏,造成根部呼吸困难,为适应环境,一部分根背地向上生长露出地面,有发达的通气组织和皮孔,帮助呼吸;有些根与土壤中的微生物(如菌根真菌)建立共生关系,如大豆的根瘤菌帮助植物吸收更多的养分。

根是植物适应土壤环境、获取资源和维持生长的基础。通过根的多样性和复杂性,植物能够在各种土壤类型和环境条件下生存和繁衍。

高山榕的根系

二、茎

茎连接根和叶,是植物的主要支撑结构。通常由外皮、韧皮部、形成层和木质部组成。茎的形态多样,可以是直立的、匍匐的、攀缘的或缠绕的等。

茎具有多层组织。外皮保护内部组织,韧皮部含有筛管,负责向下输送养分;形成层是活跃的细胞层,参与茎的增粗;木质部含有导管,负责向上输送水分和矿物质。

茎为植物提供物理支撑,使其能够向上生长,接受更多的阳光。通过其内部的导管和筛管,负责将水分和养分从根部输送到叶子,并将光合作用产生的养分从叶子输送到其他部位；茎的外皮层可以保护植物免受外界环境的伤害，如防止水分蒸发和抵御害虫。有些植物，尤其是在叶子较少或退化的情况下，茎也可以进行光合作用，如木麻黄；有些植物的茎可以储存养分，供植物在生长季节使用，如马铃薯和芋头的块茎和莲藕的根状茎；茎也可以参与植物的繁殖，如通过茎的分枝产生新的植物个体。

茎对植物的生存和繁衍至关重要。通过茎的输送功能，植物能够有效地分配资源，以支持其整体的生长和发育。

鱼腥草的地下茎

三、叶

叶一般由叶片、叶柄和托叶三部分组成，同时具备三部分的叶，称为完全叶。有些叶只具一或两个部分，称为不完全叶。叶通常位于茎的顶端或侧边，是植物进行光合作用的主要场所，通过吸收阳光、二氧化碳和水分，将其转化为植物生长所需的能量和营养物质。

叶的形状多种多样，大小也各不相同，从微小的苔藓植物叶子到大型树木的巨大叶片，形态各异。叶片是叶的主体，有较大的表面积以接受光照和与外界进行气体交换及水分蒸散。大多数叶子是绿色的，富含叶绿体的叶肉组织是进行光合作用的场所，将阳光转化为植物生长所需的能量；通过气孔吸收二氧化碳并向外界释放氧气和水蒸气，通过蒸腾作用，调节水分平衡，帮助植物吸收土壤中的矿物质；叶子多种多样的形状和结构可以保护植物免受强光、干旱等不利环境条件的影响；还有一些植物，叶子也参与繁殖过程，如通过叶子的分裂产生新的植物个体，或通过叶片进行扦插繁殖。

叶是植物进行能量转换和物质循环的重要器官，对整个植物的健康和稳定起着至关重要的作用。

大叶榕萌发新叶

四、花

花是植物繁殖过程中的关键结构，通常位于枝条的顶端或叶腋处。它是植物进行有性繁殖的场所，通过花的授粉和受精过程产生种子。

花的形态多种多样，有单瓣的、重瓣的、也有无花瓣的。大小可以从微小的几毫米到巨大的几米不等。花的颜色丰富多彩，几乎包含了所有可见光谱的颜色。花的形态和特征的多样性可以帮助植物适应不同的环境条件，如干旱、寒冷或高光照环境。

一朵完整的花可分为五个部分，即花梗（花柄）、花托、花被、雄蕊群和雌蕊群。其中花被是花萼和花冠的总称，花冠由若干称为花瓣的瓣片组成。雌蕊群是雌蕊的总称，每一雌蕊由柱头、花柱和子房三部分组成。绝大多数被子植物的雄蕊是由花丝和花药两部分组成。

花萼和花瓣构成花冠，在授粉前保护花的生殖器官不受损害；雄蕊产生花粉，雌蕊包含子房和胚珠，雄蕊将花粉传递到雌蕊上，完成授粉过程。

雌蕊由1至多个具有繁殖功能的变态叶——心皮卷合而成。根据心皮的数目和结合方式，雌蕊可以分为以下几种类型：

单雌蕊：由单个心皮构成的雌蕊，即一朵花中仅具一个单生单雌蕊，常见于豆科、蔷薇科的李亚科等，如豌豆、山桃。

离心皮雌蕊：一朵花中具多个离生的单雌蕊，常见于木兰科、毛茛科、景天科等，如玉兰。

复雌蕊：由两个以上的心皮联合构成的雌蕊，又称为合心皮雌蕊。这是被子植物中最为常见的雌蕊类型，并且一朵花中通常只有一个复雌蕊，如山楂、百合、连翘等。

合生雌蕊：子房、花柱和柱头全部合生，如油菜、柑橘等。

红花羊蹄甲的花

雌蕊的类型对植物的繁殖和果实的形成具有重要的影响。

花的颜色、形状、香味和花蜜等特征都是为了吸引传粉者，帮助植物完成授粉。花可以通过释放化学物质（如挥发性有机化合物）来传递信息，如吸引传粉者或与其他植物交流。

花在植物生命周期中扮演着至关重要的角色，通过花的多样性和复杂性，植物能够确保其基因的传递和物种的延续。花不仅在生物学上具有重要意义，而且在文化和艺术中也占有一席之地。

五、果

果实通常是植物的花在授粉和受精后由子房发育而成。果皮由子房壁发育而成的称为真果，由花被、花托以至花序轴参与果实组成的称为假果。它包含种子，是植物繁殖后代的主要方式。

果实的形态多种多样，颜色丰富多彩，大小可以从微小的几毫米到巨大的几米不等。果实的果皮保护种子免受外界环境的伤害，许多果实用颜色、香味或甜味吸引动物食用将种子传播到新的地方。

根据果实的形态和结构，可以分为三大类：单果、聚合果和聚花果。

单果是由一朵花中的一个子房或一个心皮发育所形成的单个果实。

聚合果是由一朵花中多数离生雌蕊发育而成的果实，这些小的果实连同花托形成一个整体，称之为聚合果。比如草莓：花托上着生有很多小小的雌蕊，每一枚雌蕊都发育出一个小小的果实，就是草莓上芝麻大小的点（通常被误认为是种子）。而我们吃到的甜美可口的部分是花托发育来的。所以整个草莓不仅是聚合果，还是假果。属于聚合果的还有玉兰、覆盆子、莲等。

波罗蜜的聚花果

聚花果是由一整个花序形成的复合果实。比如桑椹，整个雌花序上的每朵小花发育成一个小核果，包藏在厚而多汁的花萼中，成熟时结合为一个大的聚花果，也称为复合果。聚花果也是假果。属于聚花果的还有桑葚、无花果、菠萝、波罗蜜等。

此外，根据雌蕊的构造和形态，还可以进一步区分出不同类型的果实，如颖果、坚果、翅果、分果、浆果和柑果等。

果实的多样性，不仅保证了植物基因的传递和物种的延续，也为人类和其他动物提供了丰富的食物资源。

六、种子

种子是植物通过有性繁殖形成的生殖结构，由种皮、胚和胚乳三部分组成。能够在适宜的条件下萌发成为新的植物个体。种皮保护胚免受外界环境的不利影响，胚是幼态的植物体，胚乳为胚的萌发提供所需的营养。

胚，由胚芽、胚轴、胚根、子叶四部分组成。

子叶和叶子不同，是种子萌发时的营养器官，属于种子植物中胚的组成部分，可以帮助植物宝宝获得胚乳中的养料而成长，有时也可以实现储藏的功能，甚至进行光合作用。从种子萌发成幼苗这一过程非常重要，所以在幼苗上通常都可以看到最先长出的，最靠近根部的小小的子叶。一般对称的两片子叶之后，再长出来的就是真的叶子。当真正的叶子萌发、长成，子叶也就完成了自己的使命，凋零脱落。

（一）子叶数目分类

种子植物可以分为裸子植物和被子植物。裸子植物的子叶数目较多，且存在差异，比如柏树2片、银杏3片、松树多片。被子植物的子叶多数数目为1或2片，对应称为单子叶植物和双子叶植物。单子叶植物，以草本为主，木本很少，兰科属于其中第一大科。多数平行叶脉，花基数为3的倍数。常见的有小麦、百合、海芋、萱草、薯蓣、露兜树、棕榈、龙血树等。双子叶植物，多数为网状叶脉，花基数为4~5的倍数。常见的有葡萄、苹果、梨、柑橘、大豆、花生、油菜等。

（二）单子叶和双子叶植物主要区别

种子：单子叶植物只有一片子叶，营养物质储存在胚乳；双子叶植物拥有两片子叶，营养物质储存在子叶中。

根系：单子叶植物根系结构简单，一般为须根系，主根不发达，这样可以在比较短的时间内完成生长发育；向下延伸能力强，可以获得深层土壤的水分和养料，抗干旱和土壤贫瘠能力更强。双子叶植物根系复杂，一般为直根系，通常有一个主根和数个分支根，主要通过立体"网络"，实现浅层土壤中水分和养分的吸收，可以适应不同土壤类型，在多变的环境中利用资源能力更强。

茎干：单子叶植物茎中的维管束不按有规律的圈状排列，没有形成层，不能加粗，所以大部分为草本，很少木本；双子叶植物的维管束按照圈状排列，有形成层，能够加粗，多为木本。

种子的形态、颜色多种多样，有助于在自然环境中隐藏或吸引动物传播。种子可以在不利的环境条件下休眠，等待条件改善后再萌发，有助于植物种群的生存和适应。种子可以通过多种方式传播，包括风力、水流、动物携带等，有助于植物种群的扩散和基因的多样性。种子是植物生命周期中的关键阶段，承载着植物遗传信息的传递，确保种群延续，是人类和其他动物的食物来源，为人类提供营养和能量，在农业和食品工业中具有重要的经济价值。

大部分植物经过种子或孢子形态脱离母体，在土壤中发芽长成新的植株。植物界还有一类繁殖方式特别的植物：胎生植物。胎生一般是指动物受精卵在母体子宫内发育为胎儿后才产出母体的生殖方式。而在植物界中，有一类有胚植物，它们的种子在果实脱离母株前就萌发成幼苗，称为种子胎生或胎萌。如红树科中的木榄、秋茄、角果木等。红树科植物是狭义上的胎生植物。而广义的胎生植物是指植物地上部分营养体（如胞芽、芽胞、抽条芽或珠芽等）在母株上发芽，再自然脱落，长成新的植

落地生根　　　　　　　　　　　　　　　　　　落地生根叶子胎生现象

株，也称为营养体胎生。如落地生根属的植物、蕨类中的珠芽狗脊等。

有一些红树科植物，如桐花树、海榄雌、老鼠簕的种子在果实内萌发，形成具有幼苗雏形的胚体，但不形成长筒形胚轴突出果实之外，胚体外有一层鞘膜包住，称为隐胎生或潜育胎萌。

植物胎生的繁殖方式，丰富了繁殖的多样性，有利于植物种群的扩散和对环境的适应。

第三章 植物分类

DISANZHANG ZHIWU FENLEI

　　植物学界沿用的植物分类系统将植物分低等植物和高等植物两大类。低等植物是无胚植物，分藻类、菌类和地衣三大类型。高等植物是有胚植物，包括苔藓、蕨类和种子植物三大类型，种子植物又分裸子植物和被子植物两个类型。

一、苔藓

　　人们往往把地上匍匐的"植物"归为苔藓，一些矮小的卷柏（蕨类植物）、膜蕨属（蕨类植物）、大叶梅（地衣类植物）、橘色藻（绿藻植物）是被混淆最多的物种。甚至长在湿润树枝上的蔓藓会被误认为是松萝。这些误会的背后往往都是大家忽略了这个群体。当你在家附近的台阶、草地、树上甚至寸草不生的水泥地、柏油路上见到它们的身影时，不妨低头观察一下它，你会惊喜地发现一片葱葱郁郁的"森林"。

　　若放大后仔细观察每一块巨石，对于动物、植物来说都是一片"孤岛"。条件好的"孤岛"上肉眼可见的是覆盖满苔藓，那接下来，你可以用放大镜来窥视一下这微观世界。放大镜是观察苔藓不可缺少的工具，倍率一定要选择10~20倍的。没有准备放大镜，你也可以通过微距镜头的数码相机去观察，但这也仅仅能够窥探到这个微观世界而

苔藓

已。若是想进一步鉴别这是什么种的苔藓，那你要采集样本回去通过显微镜观察、分析才能确定。如果你单纯地觉得这块"孤岛"只有一种苔藓那你就大错特错啦！当通过显微镜观察时，你会发现这一块石头（一片区域）虽然都是郁郁葱葱的绿色，但是上面隐藏着一整个完整的生态系统。苔藓作为这座"孤岛"上的森林，你会发现这片森林中有不同种类的苔藓交错生长，苔藓的更替赋予这块贫瘠的土地产生有机物，同时也能锁住部分水分，外界掉落的种子便可以在这片"土地"上生根发芽，同时，一些小型的昆虫也会选择把后代孕育在这片大地，幼虫以苔藓为食，同时它的天敌也会来到这片土地狩猎。只要用心进入微观世界，你会发现这座"岛"并不孤独。

（一）什么是苔藓

苔藓在陆生植物中被称为"原始植物"，传统的植物通过根系吸收水分和养分，并通过维管束输送到全身。而苔藓不同的是它构造十分简单，虽然根系覆盖于土壤、岩石甚至木头等材质上，但是它并没有吸收和输送的功能，大部分情况下只是起着吸附、固定的作用。它的根系称为假根，呈毛状。

苔藓没有从土壤中获取养分和水分的根，那它是如何存活的呢？它依托于我们能够直观见到的部分：叶和茎。苔藓的叶片和茎由单细胞组成，但茎、叶内无输导组织（导管和筛管），苔藓植物体内水分和营养运输的途径是靠细胞之间的传递，输送能力差，因此不能为植株输送大量的营养物质供其利用，这也是苔藓植物比较矮小的原因。但是这也让我们可以轻易地在不毛之地（沥青路、水泥墙、甚至潮湿的金属指示牌上）见到它们的身影。脱离了土壤，它们把不可能变成可能。因为它们单一的植株实在是太小太柔弱了，仅凭一株是无法挺立的，于是，它们就学会了团结，形成群落，相互支撑。依靠强大的群落，留住了生存所需要的水。

观察完假根、叶和茎，那么大家有见过苔藓的花吗？清朝诗人袁枚的《苔》写道："白日不到处，青春恰自来。苔花如米小，也学牡丹开。"大家可以通过放大镜去寻找一下袁枚笔下的花在哪里。苔藓的结构除了我们前面提到的假根、叶和茎，专业的植物结构称之为配子体；有一些苔藓叶片层层叠叠的形成一个杯状，其中间嫩叶红色，周边老叶绿色，像花朵一样，为此我推断的第一种对苔米花的猜想；苔藓除了配子体以外，还有一部分结构叫作孢子体，也就是苔藓"开花结果"的表现，层层拨开配子体，你会发现结构大致都有蒴柄、孢蒴、蒴帽、蒴盖和我们肉眼看不到的孢子。这些孢子体是我对苔米花的第二种猜想。之前我们提到过，苔藓是陆生植物的一个庞大的种群，根据其生物特征不同，植物分类学把苔藓分为苔类、藓类以及角苔类。我们大部分所见到且认知里的苔藓都是"藓类"，其数量高达15000种，其次是"苔类"有8000种，剩余的角苔平时难以见到，这三类加起来，全世界已知的苔藓种类约有23000种。这里不得不提我对苔米花的第三种猜想：苔类有茎与叶分明的茎叶体，也有全身如同叶片一样扁平的叶状体，叶状体的苔类特有孢芽杯用于无性繁殖，孢芽杯长大特别像绿色的小杯子，让人误会要开花啦！特别要提的是地钱有一个颈卵器托，像极了一把小伞，伞下面挂着可爱的小球球（孢子体）。

（二）苔藓的生存之道

人往往会因为自身的体型矮小而感到自卑，或者一度自我怀疑，如果你有这种困惑，那就需要认真阅读这一章节，希望你能够从自然中汲取力量。其实这一切源头源自我们的攀比心理。凭借庞大且发达的根系和庇荫一切的树冠，树的优越性是无法匹敌的，在森林的生态中树木站在了顶层，通过剧烈的竞争品尝到了"头茬"阳光。其次是在林间的灌木丛和高大草本，它们进化出高效获取林间树木遗漏或散射光的叶片。在密林里树木还制造了厚厚的落叶层，苔藓作为森林的"小矮人"，不得不进化出自己的生存手段。它们自身的叶绿素发生了细微的变化，能够吸收波长可以穿透森林冠层的光。

除了外貌之外，还有一个深层让我们感到无力的是身份阶级。同样，在大自然中如果我们仔细研究苔藓不难发现，它总是在一切事物的表层存活。岩石、树皮、水泥和潮湿的指示牌，这些方寸之地，和大气最先接触。大气和土壤接触之前的平面叫作边界层（boundary layer）。把大气平面解剖开来，层流（laminar flow）高处是快速流动层，空气会在一个平稳的平面上流动；下方则是湍流区域，遇到障碍物会像水流一样扬起了漩涡；再往下，随着空气不断地接触物体的表面，流速会逐渐变慢，紧挨着表面的地方，空气就静止了。而苔藓则是"卑微"地生活在边界层，但是，它们群落在边界层可以形成屏障，同时能留住水汽，把蒸发和掉落的水汽完全"困"在苔藓和大气博弈所留下的"温室"内，制造一个绝佳的繁衍环境。苔藓把自己的体型小、出生阶层低变成自己的优势，使得整个群落变成种群最多、种类最多的物种，享受着自己创造的温暖湿润的栖息地。

作为从海洋进化出的第一批陆地植物，苔藓仍旧保留了许多源自海洋的印记：苔藓的有性繁殖必须要在有水的情况下完成，精子只能以水为媒介游向卵子，才能孕育出受精的孢子，这一过程通常只有在下雨天才能完成。若不幸生长在干旱环境中，则大多只能进行无性繁殖。安全又温暖的边界层为苔藓提供了庇护所。为繁育下一代，成熟的细若粉尘的孢子需要跟随风做一个旅人，找到属于自己的栖息地。大多数的苔藓无法在密集的群落中生长，苔藓妈妈会将孢蒴延长出边界层，除了利用风媒或水媒来传播孢子以外，聪明的苔藓甚至可以借助自身蒸发的水分来创造出像古代投石机一样的压力，将孢子射向远方，让孩子们乘风而去。

若是遇到极其恶劣的环境，你也不必着急，学会厚积薄发是苔藓的一大本领之一。在旱季或者遇到极端的环境，苔藓会进入漫长的等待期，它蜷缩着身子，会时刻准备着迎接每一次机遇，与水接触仅仅10秒，大部分的苔藓都会迅速恢复生机，重获新生。脱水对所有的高等生命来说是致命的，水是生命之源。人体的水占体重的60%～70%，人可以几天不进食，但是不能缺少水。越是高大的乔木在抵御水分流失的时候越会做出相应的措施，比如缩窄叶片以对抗蒸腾。沙漠里的大部分植物干脆把叶片全部摒弃掉。但是水分消耗进入临界点，无论是人和植物都会随之失去生命。而大多数苔藓对于干旱导致的死亡是免疫的，它们脱水只是生命中短暂的停顿，它们甚至可以在流失98%的水分下保持存活，一旦受到大自然水分的恩赐，它会马上恢复活力。即使在发霉的标本柜里待了40多年的苔藓标本，依旧可以在湿润的培养皿中恢复生机。苔藓的繁衍必须保持湿润，以让光合作用能够顺利发生。苔藓叶上要保有一层薄薄的水膜，这是二氧化碳溶解和进入叶的通道，然后光和二氧化碳才能开始转化糖。离开水，一株干燥的苔藓是无法生长的。苔藓没有根，不能从土壤中获取水分，只能祈求雨水的恩赐。因此，在长期保持湿润的地方，苔藓是最茂盛的，比如瀑布飞溅的水雾长期淋洒的区域，还有泉水长期滋养的崖壁。

人类是群居动物，而苔藓也离不开群落。为了与水更亲密接触，苔藓的每一个部位都做足了准备。苔藓群落的叶片与茎的交错编织方式，都是为了更好地锁住水分。这种空隙就像一块海绵，能够最大化地把水留下，交错得越密实，锁水的效率就越高。若是你单纯地抽离一株苔藓，它独自面对水分的流失会毫无招架之力，直到变得干燥。泥炭藓有一个世界之最，它是世界上吸水量最高的植物，吸水量可达自身干重的10～25倍，保水能力非常强。所以如果一座山上有泥炭藓沼泽的话，就相当于有了一座小水库。

（三）小即是大

我们都知道森林里有一个庞大的生态系统，有生产者、消费者、分解者和非生物的物质和能量。能量是流动的，森林里的一切都是循环的。而被Robin Wall Kimmerer称之为"三千分之一森林"的苔藓，也是如此。苔藓不光是地球的先锋者，提供基础的有机物，它同样为其他植物提供了栖息条件。比如同为孢子繁衍的蕨类。苔藓的叶片可以形成一个储水的凹陷，里面的水同样可以为特殊种类的轮虫存活，这种无脊椎生物完全依赖苔藓叶上的"池塘"组建家园。你以为苔藓里只有这种无脊椎生物吗？像森林一样，苔藓也有非常垂直的分层结构。大部分的昆虫也喜欢在苔藓表面活动，比如庞大的竹节虫家族中，小叶龙竹节虫就经常把自己伪装成苔藓，难以分辨（小叶龙非常稀少，主要生活在云南、广西、湖南地区）。繁密的苔藓如同地毯一样，除了能够接住雨水，也能接住风带来的泥土、昆虫动物带来的叶片和食物碎片，更是孢子、种子和花粉等细小颗粒最终归宿，它们慢慢在这里聚集，于是，光秃秃的石头上便有了土壤、有机物和水。腐烂的有机物滋养着真菌，这些菌丝便是弹尾虫的最爱，同时，它能对苔藓植物的精子传播起一定作用。就像蜜蜂传粉一样，苔藓植物的释放物对弹尾虫具有一定的吸引力，它们想方设法地吸引弹尾虫爬上不同的苔藓，从而帮助它们传播精子。既然有弹尾虫便会随之招引来狼蛛（弹尾虫的天敌），整个苔藓森林便也会热闹起来，各种猎食者、互利互惠的、寻找庇护的昆虫动物和单细胞生物都会接踵而来。这正如佛学中的"一花一世界，一叶一菩提"。

二、蕨类植物

蕨类植物

（一）蕨类的"种子"

莎士比亚的《亨利四世》中有这样一个场景：福斯塔夫、哈尔王子和波因斯三人计划着，临近清晨天色未明之时，在一位商人去往伦敦的路上打劫他。因为打劫还需要些帮手，福斯塔夫的心腹试图劝说另外一个小偷加进来。心腹对小偷说："我们的计划万无一失；我们有蕨类种子的秘方，可以隐身行动。"小偷回应道："不，说实话，我觉得你们最好把握住夜晚的时机，而不是寄希望于可以让你们隐身的蕨类种子。"（第二场，第一幕，95～98行）

学过植物学的都知道，蕨类植物没有种子，它们通过如同尘埃一样的孢子进行散播繁衍。那莎士比亚时代是不是所有人都认为蕨类有种子？世上没有空穴来风。在当时，法国著名的植物学家约瑟夫·皮顿·德·图尔纳弗写道："人们认为所有的植物都有种子，是基于非常合理的猜想而得到的论断。"很显然，这也是时代的认知错误，他们认为每种植物都有种子但是蕨类的种子肉眼无法看见，那么持有蕨类种子的人可以获得隐身的能力，虽然听起来荒谬，但是可以推论出当时人们对蕨类的认知匮乏。

早期的植物学家对蕨类的"种子"做出了推断：叶片背后的条纹、斑点（孢子群囊）散发出的"粉末"；但是一些科学家认为这只是蕨类"花粉"的物质。17世纪中叶，显微镜的诞生，让人们可以观察到更为详细的条纹、斑点，但是还是无法解答这些是否为蕨类植物的"种子"。

直到林塞（John Lindsay）在1794年发表文章表明这些蕨类植物"类粉尘"的物质发育成为完整的蕨类植株，他很肯定这些粉尘就是蕨类植物的种子。但是随着研究的深入，植物学的完善，时至今日，我们的植物学家已经认识到孢子的结构和种子完全不同。孢子仅含一个细胞，没有形成胚。反之，一粒种子内包含了成千上万的细胞。

（二）古老的蕨类植物

我们时常听到：早在霸王龙称霸地球之前，蕨类植物就已进入鼎盛时期，在裸子植物和有花植物占据如今的大陆之前蕨类植物早已捷足先登。然而，这样的说法并不全面。因为绝大部分蕨类植物都是新近起源，很明显晚于第一批裸子植物和有花植物。

最古老的真蕨类植物化石记录可以追溯到大约3.45亿年前的早石炭纪时期。这是两栖类和爬行类最初来到陆地及昆虫学会飞翔的时期；恐龙、鸟类和哺乳动物在那个时候都还没有演化出来。这些早期的蕨类植物化石很容易被鉴定出来，因为它们的孢子囊已经和现在的很相像了，但是这些远古的蕨类植物还是和现在的种类有很大的区别。大多数早期蕨类植物拥有多次分枝的茎，并在一些古怪的地方形成了复杂的茎轴系统，而且它们的维管组织（木质部和韧皮部）也不同于现在的蕨类植物。因为种种的不同，古代的蕨类植物被归类于远离现代蕨类植物的属于它们自己的各个科中，时过境迁，它们都湮灭在历史的尘埃中，或许小部分近亲仍为蕨类家族保留了一丝血脉。

（三）蕨类植物基本认知

如果让一个植物学家给你描述一下蕨类的特点，可能他会思考很久也难以回答你的问题。幼叶拳卷？但是植物大百科明确告诉我们"大多数"蕨类具有幼叶拳卷，有部分蕨类植物不具备这一特征。而且有部分苏铁幼叶也会拳卷，所以这不是蕨类植物的唯一特征。多裂叶片？事实上，大部分蕨类叶片不多裂甚至不开裂。从形态和结构上，蕨类植物最明显的特征是孢子和维管束。比较准确的专业的分类，可依托于DNA序列相似性，也就是大家口中说的：这看起来也不像蕨类，为什么是蕨类植物？目前让人欣慰的是DNA研究很大程度支持了传统的观点。

1. 幼叶拳卷：是大部分蕨类植物特别具有观赏价值的特征之一。它就像个卷起的钟表弹簧，随时准备松开来。流畅的螺旋形与它周遭无定形的事物形成了强烈反差。随着向自身的内面螺旋卷曲，中脉逐渐变窄，最终结束于安全包裹在螺旋中央的柔嫩的顶端分生组织。如果侧生羽片存在，它们也会在中脉上向内螺旋卷曲，看起来就像大螺旋上的小分形。这种螺旋形是如此优雅，植物是如此精巧，以至于大部分人在脑海中已经将拳卷幼叶和蕨类植物固定地联系在一起。然而许多人没有注意到的是，拳卷幼叶具有的一些不同寻常的数学特性。它代表了大自然中普遍存在的两类螺旋之一，这种螺旋是由一类特别的生长方式导致的。

2. 第一类螺旋是等速螺线，亦称阿基米德螺线，得名于首次充分描述它的古希腊数学家和哲学家阿基米德。它可以通过水手在船甲板上把缆绳盘成一卷的方法画出来。因为绳子的厚度一致，每一轮与它前一轮和后一轮的宽度是相同的。这种螺旋的数学特性是从中央到曲线所画的半径会随着轮数增多（更接近圆形）而慢慢改变它与曲线相交所成的角度。每转一轮，这个角度就越来越接近90°。

3. 第二类螺旋是发现于拳卷幼叶中的等角螺线。它是由法国哲学家和数学家勒内·笛卡儿（Rend Descartes）在1638年首次描述的。他设想了这样一个螺旋：它的每一轮没有保持阿基米德螺线那样相同的宽度，而是以中央到曲线上任意一点所画的半径与曲线相交且一直保持恒定的夹角，这就是等角螺线。这种螺旋向外延伸时，每一轮都比前一轮更宽。蕨类植物的拳卷幼叶拥有这种类型的螺

拳卷幼叶

旋是由于它的中脉是以一个固定的比率朝着茎秆基部变宽的，而这固定的比率维持着相同的角度。等角螺线拥有数个显著的数学特性。它也经常被叫作对数螺线，因为到极点的矢量角与连续半径的对数成正比。它还有另一个名字，叫几何螺线，因为相同极角的半径是以几何级数增长的。在18世纪早期，以彗星出名的英国天文学家和数学家埃德蒙·哈雷（Edmund Halley），把它叫作比例螺线，因为由连续的螺纹切断的半径是成连续比例的。这也许是这种曲线从视觉上最震撼的特质——它的自我相似性以及它随着增长不曾改变的形状。大些的螺线只是内部小些的螺线的放大版本。这些彼此相关的数学特质使著名的瑞士数学家雅各布·伯努利（Jakob Bernoulli，1645—1705）把这种螺线看作是螺旋中的奇迹，或神奇的螺旋。这种螺旋奇迹在自然中层出不穷，有时会在一些完全意想不到的地方出现。它可以出现于鹦鹉螺、菊石以及有孔虫类的贝壳中。它在植物中可以表现为花朵的蝎尾状花序排布方式，这是一种花梗在花序一侧以不变的角度着生的花序（如天芥菜、琉璃苣和勿忘我）。还可见于一只昆虫飞向光源时的螺旋轨迹，昆虫不是径直飞向光源，往往是以一个螺旋曲线方式，这种曲线形态在蕨类植物生长形态中也存在。有两个攀缘蕨类植物属——海金沙属（*Lygodium*）和凌霄蕨属（*Salpichlaena*），它们缠绕的或螺旋卷曲的叶轴是由它们复叶中脉的内外表面不均等生长导致的。它们缠绕在细枝和分枝上为植株提供支持，从而让叶的梢部分抬升到一个能晒到太阳的位置。有花植物的卷须也是由于相同类型的不均等生长导致的。其他卷曲的例子则不是由延伸，而是由收缩导致的。鳞叶卷柏（*Selaginella lepidophylla*）的叶子干后会向内卷曲，呈现C形或J形。发生卷曲是由于干燥的时候上表皮细胞收缩得比下表皮更厉害。当叶子变湿时，上表皮的细胞重新扩展，叶子又变直了，这种植物在园艺中也很普遍，因为它有一种干燥时卷曲成一个球、浇水后又重新展开成一个平整的莲座状的能力。这种卷曲和展开是纯机械的，依赖于死的细胞壁纤维失水和吸水的状况。植株甚至会在死后很久还能卷曲和展开。

初学植物导赏跟着老师、前辈们认识蕨类植物的时候，他们叮嘱着我们：若是想准确地鉴定蕨类植物的种类，必须学会观察蕨类植物的孢子囊群。蕨类植物的孢子体可以通过减数分裂产生孢子。孢子通常在叶片下表面产生，这里的繁殖区域会发育出孢子囊。孢子囊通常成串地生长在一起，形成孢子囊群。在一些蕨类植物中，孢子囊群是赤裸的，而在另一些种类中，每个孢子囊群上都有一层组织薄膜。在孢子囊中，孢子母细胞会进行减数分裂，形成单倍体孢子。孢子成熟以后，孢子囊就会破裂，并将孢子射向空中。轻飘飘的孢子随风传播，通常能够到达很远的地方。当这些孢子在条件适宜的湿润地带，比如森林地被层的潮湿土壤上着陆后，它们就会通过有丝分裂生长成为成熟的配子体。处于配子体阶段的蕨类植物看上去完全不像它

蕨类植物孢子囊群

们在孢子体阶段的样子。蕨类植物的配子体很小很薄，呈一个心形的平面，像叶片一样，被称为原叶体。它们贴着地面平展地生长。

原叶体有着纤细的像根一样的根状茎，能够将它们牢牢地固定在地面上。原叶体成熟后就会在下表面产生雌性和雄性两种繁殖器官（配子囊）。雄性繁殖器官被称为藏精器，雌性繁殖器官被称为藏卵器。当地面潮湿的时候，雄性繁殖器官便会释放出精子，游向雌性的卵细胞并使之受精。细颈瓶形状的藏卵器位于原叶体中心接近凹口处，每个藏卵器中都含有一个卵细胞。散布在根状茎中的球形藏精器能产生无数的精细胞。

和苔藓一样，蕨类植物也需要水才能受精。精细胞只需要原叶体下方的地面上有一薄层水，就能顺利游向藏卵器。当一个精细胞在藏卵器中使卵细胞受精以后，形成的双倍体受精卵就会通过有丝分裂发育成多细胞的胚胎。胚胎期的孢子体仍然附着在配子体上，但是随着它发育成为小的孢子体植株，原叶体就会枯萎死亡。

蕨类植物的生命周期是在双倍体孢子体和单倍体配子体之间交替的，完成一个生命周期通常需要4～18个月。蕨类植物的生命周期也是在有性阶段和无性阶段之间交替的。在植被繁殖中，新的叶子可能会从伸展在地下的根状茎上长出来，这就是欧洲蕨向外蔓延并形成大型群落的方式。欧洲蕨的叶子不是成簇生长的，而是稀疏地从在土壤中蔓延的根状茎上萌发出来。欧洲蕨是一种高大宽阔的蕨类植物，在有遮蔽的阴暗处生长得尤为高大繁茂。它们可以在林地里生长，但是在开阔地带会长得更好。如果长势良好，它们甚至能够完全占据一大片土地。大多数蕨类植物都会在叶片上携带孢子。孢子是在孢子囊里产生的，孢子囊在叶片下表面以孢子囊群的形式成簇地发育。它们会改变颜色，随着孢子的成熟，会逐渐变成褐色或红色。

三、裸子植物

二叠纪晚期，环境改变，气候干旱，蕨类植物逐渐退出了植物王国的中心地位。裸子植物因为进化出了木质部与韧皮部两个运输系统，具有更先进的运输管道，分别负责向上和向下运输，大大提高了运输效率。同时这两个密集的管道系统具有很高的硬度与韧性，可以防御动物的啃食，也可以承受来自环境的剧烈冲击与震动。逐渐开始繁盛起来。

（一）裸子植物的繁殖

裸子植物的受精过程不需要水作为媒介，受精卵在母体里发育成胚，形成种子，然后脱离母体。它们的种子并不包裹在果实中，而是直接暴露在空气中。种子遇到不利条件，可以不萌发但却保持着生命力，待到条件合适时再萌发成为新的植物体。这一特征使得裸子植物能够在恶劣的环境中生存，种族的繁衍能力大大增强了。除了通过种子进行有性繁殖外，裸子植物还可以通过无性繁殖，如扦插和压条。

（二）裸子植物的特征

种子裸露：裸子植物的种子不形成果实，而是裸露在鳞片、球果或种子荚中。

无花：裸子植物没有真正的花，它们通过孢子叶球（雄球花）和种子叶球（雌球花）进行繁殖。

木质茎：大多数裸子植物具有木质茎，形成乔

裸子植物苏铁科种子裸露

木或灌木。

（三）裸子植物的作用

裸子植物适应了多种环境，从寒冷的北极地区到热带雨林，从寒冷的高山到干旱的沙漠都有分布。许多裸子植物，特别是松树和冷杉，可以很长寿，有些甚至可以活到几千年。

裸子植物在森林生态系统中扮演着重要角色，为许多动物提供栖息地和食物。木材、树脂和种子具有重要的经济价值。一些裸子植物的树脂和种子在传统医学中具有药用价值。许多裸子植物因其独特的形态和四季常绿的特性，被广泛用于园林景观设计。如银杏，是一种古老的裸子植物，以其独特的扇形叶片和长寿而著称；如松树，是裸子植物中最常见的一种，以其常绿的针叶和球果而闻名。

裸子植物在地球的生物多样性和生态系统中起着不可或缺的作用，它们的存在不仅丰富了植物界的多样性，也为人类社会提供了许多资源和利益。

四、被子植物

被子植物，也称开花植物，是植物界中最高等最多样化也演化最成功的类群。由于化石记录的不完整性，被子植物的确切起源时间仍然是一个谜，也一直是科学界探讨的热点问题。这也被达尔文称为讨厌之谜。

被子植物的崛起对地球生态系统产生了深远的影响，它们取代了裸子植物成为地球上的主导植物类群，并为昆虫、两栖动物、哺乳动物等提供了丰富的食物来源和栖息地。

被子植物最显著的特征是它们具有花。被子植物的花形态多样，有单生花、花序等多种形式，有雌雄同花也有雌雄异花。花是被子植物的生殖器官，具有吸引传粉者的特征，负责繁殖。被子植物的种子被包裹在果实中，这种保护机制使得被子植物能够在更广泛的地理环境中生存和繁衍。除了通过种子繁殖外，被子植物还可以通过根、茎、叶等部分进行无性繁殖。

被子植物在形态和生态位上具有极高的多样性，包括草本植物、灌木和乔木。在生态系统中扮演着重要角色，为其他生物提供食物和栖息地。被子植物具有重要的经济价值。例如，小麦、水稻和玉米是全球主要的粮食作物。许多被子植物的根、茎、叶、花和果实在传统和现代医学中具有药用价值。被子植物因其美丽的花和果实被广泛用于园艺和景观设计。

裸子植物和被子植物是植物界中的两大分支，它们各自具有独特的特点和适应性。裸子植物以其古老的历史和强大的生存能力而著称，而被子植物则以其多样性和开花特性在现代植物界中占据主导地位。

第四章 生活中的植物学

DISIZHANG SHENGHUOZHONG DE ZHIWUXUE

植物通过光合作用，为人类和其他生物提供氧气，是地球上物质循环的基础。植物在人类生活中扮演着极其重要的角色，在人类文明的早期阶段，植物就已成为人类生活中不可或缺的一部分。人类的衣、食、住、行都离不开植物。它们不仅提供氧气，美化环境，还防止水土流失，调节气候，维持水循环，也是药物、能源、工业原料的重要来源，对生态系统和人类健康有着深远的影响。

一、吃

植物是食物链的起点，是动物重要的食物来源，如果植物消失，将导致大量动物因缺少食物而死亡。史前时代，人类的饮食结构为偏素性杂食，食物包括植物的种子、块茎、根茎等，同时也会捕食小型哺乳动物和水生动物。随着时间的推移，人类开始发展农业，驯化植物，如小麦、稻谷和玉米等，这为人类提供了更稳定的食物来源。农业的发展、植物的驯化是人类文明发展的一个重要里程碑。随着时间的推移，被人类驯化种植的可食用植物越来越多。

人类对食物持续不断的探索，贯穿整个人类历史，并且不断演化。我们食用的都是植物的哪些部位呢？

果实一般由果皮和种子两部分组成。我们吃的桃、梅、李、杏等水果，属于核果，果实由外果皮、中果皮和内果皮组成，内果皮骨质，核内含有种子。食用部分主要是中果皮，即我们常说的果肉。果肉多汁、甜美，含有丰富的营养成分。外果皮与中果皮如不容易剥离，也会同时食用。

杨梅的果实为核果，果皮分为外果皮、中果皮和内果皮。我们食用的杨梅部分主要是其肉质化的中果皮和外果皮衍生出的柱状突起的细胞组织（囊状体）。外果皮衍生出的肉柱，多汁液，味酸甜。

荔枝的果实也有核，这个核是种子，种子外有一层假种皮，可以食用的部分是假种皮。荔枝若是食用过多容易上火，用外果皮及中果皮煮水喝可以去火。假种皮是种子表面覆盖的一层特殊结构，通常由珠柄、珠托或胎座发育而成，并且多为肉质。

桃

杨梅与荔枝

柑橘

有些假种皮色彩鲜艳，能吸引动物取食，从而帮助植物种子的传播。假种皮在植物界中具有重要的生物学研究价值，并且常见于红豆杉类、肉豆蔻、竹芋科等植物中。

橘子的果实属于囊状果实，橘子的外果皮（即橘子皮）通常不直接食用，部分品种的橘子皮可以晒干后作为陈皮，可用于烹饪或作为药材。"橘络"是中果皮的内层特化形成的产物。我们吃的橘瓣是内果皮部分，由多个囊瓣组成，而囊瓣由许多的囊状毛组成。可以说我们食用的部分是内果皮上的囊状毛，囊状毛多汁、酸甜可口，含有丰富的维生素C和其他营养成分。

苹果、梨、枇杷、山楂等是我们日常食用的水果。它们的果实结构在植物学上属于假果，即除了子房壁发育成果肉外，被丝托（花托中央部分向下凹陷并与花被、花丝的下部愈合形成盘状、杯状或壶状的结构）也参与发育成果肉的一部分。也就是苹果的果皮和种子都是由被丝托发育成的结构包裹的。我们吃的主要是被丝托的部分。

枳椇，又名拐枣，果实结构比较特殊，是一种浆果状核果。

我们通常食用的"拐枣"部分，并不是真正的果实。枳椇花序轴在果实成熟时会变得膨大，这个部分肉质多汁，营养丰富，所以我们吃的部分是果梗——膨大的花序轴。

种子一般由种皮、胚和胚乳三部分组成，有的植物成熟的种子只有种皮和胚两部分。我们作为零食食用的葫芦科西瓜子、南瓜子，漆树科腰果等食用的是"胚"的部分。核桃的食用部位是它的"子叶"。

苹果

第四章　生活中的植物学

枳椇

有"活化石"美称的裸子植物银杏是现存种子植物中最古老的孑遗植物。因为是裸子植物，所以银杏没有果皮。它的果实成熟时通常呈黄色的部分是它的外种皮，表面覆盖有白粉。坚硬的白色种壳是中种皮，包裹种子的内种皮是一层红色的薄膜。被食用的部分是银杏的胚乳。胚在胚乳的中间，因为有一定的毒性，常被弃食。但一般少量食用时因怕麻烦会一起食用。

椰子最外层的绿色薄皮是椰子的外果皮。剥开外果皮后高度纤维化的物质是椰子的中果皮，内果皮是椰子的硬壳部分。被内果皮包裹的乳白色固态椰肉和液态椰子水都是椰子的"胚乳"。也就是我们平时食用的椰蓉制品、椰汁的原材料都是椰子的胚乳。

腰果

我们常吃的豌豆、花生、葵花籽仁等，就是完全的种子，包含种皮和胚的部分。

作为人类主食重要原材料来源的麦子是颖果，体形小，果皮与种皮愈合不能分离，虽然被称为种子，实际上是果实。种子含丰富的淀粉质胚乳，果皮与种皮也含有丰富营养物质，整个果实全部可食用，只是为了口感更精细，我们常会把果皮与种皮去除。现在的全麦制品，是用面粉与果皮、种皮混合制作，就等于整个果实食用。玉米也是整果食用。

除了果实、种子，植物的花也经常被用作食物原材料，用来食用的花有很多种类，它们不仅美观，还具有独特的风味和营养价值。比如玫瑰花、菊花、茉莉花、金银花等可以用来制作花茶。玫瑰花还可以用于制作玫瑰糖、玫瑰酱、玫瑰饼等。

而有一些被直接食用的我们认为是果肉的其实

银杏

椰子

麦子

也是花,比如波罗蜜。波罗蜜的花朵分为雌花和雄花,雌雄同株,分别生在不同的花序上。雌花授粉后,雌花花序轴上的小花受精以后,花被随着子房的发育而增大、增厚,各自孕育自己的果实。数百个这样的果实聚在一起就构成了一个大的波罗蜜。花被增大、增厚的部分形成可食用的果肉。所以波罗蜜的食用部位是聚花果内的花被片。

再来看无花果。无花果并不是不开花,而是它的花隐藏在果实内部,是一种特殊的结构,被称为隐头花序。无花果的果实实际上是一个肉质膨大的花托,花托内部包含着许多小花。当无花果成熟时,其内部的小花发育成为可食用的丝状组织。中间的籽才是无花果的真正果实,即瘦果。所以,我们吃的无花果其实是它的整个"花序"。

日常生活中很多蔬菜食用的都是叶的部分,如白菜、菠菜等。有一些常被混淆,如洋葱,经常会被称为鳞茎,而其实洋葱的基盘部分是茎,鳞片状的部分是肉质鳞叶,属于异形叶。

一些植物的叶子常被用来作为茶饮。除了我们熟知的各种茶叶外,还有如苦丁茶,由冬青科植物枸骨或大叶冬青的叶子制成。市面上的凉茶饮料就富含多种植物的叶子、花和果等。

植物的茎也常用来作为食物。如甘蔗,可直接食用或榨汁。莲藕和马铃薯变态的根状茎和块茎,荸荠、慈姑的球茎都是美味的食物。

茅根,虽然有个根字,实际是白茅的地下茎,鱼腥草亦是地下茎。

玉米

波罗蜜

无花果

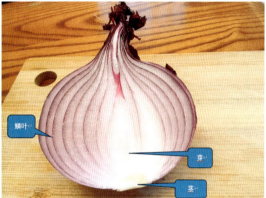
洋葱

二、穿

人类使用植物纤维的历史非常悠久。据考古发现，人类可能在约3.4万年前就已经开始使用植物纤维。考古人员在格鲁吉亚境内发现了距今3.4万年的亚麻纤维，这些纤维中有些留有纺织的痕迹，并且有的被染成黑色、灰色、粉红色等颜色。

"东门之池，可以沤麻。东门之池，可以沤纻。"在中国，利用植物纤维特别是苎麻和大麻的历史也很早。《诗经》中已有沤纻（沤制苎麻）的记载。植物纤维与人类生活的关系极为密切，除了日常生活必需的纺织用品以外，绳索、包装、编织、纸张、塑料以及炸药等，也都需要植物纤维作原料。

我们穿的很多衣物和纺织品来源于植物的各个部分。

棉花是最常见的天然纤维之一，棉纤维是由受精胚珠的表皮细胞经伸长、加厚而成的种子纤维，不同于一般的韧皮纤维。它的主要组成物质是纤维素。

亚麻纤维来自亚麻植物的茎，经过加工可以制成亚麻布。黄麻纤维主要来自茎皮的韧皮纤维。

大麻纤维可以从大麻植物的茎中提取，用于制作布料等。

木棉纤维是锦葵目木棉科内几种植物的果实纤维，属单细胞纤维，其附着于木棉蒴果壳体内壁，由内壁细胞发育、生长而成。

竹子本身不是传统意义上的纤维来源，但现代技术可以从中提取纤维，用于制作纺织品。橡胶主要来源于橡胶树的乳液，可以用于制作鞋类。

许多植物的根、叶、花或果实可以提取色素，用于给纺织品染色。

三、用

植物与我们的生活息息相关，具有很高的经济价值，是许多工业产品的原料，用于生产纸张、纺织品、化妆品、生物燃料等。

贵重木材通常因其稀有性、耐用性、美观性以及独特的纹理和色泽而受到珍视。深圳能见到的用材红木有降香黄檀、海南黄檀（黄花梨）等，是豆科黄檀属的木材，多产于热带亚热带地区，颜色较深，木质较重，体现出古色古香的风格。在江浙及北方被称为"红木"，而在广东一带被称为"酸枝木"。

在20世纪80年代后，人们对红木的需求日益增加，行业亟待规范，国家根据密度等指标对红木进行了规范，把红木规范为二科、五属、八类、二十九种。红木生长缓慢、材质坚硬，生长期都在几百年以上，原产于中国南部的很多红木，早在明、清时期就被砍伐得所剩无几，如今的红木，大多是产于东南亚、非洲，中国广东、云南有培育栽培和引种栽培。

"红木"是对一类木材的俗称，而植物中的红木则另有其木。红木是红木科红木属常绿灌木或小乔木，种子外皮可作红色染料，供染果脯、点心和纺织物用，也被称为胭脂木。

在各大超市经常能见到售卖的"乌檀木砧板"，因褐中带深紫，又乌檀木三字，常被误认为是"红木"。其实是楝科非洲楝属的大乔木，主要分布在非洲的热带地区，我国福建、台湾、广东、广西及海南等地有栽培。

生活中许多家具，如桌子、椅子、床架和衣柜，都是由木材制成的。木材还被广泛用于建筑框架、地板、屋顶和墙壁。

许多的工艺制品、乐器、运动器材等也都有植物的影子。植物在一些农村地区也依然作为燃料使用。

植物也因为非常重要的药用价值而被人类采摘

乌檀木砧板

和培育，如人参、红豆杉等。中国是药用植物资源最丰富的国家之一，拥有悠久的药用植物发现、使用和栽培历史。

四、空气

植物通过光合作用吸收二氧化碳、释放氧气，吸附空气中的有害气体和颗粒物，净化空气。同时，它们还有助于土壤保持、水源涵养等。植物通过其形态、色彩和纹理，为园林景观增添美感，提升视觉享受。植物通过蒸腾作用调节湿度，增加空气中的水分，有助于降低气温、缓解城市热岛效应。

公园和山野是人们进行休闲、运动和社交的场所，自然植物的清新香气能带给人愉悦的感受，有助于缓解疲劳。

芳香植物如九里香、小蜡、茉莉浓郁典雅；栀子、百合甜而不腻；玫瑰甜郁柔和让人沉醉，桂花浅淡清幽，沁人心脾；香草植物如薄荷、罗勒、迷迭香、香茅等提神醒脑，深受大众喜爱。

芳香植物不仅美化了环境，还具有净化空气、杀菌、保健等多种功能。在园艺、食品加工、医药等领域都有广泛的应用。

植物中也有一些因具有特殊的气味而不被人喜爱的。马缨丹含有挥发油、酚酸类和黄酮类物质，闻起来是臭的，很多人对其味道感到不舒服，甚至头晕，所以也被称为"臭草""臭金凤"等。其茎、叶、果实含有马缨丹酸、马缨丹诺酸、马缨丹烯A、B及马缨丹碱等。人类及家畜例如牛、马、绵羊和狗等，若取食均会中毒。

糖胶树开花的季节，总会有各种抱怨及投诉。因为糖胶树的花香中含有角鲨烯、氧化芳樟醇等物质，这些成分在低浓度时可能令人感到愉悦，但在高浓度时可能会让人感到不舒服，甚至头晕。

糖胶树的花香虽然被人诟病，但并无毒性，且树形优美、生长力强、抗污染能力好，以及具有的多种用途（如木材适合制作黑板、树皮可用于医疗等）使其成为城市绿化的优选树种。同时，糖胶树的白色乳汁中含有树胶，可以提取作为橡胶代用品原料，也可以作为口香糖的原料。

糖胶树种子长圆形，红棕色，两端被红棕色长缘毛，缘毛长 1.5～2 厘米。这些种子在成熟后会随风飘散，形成飞絮。

形成飞絮的还有木棉、美丽异木棉、杨树、柳树等。这些飞絮对过敏人群可能会带来不适，如流涕、咳嗽等症状或引发哮喘。还可能影响交通安全、引起火灾等。

为了应对飞絮困扰，各地采取了多种治理措施。如在飞絮高发时段，对树木进行高压喷水，使飞絮沾水后落下，环卫人员跟进清理；选育无飞絮的雄株，使用花芽抑制剂减少花芽产生等。

植物在美化环境、清新空气的同时，也给人类造成了一些困扰，但都是植物自我保护和繁殖的需要。我们在利用植物的同时，也要保护植物多样性，维持生态平衡。保护植物多样性和合理利用植物资源，是实现可持续发展的关键。

自然教育实务
植物

第二篇

植物观赏

DIERPIAN
ZHIWU GUANSHANG

第五章 观叶植物

观叶植物，一般是指叶形或叶色独特有观赏价值的植物。

关于植物的欣赏，大部分人首先想到的是植物开花时的美好，殊不知植物花虽好，但是花无百日红，一年四季的大部分时间里，植物是处于不披红只戴绿的"素脸朝天"的状态的。然而，即便是"素脸朝天"，植物叶子千奇百怪的形状、丰富多变的色彩仍然给人们带来独特的美感和无限的忧思，无数文人墨客为它们写下咏赞之诗，唐人贺知章的"不知细叶谁裁出，二月春风似剪刀"形象地描绘了柳叶初绽风中拂荡的景象；"小枫一夜偷天酒，却倩孤松掩醉容。"南宋杨万里向人们展示了一幅生动的翠松掩映着红枫的秋景图，"阴满中庭，叶叶心心，舒卷有余清"宋代李清照以芭蕉道尽心中的孤清……

但是，"草木有本心，何求美人折"，植物的生长本不为取悦人类，而是因为生存需要，其叶序、叶形、叶色、变态形式等都蕴藏着生存的智慧。比如，叶子的排列着生顺序，有对生、互生、轮生、簇生等，车前草叶片是轮生的，每轮叶片间的夹角刚好是黄金角137.5°，这个角度有利于每轮叶片都能最大限度地获取阳光。叶子的形状千奇百怪，有披针形、椭圆形、掌状、心形、条形、剑形、扇形等，高原光照强烈辐射强，植物一般矮小、叶片细小以减少蒸腾，避免光热伤害；而在热带雨林林层下的耐阴植物一般叶片大、翠绿，以最大限度捕捉阳光，同时以叶尖导水、叶片疏水等方式排解过多水分。多数生活在沙漠中的仙人掌，为防止水分过度蒸发，叶子就变态成了叶刺的形状；同理，木麻黄的叶片膜状化以适应滨海风沙的气候……

观叶，可观叶形之美、可赏叶色之异、可悟叶之生存智慧。接下来为大家介绍常见的观叶植物。

001 海芋 *Alocasia odora*　　天南星科 海芋属

多年生草本。所谓"海"，是形容其叶片之大，箭状卵形的叶片径幅有时可达1米多。它在民间有很多俗名，其中有几个的字面意思看着完全相反，比如慈悲怀善的"滴水观音"和看着恶毒无比的"狼毒"。称其为滴水观音的，是缘于海芋的两个特点：一是在水分充足的情况下，会从叶片的尖端往下滴水，这应该是海芋在热带雨林中调节体内水分平衡的一种方法。二是它的花是白色的肉穗状花序，外包着绿色或白色的佛焰苞，远看就像披着长衫低眉垂目端坐着的观音。而称其为狼毒，是因为这种植物有毒。海芋的块根和我们食用的芋头很像，千万不能误食，它的块茎含有皂毒甙，如果误食，会导致神经麻痹，严重的会窒息、心脏骤停；它的汁液溅到眼睛会引起失明。另外，海芋茎秆上的汁液含有生物碱、草酸钙、氢氰酸等化学物质，如果伤口皮肤碰到了，

第五章 观叶植物

海芋的茎匍匐生长，找到最佳生长位置后直立向上

海芋的果实鲜红欲滴

可用酸醋汁擦洗。

　　海芋的浆果像玉米一样穗棒状着生，未成熟时绿色，成熟后色彩鲜红，这种色彩能够更好地吸引鸟类进行采食从而帮助海芋的种群繁衍。海芋有毒，为何其种子鸟类吃了没事？这是因为鸟类的肠道短，果实进入肠道后很快被排出。

　　海芋的花语是志同道合、诚意、有意思、内蕴清秀。

002　菩提榕　*Ficus religiosa*　　　　桑科 榕属

　　菩提一词，是古印度语（即梵文）Bodhi 的音译，意思是觉悟、智慧，用以指人忽如睡醒，豁然开悟，突入彻悟途径，顿悟真理，达到超凡脱俗的境界等。据说，释迦牟尼在伽耶山菩提树下，以吉祥草敷设金刚座，东向端身正坐，发誓："我今若不证，无上大菩提，宁可碎此身，终不起此座！"在静坐49天之后，终于觉悟正道，成为佛陀。因此，菩提榕被奉为佛教五树之一，它叶色翠浓，冠荫遮天，常作为佛院寺庙的庭荫树。它的叶子形状让人印象颇为深刻——叶心形或卵圆形，更重要的是拖着一个长长的尾尖。菩提榕是原产于热带地区的高大常绿乔木，在热带森林中，长长的尾尖有利于其加快排水的速度，维持体内水分的平衡。

　　而热带雨林里微生物活跃，落叶很容易分解，人们常常于林下发现叶肉被分解而叶纤维尚存的叶脉。菩提榕叶子的叶脉细致紧密，纹理清晰，像一张白色透明的纱网，可保存期又长，所以寺院僧人常采它的叶子，通过浸泡，刮去叶肉，冲洗处理晾干后，剩下叶脉如真丝织成的轻纱，用来绘制佛像制作叶脉画，或层层叠加做成竹笠、灯帷，叶柄稍加装饰又可以做成书签等。

菩提榕

027

003 枫香树 *Liquidambar formosana* 蕈树科 枫香树属

听名字，枫香树好像是枫树的同门亲戚，实则不然。闻名世界的、秋天火红的枫树是槭树科植物，而我们要讲的枫香树，则是蕈树科的落叶乔木，为什么叫秋枫？因为它和枫树一样也具有掌状叶，而且秋天也是叶色绚烂漫山黄红。"停车坐爱枫林晚，霜叶红于二月花"中的枫林，指的应该就是枫香树。因为这首诗是唐朝杜牧游览岳麓山时写的，而深秋时节红遍岳麓山上的正是枫香树。枫香之香，不是来自叶片，而是来自它的树脂，研磨成淡黄色的粉末，可以入药，可作炉香，华南植物专著《南方草木状》记载："枫实惟九真有之。用之有神，乃难得之物。其脂为白胶香，五月斫为坎，十一月采之。其皮性涩，止水痢，水煎饮之。"

枫香树的果实也很特别，满树红叶落了，但一个个小毛刺果还挂在树上，采摘下来去刺，便得到一个疏松多孔的小球，这就是中药中可祛风湿、舒筋骨、通经脉的"路路通"。在著名中医李时珍的著作《本草纲目拾遗》有描述枫香："可舒经络拘挛，周身痹痛，手脚及腰痛。"

枫香树叶色的表现与温度温差有较大关系，入秋后温差大，叶色变化明显。它喜凉爽气候。华南地区高温高湿，所以只在海拔高的山区有自然分布。在梧桐山上就可觅其身影。

枫香树

004 南天竹 *Nandina domestica* 小檗科 南天竹属

南天竹是常绿的小灌木，和枫香、菩提榕的叶形不同。南天竹三回羽状复叶，小叶片小，椭圆状披针形，花小米粒似的，虽说白色带有芬芳，但亦不足以动人，而之所以受到人们的喜爱，是因为它整体的姿态扶疏，冬季部分叶色变红或浅紫色，而果实小巧亮红，是制作盆景、配以景石点缀院落墙脚的良好植物。

第五章 观叶植物

南天竹

005 鸟巢蕨 *Asplenium nidus* 铁角蕨科 铁角蕨属

到过中国台湾的朋友，不知道有没有尝过一道菜：山苏叶。山苏叶是台湾人民喜欢吃的一道菜，它清热解毒、宣肺止咳，可凉拌、可热炒、可煮汤，它的嫩叶做菜叶色鲜绿不易变色，因此很受大厨们的欢迎。没尝过？但你一定在某个地方看见过——因为，山苏叶就是鸟巢蕨的嫩叶！

鸟巢蕨在原生境中，是一种附生植物。附生，就是攀附在其他植物体上，但是不与寄主发生营养交换的一种现象，形象地说就是"包住不包吃"。植物为什么要附生，难道把根扎到大地里，直接从土壤获取养分不香吗？非也，植物其实也会自己打算盘：地就那么大，还阴郁，不透风，我个头小，哪有什么竞争力？如果能站到巨人的肩膀上，岂不是采光更好，空气更透。原来，高郁闭度的林层下，低矮植物很难获取足够的阳光，因此部分植物会附着在高大的树体枝丫上以捕获更多的光照，而养分，则来自积累在树丫间的尘土、枯枝落叶分解而成的腐殖质中，有的植物甚至进化出从空气中捕捉水分的能力。鸟巢蕨，正是这样的一种典型代表。

鸟巢蕨拥有约1米长的长阔披针带状叶，叶子的排列顺序非常奇妙：从基部辐射状簇生，中空，像漏斗，更像是一个天然的鸟巢。鸟巢蕨成年植株的直径，可以达到1～2米，这种大型中空的巢状结构，非常有利于积攒枯枝落叶、鸟类粪便、尘土飞絮等有机物，而在鸟巢蕨生长的热带雨林生境中，高温高湿，微生物活动非常活跃，"巢"中的枯枝落叶很快就会被分解成植物能吸收的养分。所以，鸟巢蕨自力更生做到了不愁吃穿，唯一的遗憾大概是不能开出美丽的花朵——蕨类植物的繁殖，靠的是孢子。它的孢子长在哪呢？仔细看：鸟巢蕨革质的叶背，中脉隆起，孢子囊群长条形，像斜斜的篦齿似的生于侧脉上，每根篦齿沿着侧脉往叶边缘延伸，长达叶片宽度的1/2。

鸟巢蕨耐阴，因此很适合种植在家庭里，悬挂装饰，丰富家居环境，净化空气。

叶片中空辐射状、基部簇生的鸟巢蕨

孢子囊群线形着生于侧脉上，长达叶片宽度的1/2

鸟巢蕨嫩芽可食用

006 龟背竹 *Monstera deliciosa*　　天南星科 龟背竹属

看，龟背竹叶片上的孔洞如此规则，让人不由得疑惑：这是天然的吗？

龟背竹这个名称的来由，也正是因为它的宽椭圆形叶片上面开着一个个孔洞，很像乌龟壳上的一斑圈。至于龟背竹为什么大费周折在叶片上开孔洞，有这几种说法：一种说是龟背竹原始的生长环境是热带雨林，那里高温高湿，叶面的孔洞有利于多余的水分迅速排走以保持植物体的水分平衡；一说是龟背竹叶片阔大，叶面上的孔洞有利于疏风抗风；还有的说叶面的孔洞就是一种拟态的行为，让食叶昆虫看见了，以为叶片已经被啃食过，怀疑叶面已遍布植物的毒素不宜再食用从而骗过天敌；又抑或是，作为附生植物，叶片开孔洞有利于阳光对其他叶片雨露均沾……但这都是猜测，没有得到确切的证实。唯一一次公开对这种有趣现象提出论证和探讨的是美国学者缪尔，他在2013年发表在《美国博物学家》的一篇论文中提到，他通过数学模型计算，叶片开孔使得龟背竹在叶子生长的营养能量分配和光合作用吸收的光能上达到了平衡，换言之，就是同等的光合作用效能下，增加孔洞可以在不增加叶片实际面积的情况下，扩大植株占地面积，以便在与其他物种的竞争中取得优势——这看起来是植物的生存策略，但是叶片阔大的海芋为什么不需要这样的策略呢？看来，真相还有待未来的植物学家们进一步地探讨。

龟背竹原产于南美洲、墨西哥，在中国的华南一带可露地栽培，在北方则只能是温室种植。龟背竹一年四季叶形奇特，苍翠养眼，人们往往忽略它的花——在温暖湿润、营养充足的环境，龟背竹年年开花，一般在夏末开花——白色的佛焰状苞片包裹着肉穗状的花序，小花淡黄色，不引人注目。花单性，经授粉后结成一个个六角形的小果，并紧密聚成果序，整体像一根绿色的玉米棒，熟后脱去绿色表皮，中间肉质部分可以食用，但柱芯不能食用。因其果肉可食，多个果序长在一起像香蕉，所以又叫蓬莱蕉。不过龟背竹茎叶有毒，果实中有草酸钙结晶，不宜未经处理食用。

很多朋友可能会发现，家里养了龟背竹，怎么没见结果？其实，龟背竹结果需要昆虫授粉，而朋友们，你们养在室内的房间装了纱窗，防蚊防虫防蜂蝶，怎么会有传粉者造访呢？所以，想要龟背竹结果，还得为它创造招蜂引蝶的环境呢。

龟背竹未完全展开的嫩叶和果实"蓬莱蕉"

007 变叶木 *Codiaeum variegatum* 大戟科 变叶木属

变叶木是大戟科灌木或小乔木，很难简单描述，因为变叶木之变，不仅是叶色丰富多变，斑斓绚丽，而且叶型也是百般变化，有很多栽培品种，叶子有长叶、复叶、角叶、螺旋叶、戟叶、细叶等。常见的长叶品种洒金榕，叶片薄革质，叶色为黄绿、黄、橙、暗红、暗紫红等构成的热烈奔放、绚丽多彩的色调。变叶木不靠花色取悦人类，花开得细小低调，总状花序腋生，雌雄同株异序，雌花淡黄色，无花瓣，有5个萼片；雄花白色，花瓣5枚，萼片5枚。

变叶木叶脉色彩格外鲜艳分明。

变叶木属大戟科，大戟科的植物有相当一部分是汁液有毒的，变叶木有毒吗？是的，它的乳汁有毒，如果误食会引起腹痛等中毒症状。而且变叶木的乳汁含有致癌物质，因此，叶儿虽美，只宜在户外种植，不建议长期放置于室内。

变叶木

008　红花檵木　*Loropetalum chinense* var. *rubrum*　　　金缕梅科 檵木属

红花檵木是一种常年叶色呈紫红色的常绿灌木。"檵"音同"继",因此也常被人们称为红继木。它的学名是 *Loropetalum chinense* var. *rubrum* Yieh。看到这个名字就有点小激动,因为有"chinense"这个单词,意味着它是中国特有的乡土植物。它的属名 *Loropetalum*,是由希腊文的 loron(皮带)及 petalon(花瓣)结合而成,形容檵木属植物的花瓣是像皮带一样的条带形的。我们仔细看,红花檵木的花虽然只有2厘米左右,但花瓣一缕一缕的,像一条条红色的小布条,在盛花时节,满树红缕很是夺目。

当然,红花檵木的应用主要还是它叶色的观赏性。它性强健,适应力强,耐修剪,易整型,既可以作为身价不菲的盆景造型植物,又是城市公共绿地绿化中较经济实用的常客。它常与金叶假连翘(叶色黄色)、福建茶(暗绿色)构成各种花坛色带、分隔绿篱,这三种植物都耐修剪、病虫害少、抗逆性强,叶色协调,简直是华南道路绿化"三剑客"。

红花檵木树形可塑性强,除了可作盆景、绿篱外,还可以修剪成球形、柱形等几何形体,当然它自然生长的状态舒展自然,花叶俱佳,与其他植物配合均能取得好的观赏效果。

大家有没有想过一个问题:它叶片红色及至紫红,看上去没有叶绿素,那它是怎么进行光合作用的呢?要回答这个问题,我们先回顾一下前面所说的,叶色是由各种色素的比例不同而有不同的呈现。红花檵木的叶色呈红紫色,而红紫色通常是花青素在酸性环境的表现——答案有了:光合作用,必须依赖叶绿素,红花檵木细胞内肯定存在叶绿素,只是叶绿素存在于叶绿体中,而叶绿体分散在细胞各处;使叶色显示为红紫色的花青素则存在于细胞的液泡中,液泡在细胞中的面积大,以至于花青素的表现盖过了叶绿素的表现,使叶色呈紫红色。花青素极不稳定,容易因环境的pH值、光温等变化而发生改变。红花檵木种植在土壤肥沃、阳光充足的地方,叶色艳丽,而一旦种植于荫蔽处,叶色就转绿,这正是花青素随环境发生改变而变化的原因。

红花檵木、红枫等植物在平原地区表现良好,但在高原干旱地区,因为叶色深,吸收的热量大,很容易发生灼伤,因而需要适当遮阴。

红花檵木

009　落羽杉　*Taxodium distichum*　　　柏科 落羽杉属

常言道青松不老,在北方,针叶树松科的不少植物以不畏寒冬、四季常绿的形象示于世人,人们常常有一个固化的观念:秋色叶的舞台,似乎是阔叶树种独享的舞台。其实,针叶树里也有以色取胜的树种呢,比如金钱松、落羽杉、池杉等。

落羽杉是一种落叶的大乔木,它的高度可以

达到50多米。它是古老的孑遗植物。什么是孑遗植物？孑遗植物又称活化石植物，是指那些起源非常久远的植物。孑遗植物对人类研究地球地质、气候的变迁具有重要意义。银杏、水松、珙桐都是中国特有的孑遗植物。能抗过地球环境变化中的多次物种大灭绝，可见这种植物的抗逆性是非常强的，它耐低温、干旱、瘠薄、涝渍，生长快。它的树干通直，50年内的树形一般呈尖塔形，与其他冠形圆润的树种搭配一起，能"异峰突起"，营造丰富起伏的天际线，与城市景观融为一体。

落羽杉叶色之美，在于群体美，而不是叶片的个体美，因为它的叶片实在是细小：叶条形、扁平，基部扭转在小枝上列成二列，羽状。但是正是这些纤细的小叶和柔软的枝条，使落羽杉有一种明媚的美。它适合于滨水旁、大片草地上群植。春天叶色嫩绿，清秀俊逸；夏天叶色转浓绿，习习凉风拂过树梢惹人爱；到了秋天叶子变成一种迷人的"焦糖色"或古铜色，映入水边，形成华南一带难

落羽杉

能可见的秋色叶景观。

落羽杉何以如此耐水淹——功劳在于它奇特的呼吸根，又叫屈膝根，因为像突起的膝盖。所以走在落羽杉林，要小心看脚下，不要被一个掩藏在草丛中的小突起绊倒噢。

010　猪笼草　*Nepenthes mirabilis*　　猪笼草科　猪笼草属

猪笼草，因其叶片末端挂着一个长瓶状或漏斗状的捕虫笼，形状很像竹编的猪笼而得名。它是一种多年生的藤本植物，在热带和亚热带的雨林中，它依附在高大乔木上，藤株高大广展，但在都市里，它表现为被驯服后的小小盆栽，以其独特的捕虫笼成为家庭园艺的新宠。独特的捕虫笼实际上是猪笼草叶子的一种变态形式，深而膨大的笼瓶底部装满了特殊的分泌液体，散发着诱人的芬芳，受诱惑的主要是各种蚂蚁爬虫、蜜蜂蝴蝶，有时甚至还有诸如老鼠、蝙蝠一类的小型动物。受诱钻进瓶子里的动物会晕眩，跌浸于高度黏稠的蜜液中会慢慢分解，变成猪笼草的美味佳肴。佛系的植物界何以会出现猪笼草这种食肉的"花和尚"呢？这是因为在猪笼草的原生雨林中，氮元素获取不易，作为藤本只能靠进化出捕虫笼捕捉昆虫作为氮元素来源。

螳螂捕蝉黄雀在后，猪笼草诱捕昆虫，而人类又把猪笼草烹饪成美味佳肴——东南亚是猪笼草植物主要分布区，猪笼草饭是东南亚的一道美食，东南亚人民把米和肉类等食物塞进捕虫笼中放入锅里蒸熟后食用。猪笼草有不错的药用价

猪笼草

值，具有清热利湿、润肺止咳、解毒消肿、消炎、利尿的功效。您也可以试试，不过试之前一定要好好清洗"瓶子"，不然会有很多意外的蛋白摄入噢。

011 山乌桕 *Triadica discolor* 大戟科 乌桕属

山乌桕

别名红乌桕、红叶乌桕、山柳乌桕。高达6～12米，叶椭圆状卵形，纸质，全缘，长3～10厘米，宽2～5厘米，叶背面粉绿色；叶柄细长，顶端有腺体2枚。分布于广东、广西、云南、贵州、江西、浙江、福建及台湾。

它与乌桕同属一科，却有着自己独特的风姿。山乌桕跟乌桕非常亲近，因乌桕起名在前，而它在山里分布很广，所以就叫山乌桕了。它们名字中的"乌"是"乌鸦"的意思，《本草纲目》里说"乌臼，乌喜食其子，因以名之"；"桕"则是"臼"的意思，因乌桕树老后常黑烂成臼一样的碗状，因而得名。

山乌桕是南方山野优秀的乡土植物，是著名的"南国红叶"树种之一，入秋后叶片先黄后红，在南方郁郁葱葱的山野里，火红的叶子在枝头随风跳跃，耀眼炫目，具有很高的观赏性。可群植或片植，为优良的秋色植物和生态林树种。

012 朴树 *Celtis sinensis* 榆科 朴属

又名沙朴、朴子树、朴仔树。落叶乔木，高达20米；树皮灰色，粗糙而不开裂；枝条平展，当年生小枝密生毛。叶质较厚，阔卵形或圆形，中上部边缘有锯齿；三出脉，侧脉在六对以下，不直达

朴树

叶缘，叶面无毛，叶脉沿背疏生短柔毛；叶柄长约1厘米。花杂性同株；雄花簇生于当年生枝下部叶腋。分布淮河流域、秦岭以南至华南各地，散生于平原及低山区，村落附近习见。

春天，万物复苏，朴树抽出嫩绿的新叶，在灰色的光秃的树枝上格外清新。慢慢由嫩绿转为深绿，茂密而厚实，为人们提供了一片片凉爽的绿荫。随着季节的变换，秋季朴树的叶子由深绿变为金黄，为南国增添一抹亮丽的色彩。朴树，以其坚韧的生命力和独特的自然美，在中国各地广泛分布。不同的季节，展现出不同的形态，是自然界中一道不可忽视的风景，为人们带来美的享受和心灵的慰藉。

朴树喜光，喜温暖湿润气候，不择土壤。常作行道树或庭园绿荫树。

013　乌桕　*Triadica sebifera*　　大戟科 乌桕属

别名桼子树、桕树、木蜡树、木油树、木梓树、虹树、蜡烛树。

落叶乔木，树冠圆球形，体内含乳汁。单叶互生，纸质，菱状广卵形，叶柄细长。穗状花序顶生，花小，黄绿色，6～7月开花。蒴果三棱状球形，10～11月成熟，熟时黑色。我国广泛分布，主要产于长江流域、珠江流域，是重要的经济树种。

"小立溪窗下，山光晚不同。清秋霜未降，乌桕叶先红。"乌桕树冠整齐，叶形秀丽，菱形叶片带着小尾尖轻轻摇动，仿若千万只蝴蝶随风起舞，极其优雅。叶子在秋季慢慢变色，同一棵树上会呈现出深浅不一的绿色、黄色、橙色再到红色，应有尽有。秋色愈深，叶色愈红，直到满树皆红。经霜后更是如火如荼，鲜艳夺目，具有很高的观赏价值，有"乌桕赤于枫，园林二月中"之美名。

乌桕果实也很有特点，成熟后外壳脱落，种子裹着白色的蜡质层，星星点点挂在树上，吸引着鸟儿将其带向远方。

乌桕喜阳光，对土壤要求不高，适应性强，能耐热、耐寒、耐旱、耐瘠薄，生长快速，抗风力强，可以应用于山地造林。我国已有1400多年的栽培历史。可与亭廊、花墙、山石等相配。可孤植、丛植于草坪和湖畔、池边。在城市园林中，乌桕可作行道树，可栽植于道路景观带，也可栽植于广场、公园、庭院中，或成片栽植于景区、森林公园中，营造不同景观效果。

乌桕

第六章 观花植物

DILIUZHANG GUANHUA ZHIWU

观花植物是指那些花朵具有独特的观赏价值的植物。

花是植物的繁殖器官，一朵完整的花含有花柄、花托、花萼、花瓣、雌蕊、雄蕊等几部分，当缺少某一部分我们就称其为不完全花。于植物而言，花主要作用是为"悦己者容"，但这"悦己"者，不是人类，而是能为花传粉的各种蜂蝶鸟虫。植物的花或浓妆艳抹或争奇斗艳，拥有艳而大的花冠（或其他替代者，如苞片、花萼等），以妖艳的颜容吸引传粉者，如牡丹、月季等；有的乔装打扮，扮成传粉者"偶像"的模样，以吸引传粉者，如蜜蜂兰；还有的没有迷人的颜值，就散发足够迷人的芬芳以吸引传粉者，如佩兰、夜来香、白兰花……

我们观花，可观其形、赏其色、闻其香、品其韵、悟其道，花虽非为取悦人类，但是因其花有独特欣赏价值而得以广泛传播的植物不在少数，比如"无鹃不成园"的英国，很多杜鹃的品种就引自中国。凤凰木非华南地区乡土树种，但因其"花如丹凤之冠"而广为栽培……我们接下来向大家介绍几种观花植物。

001 毛棉杜鹃 *Rhododendron moulmainense* 杜鹃花科 杜鹃花属

深圳市梧桐山风景区连绵起伏的林峰中，每年的3月，粉色的毛棉杜鹃盛情绽放，一树树一丛丛点缀在风景区的山林间，犹如彩云飘逸在绿海之上，又像霞衣锻锦光彩万丈。花开时节，游人络绎不绝，纷纷登山踏春，一睹毛棉杜鹃的盛世容颜。人们称毛棉杜鹃为"云端仙子"；而在都市中的原

毛棉杜鹃

生高山杜鹃群落开花盛景，已成为深圳市的一张名片。毛棉杜鹃，到底是怎么样的一种植物，引无数人为之倾倒？且让我们走近它。

毛棉杜鹃是一种常绿乔木，是深圳目前所发现的唯一的乔木型杜鹃。而在梧桐山上的毛棉杜鹃群大约有10万株，在小梧桐山北坡和万花屏等地多成片分布，开花时灿若云霞。

毛棉杜鹃的花芽长圆锥状卵形，包被着鳞叶，3~5个花芽伞形聚在一起，像一个尖尖的朝天椒。待鳞叶脱落，粉色的花蕾依然保持朝天坚挺而饱满的状态，直至花瓣展开，形成花团锦簇的景象。其花冠粉红或粉紫色，花瓣5片，雄蕊10枚，雌蕊1枚。其中一片花瓣中间有一块略呈椭圆形的黄色斑块，雄蕊的花丝和雌蕊的柱头都朝黄色的斑块方向弯曲。原来这个色斑是指示传粉蜂蝶停驻的"标识牌"，而花丝和柱头朝向弯曲有利于蜂蝶的采蜜传粉，提高授粉成功率。

毛棉杜鹃的花谢时，花朵向下垂，花瓣整体向下滑落，而雌雄蕊仍未凋谢，形成了残花吊挂在花丝端头的景象，因此又有别名丝线吊芙蓉。不过此名一般应用在中药药典里，是指毛棉杜鹃的根皮、茎皮，可用于治水肿、肺结核、跌打损伤。

002 吊钟花 *Enkianthus quinqueflorus*   杜鹃花科 吊钟花属

吊钟花

落叶灌木或小乔木。吊钟花花开时间一般是春节前后，因此被称为"中国新年花"。从明代起，广东有用吊钟花插花的习俗，取"金钟一响，黄金万两"的吉祥如意的寓意。

吊钟花的花瓣肉质，下部合瓣呈吊钟状，上部浅裂，花瓣玲珑剔透，粉里透白，倒挂着像一个个精致的水晶铃铛。花初开时，红色的长长的花柄朝下垂，及至授粉成功结果后，会慢慢向上举，因此又有高高中举之意，有考生学子的家里，一般都会摆上一盆，以求高中状元、钟鸣鼎食的好意头。

003 红花荷 *Rhodoleia championii*   金缕梅科 红花荷属

这里所讲的红花荷，可不是在池塘中巧笑顾盼的莲科荷花，而是在山林中，其木材不易起火，能起防火林作用的金缕梅科红花荷属的常绿乔木。因其花色鲜艳，花瓣像荷花，故名红花荷；又因花下垂，形似吊钟，又称吊钟王。

红花荷的花萼铜色、勺形，覆瓦状排列。花瓣暗朱红色，匙形，多数离瓣。雄蕊花丝也是红色。红花荷最初的应用是在造林中作为防火林树种，但是"是金子总会发光的"，它开花时花量大，花色深红，红得耀眼夺目，艳得惊心动魄，一丛丛一簇簇漫山遍野灼灼欲燃，很快被爱美的人们带出深山，作为盆栽、庭院花木应用。

红花荷

004　白兰　*Michelia × alba*　　木兰科　含笑属

　　白兰通常被南方朋友误称为"白玉兰"（中文正名玉兰），其实这是两种同科不同属的植物，白兰归为木兰科含笑属，玉兰归为木兰科木兰属。

　　白兰是高大的常绿乔木，一般夏季开花，其冰清玉洁的花朵藏于绿叶之间，色彩上并不引人注目，唯有清风徐来，送来阵阵花香沁人心脾。在叶丛下寻其花朵（含笑属的花一般开于叶腋，而木兰属的花一般开于枝顶），只见其花洁白，花瓣10枚，枚枚细长纤盈，尤其是半开微薰时，很像纤纤的兰花指。兰花指是指拇指与中指捏合，其余三指舒展的一种手势，虽指其形似兰花，但用来形容白兰，也有过之而无不及。

　　白兰又叫缅桂，是佛教文化中五树六花中的一花。五树六花是指佛经中规定寺院里必须种植的五种树、六种花。五树是指菩提树、高榕、贝叶棕、槟榔和糖棕；六花是指荷花（莲花）、文殊兰、黄姜花、鸡蛋花、缅桂花和地涌金莲。缅桂在佛教文化中代表纯洁。

白兰

005 白花油麻藤 *Mucuna birdwoodiana* 豆科 油麻藤属

说起白花油麻藤，大部分人并没有深刻的印象，但如果提起它的别名"禾雀花"，有不少朋友马上就能想到花形像极了一只只小麻雀的藤本花卉来了。

白花油麻藤是一种常绿的木质藤本。它茎干粗壮，攀爬能力强，在野外能越壑穿石，攀树越冠，生长速度快，种植时间长的茎干常虬龙盘枝强势压人，对附近的树木和构筑物形成压迫。引入园林种植时，如想形成可通行的棚架，常需要搭建有足够支撑力的钢筋混凝土架子，不宜作为墙面、阳台立体绿化树种。

白花油麻藤的开花季节一般是三四月间，它的花一串串一簇簇聚集在一起，每一朵长约5厘米，共5个白色花瓣。花托绿褐色像鸟雀的头部，中间的一瓣弯拱像鸟雀的背部，两侧2个花瓣卷隆起像鸟雀的翅膀，底瓣向后翘起像小鸟尾巴，整个形态像一只只振翅欲飞的小鸟，聚在一起叽叽喳喳好不热闹。

白花油麻藤

006 凤凰木 *Delonix regia* 豆科 凤凰木属

"叶如飞凰之羽，花若丹凤之冠"，这是人们形容凤凰木这个世界著名的观花乔木时常用的诗句。凤凰木原产马达加斯加，因树形飘逸、花色艳丽而广受好评。

凤凰木的叶片是羽状复叶，每片小叶只有眉豆大小，但整个树形枝条横广舒展，羽状叶秀丽纤柔，远远看上去确实有神鸟展翅的轻盈。而凤凰木的花如火般热烈明艳，满树繁花十分壮观，被誉为世界十大观花乔木之一。

凤凰木

凤凰木的花语是离别与思念、火热的青春。明明花色橙红，一簇簇热烈奔放，为何花语却如此伤感？原来，张明敏的一首《毕业生》说得明白：蝉声中，那南风吹来；校园里，凤凰花又开。无限的离情充满心怀，心难舍，师恩深如海……5~6月是凤凰木的花开时节，花开了离毕业季就不远了，而火热的青春如花季般美好，却也短暂易逝。

007 大花紫薇 *Lagerstroemia speciosa* 千屈菜科 紫薇属

大花紫薇原产于斯里兰卡、印度、马来西亚、越南及菲律宾，它学名中的 *speciosa* 就是"美丽的花"的意思。在华南一带，它的开花时节是6~8月，是真正的"生如夏花"。它的花粉紫色，花聚在一起，一簇簇十分清新俏丽。它耐热、耐旱、耐碱、耐风、耐半阴、耐剪、抗污染，既有颜值又皮实，能在逆境中保持优雅，是华南滨海碱性地不可多得的观花绿化乔木。而且，如果某个年份温度偏低，温差明显，我们还可以看到大花紫薇叶色变得绚丽多彩的盛景，当然，与传统的秋色叶树种相比，大花紫薇的叶子挂叶期短，还不足以打出观叶的名片。

大花紫薇

008 红花羊蹄甲 *Bauhinia × blakeana* 豆科 羊蹄甲属

红花羊蹄甲在香港被称为洋紫荆，是香港市的市花。羊蹄甲，是形容它的叶子像羊蹄，红花是指它的花红至紫红色，它的花期基本覆盖全年，但尤以2～4月为盛。它是羊蹄甲与宫粉羊蹄甲的杂交种，但也很容易与这两者混淆，要找区别，记住这几点：红花羊蹄甲不结实，雄蕊5枚，花瓣红色至紫红色，花朵较大；羊蹄甲结实，雄蕊3枚，花瓣粉红色，有皱纹；宫粉羊蹄甲结实，雄蕊5枚，花朵数量多，花色粉红。

红花羊蹄甲

009 火焰树 *Spathodea campanulata* 紫葳科 火焰树属

火焰树来自遥远的非洲，它的颜值迅速为它打开全球市场，使它成为世界著名的热带观花乔木之一。它的花序像众多合拢一起的手掌，开花时由外往内逐朵开放，花朵多而密集，花色猩红，花姿艳丽，形如火焰，尤其满树开花的景象更为壮观，故名火焰树。又因其花朵形状亦似郁金香，故英文名叫郁金香树（Tulip tree）。另据说在原产地热带非洲，其花朵呈钟形可储存雨水或露水供旅人或土著居民饮用，故称为喷泉树。但我觉得这是误解，因为火焰树的花确实像个杯子，可装水饮用，但那

火焰树

是为鸟类准备的,而非人类。火焰树的高度通常20~30米,只有在树上,才保持花口向上装水的状态,当它凋零至地面,东倒西歪哪还有正形呢?而这个高度,也不是蜂蝶觅食的范围,所以,火焰树是鸟类传粉植物。据说它的花对蜜蜂等昆虫是有毒的,它并不欢迎这类只偷吃不干活的干扰客,它的盛宴,只为鸟类准备。

010 假鹰爪 *Desmos chinensis*　　　番荔枝科 假鹰爪属

假鹰爪,又名一串珠、鸡爪凤、酒饼叶,直立或攀缘灌木,有时上枝蔓延。开花时,先是绿色,后来慢慢变成黄白色,吊挂在枝上,像老鹰爪子一样。果序呈念珠状,初时绿色,成熟后变为红色或紫红色。花期4~6月,果期6月至翌年春季。

假鹰爪香气浓郁持久,一树花开,满园皆香,且树型美观,花果俱佳,所以是一种理想的观赏花卉和庭园绿化苗木。假鹰爪花香味类似于依兰香,可提取芳香油,可供制造化妆品、香皂用香精等。此外,它的根、叶供药用,可治风湿痛、跌打扭伤、肠胃积气等;茎皮纤维可代麻制绳索,是人造棉和造纸的原材料;海南民间有用其叶来制酒饼,故有"酒饼叶"之称。

假鹰爪产于广东、广西、云南和贵州。印度、老挝、柬埔寨、越南、马来西亚、新加坡、菲律宾和印度尼西亚也有。

假鹰爪

第七章 观果植物

DIQIZHANG GUANGUO ZHIWU

观果植物是指果实具有独特的观赏价值的植物。

果实是植物的繁殖器官，它是由花朵的子房发育而来的。子房又由子房壁和胚珠两大部分组成，其中，子房壁发育成果皮，胚珠发育成种子。只有子房参与发育形成的果实我们称之为真果，如果有花托、花萼等其他器官参与发育形成的果实我们称之为假果。从植物学的角度，我们吃的水果可能是吃的"果皮"噢，比如苹果、桃。

有些果实的形状很奇特，比如假苹婆的五瓣蓇葖果成熟后鲜艳夺目、腊肠树长长的荚果像一串串腊肠、吊瓜树的木质果实像一个个小冬瓜、佛手和乳茄的奇特果实使它们成为年宵花座上宾等；有的果实果期长、色彩鲜艳，比如经冬不凋的铁冬青、朱砂根等；还有的因为有良好的寓意，而广受人们喜爱的石榴、柿子等；当然更少不了可食用的水果类植物，比如杧果、阳桃、荔枝、龙眼、余甘子……但是，考虑到落果、采摘等风险，公共绿地，尤其是行人较多的地方一般不配植水果类果树，即便种植了，也要在果期加强管理。

001 假苹婆 *Sterculia lanceolata* 锦葵科 苹婆属

常绿乔木。所谓"假"，是指它与同科同属的另一个种"苹婆"很像，难辨真假。苹婆和假苹婆都是产自我国的乡土植物，苹婆的果实成熟时节正是七夕前后，是华南一带用于七姐诞祭祀的果品，而苹婆的产量少，假苹婆就常常被用作替代品。假苹婆的果实很特别：鲜红色的5瓣蓇葖果（成熟时果实仅沿一个缝线裂开的干果），成熟时朝向地面位置打开，露出黑色的花生米大小的种子，每个荚瓣内有籽5～7粒；而苹婆的种子就大得多，每荚一般1～3粒，鸽子蛋大小，煮熟食用有板栗的芬芳。

作为城市绿化树种，假苹婆树形端直，冠大荫浓。鲜红的果荚引人注目，同时也为鸟类提供食源，是城市中良好的行道树、庭院树、公共绿地景观树种。

假苹婆

002　铁冬青　*Ilex rotunda*　　　　　冬青科 冬青属

铁冬青，听起来就有铮铮铁骨的即视感，这是一种在凛凛冬季仍然向世人展示着傲人的深绿色身姿的常绿乔木。它的花期3~4月，果期却在深秋，而且果实成熟后呈鲜红色，一簇簇挂在枝头上经冬不凋，红色累累果实映衬在碧绿的枝叶间，层层叠叠，展示着顽强而蓬勃的生命力。这种植物不仅是良好的城市绿化树种，而且它的树皮和树根还是一味中药，药名"救必应"。听名字就很神奇，据说它的树皮枝叶揉烂敷在出血口，止血功效立竿见影——原来，铁冬青含有救必应乙素（三萜甙），这种物质能使动物的凝血时间缩短，记住这一点，野外有大用噢。

有人疑惑：花大价钱种植铁冬青一株，枝繁叶茂却不见结果，是什么原因？因为铁冬青雌雄异株，要结果要先结对找伴呢。

铁冬青

003　火棘　*Pyracantha fortuneana*　　　　　蔷薇科 火棘属

火棘是一种常绿的小灌木，由于体型小，易整形扎枝，耐修剪，再加上秋冬时红果如火聚集枝头，经冬不凋，颇受盆景爱好者的欢迎。不过，这个植物在传说中可把三国的刘备"气哭了"，此话怎么讲呢？原来，火棘是蔷薇科的植物，这个科的不少植物都可以食用，如苹果、桃、李、梨、杏等。相传诸葛亮带兵打仗，在野外无粮可食，看到一大片红果子灌木，经尝无毒，就让士兵们采摘食用，渡过难关，因此命其名为"救军粮"。后来有一次刘备带兵打仗，叫人向后方的诸葛亮催粮，诸葛亮担心他中"火计"所攻，便折救军粮一枝让信使带给刘备，心想他们俩常常谈论植物，刘备应该明白诸葛亮的意思，没想到刘备理解为"救军粮"很快就到，同

火棘

物异名两个人没理解对，造成刘备大败。

火棘味道酸甜，3~4月开花，可以泡酒。

004　红果仔　*Eugenia uniflora*　　　　　桃金娘科 番樱桃属

城市绿化中的红果仔为常绿灌木，常常被修剪成球形，它的叶子薄革质，像指甲般大小，整株老叶细密发亮，嫩叶闪烁着红色的光泽，平时典雅低调，唯有结果时让人印象深刻——白色的小花不惊不艳，但浆果小拇指般大小，像一个个小灯笼，初时绿色，慢慢变成黄色，成熟时变成红色，一时间满树绿叶间，挂着白色的小花、摇着绿的黄的红的果，十分迷人。球果上往往有8~10条棱，因此又名棱果蒲桃。红果仔的果看着迷人，还可以食用，味道有点酸，这可是小鸟们十分喜爱的果实。

043

红果仔

005 吊瓜树 *Kigelia africana* 紫葳科 吊瓜树属

原产于热带非洲、马达加斯加。落叶高大乔木，花和果都很奇特。它的花序长可达1米左右，花序轴悬垂下来，花冠橘黄色或褐红色，像个酒杯挂在花序轴上。花序轴上可以开很多杯形花，但待结果时，只有少数的几个能正常授粉发育成像花生形状的果实，大小约像大瓶的矿泉水。这个果中看不中用，坚硬，肥硕，不开裂，果肉木质，没有食用价值。

吊瓜树

006 余甘子 *Phyllanthus emblica* 叶下珠科 叶下珠属

落叶小乔木。因为它的果入口初尝时味道酸涩，过一会儿后又变得甘甜，因此得名"余甘子"。

余甘子的叶较为特殊，像长椭圆形的瓜子，单叶互生，排成两列，看起来很像羽状复叶。羽状复叶在总叶柄处有芽，可分枝，而单叶在单个叶腋处即有芽点，这是两者的区别。

余甘子可以说全株是宝，它的叶子天然的不规则卷曲干燥，棒之沙沙作响，透气性好，散发叶子淡淡的清香，在广西、广东一带的人们喜欢用余甘子的叶片作枕头，枕之安神明目。

余甘子的果近扁圆形，约拇指般大小，整体偏白绿色，果肉略显透明，据说它的含硒量非常高，和山楂、白榄并列为"世界三大杂果"。它的果实药效显著，常用于治疗消化不良、血热血瘀、胃腹痛、感冒、牙疼、咽喉痛、痢疾、咳嗽等疾患。

余甘子

007　露兜树　*Pandanus tectorius*　　露兜树科　露兜树属

露兜树是生长在滨海沙地、岸边的一种小乔木。广东人称根为"兜"，而露兜树有庞大的多分枝的支持根，因此称为露兜树。叶革质，带形，长的可达1米，边缘和叶背的中脉有尖锐的锯齿，这是它抵御动物靠近的有力的武器。

露兜树的雄花序呈穗状，花细小淡黄色，包着白色的佛焰苞片，远远看上去毛绒绒的像狐狸尾巴。它的果是一个聚花果，未成熟时青绿色，熟时颜色橙黄，像个圆形的菠萝，散发着诱人的清香，因此很多人又称其为野菠萝或假菠萝。但是它的果实有小毒，需要用盐水浸泡约半个小时。掰下一个个倒圆锥形的小核果，嚼食多渣，味道稍甜。

露兜树

008　海桑　*Sonneratia caseolaris*　　千屈菜科　海桑属

海桑是一种红树植物，长在滨海滩涂，被《世界自然保护联盟濒危物种红色名录》列为近危树种。

海桑的叶柄和小枝有点红色，叶厚革质，互生。它的花很特别，首先是花梗粗壮而且短，萼筒六瓣，花初开时萼片外绿内红，结果后不脱落，内面的红色慢慢褪为绿色。花瓣线状披针形，暗红色，有点像红花檵木的线形花瓣。它的柱头长长地伸出花瓣之外，围在众多花丝之中。结果后萼片宿存展成浅碟状，果实像个绿色的扁柿子，但是还带

海桑

着长长的未脱落的花柱。远看又像挂着一个个小灯笼。它的果实可食用,只是鲜食有点酸,一般作调味品,熟了以后就有奶酪的味道,较可口。

和众多的红树植物一样,海桑也有一根根突出滩涂地的笋状的呼吸根,把它的呼吸根用水煮沸,再取出来截成一小截,就可以当软木塞使用了。当然,海桑最重要的作用还是作为沿海生态的防护树种,所以我们不建议随意采集、买卖、收购、加工野生的海桑。

009 盐肤木 *Rhus chinensis*　　　　漆树科 盐肤木属

落叶灌木或乔木,单数羽状复叶,小叶有波状锯齿并被毛,对生,最显著的特征是小叶无柄,叶轴上有窄窄的叶翅。

盐肤木可以吸收土壤中的盐分,并通过叶孔、皮孔等组织将盐分排出来,其中它的果实所带的盐分最多。盐肤木的果实一般在10~11月,核果,扁圆形,一串串的像葡萄似的很丰盛,肉眼可见果实表层有一层厚厚的白色的盐霜,尝一下,酸中有咸。盐在古代是国家管控的商品,买不起盐的底层老百姓就会采摘盐肤木的果实,用水煮开熬干后得出"植物盐",既可当盐又可当醋,而且这种植物分布很广,除黑龙江、吉林、辽宁、内蒙古和新疆外,其余各地均有分布,老百姓采之易得。

盐肤木还有很重要的药用价值。中药中有一味非常重要的药"五倍子"就是指盐肤木的虫瘿,

盐肤木

它是由五倍子蚜虫寄生在幼枝或叶子上所形成的虫瘿,成熟后红色,具有敛肺降火、涩肠止泻、敛汗、止血、收湿敛疮等功效。

010 秋茄树 *Kandelia obovata*　　　　红树科 秋茄树属

秋茄树是较有代表性的红树林植物。它具有红树林植物所具有的一些典型特征。

首先它具有发达的支柱根和呼吸根。海岸边潮涨潮落,风高浪急,海水涨潮时秋茄林常常遭灭顶之灾,而潮水退后秋茄树仍然稳稳地站立在滩涂上顽强生长,首先就是依赖于它扎根深稳的根系,它的根系就像八爪鱼似的,甚至比八爪鱼的分枝还要多,牢牢地深扎在泥地里。在它的植株周边,还可以看到一个个像春笋般冒出来的小尖头,那就是秋茄的呼吸根,支柱根和呼吸根都有着发达的通气组织,有利于气体交换。

其次是秋茄的胎生现象。秋茄的萼片和花瓣都是5片。萼片厚革质,白色条形,花瓣脱落后慢慢向后反卷,宿存。花瓣白色,躲在萼片内不起眼,上部裂片呈丝状,很快脱落。果实在宿存的萼片衬托之下慢慢发育成乳突状,褐色。大部分植物的种

秋茄树

子是落地后发芽,而秋茄的种子是在树上生长,胚轴发育伸长突破果实,这个果实与胚轴的结合体看起来就像一根瘦小的茄子,秋茄树因此而得名。待胚轴发育成熟会自行脱落断轴,胚轴扎向土地并迅速长出根系,扎根成功。秋茄的胎生现象是植物利用母体的营养呵护种子发芽,再脱离母体以增加种族繁衍能力的一种智慧。

011 朱砂根 *Ardisia crenata* 报春花科 紫金牛属

如若你要到花卉市场买"朱砂根",店老板不一定知道你想要的是什么,但如果你说"富贵籽",他们马上会向你推荐一种满树红果的植物,那其实就是报春花科紫金牛属的朱砂根。

朱砂根在成为年宵花宠儿之前,作为药方更为有名,在《本草纲目》中有记载:"苗高尺许,叶似冬青叶,背甚赤,夏月长茂。根大如箸,赤色,此与百两金仿佛。"可不,常绿的小灌木,叶狭长披针形,叶面深绿色,叶背呈紫红色,叶缘有钝波状锯齿。入药的部位是它的根,有祛风除湿、散瘀止痛的功效;根的皮较厚,常常有紫红色的朱砂点,这也是朱砂根这个名称的由来。

朱砂根的果实量多,果实鲜红欲滴,而且果期很长,果熟时刚好是南方春节期间,自然形态的朱砂根绿叶衬红果非常喜庆。如果把几个植株聚成一盆,摘掉部分叶片,只留一簇簇的小红果,再适当地整形绑扎,便真的成就了只见果不见叶的奇特景观。

朱砂根

第八章 种子观察

特里·邓肯·切斯在《怎样观察一粒种子》书里写道：人类生命依赖于植物，而植物的基因信息全部都藏在它的种子里，种子蕴含着繁衍生息的智慧精华。带刺的尖壳，美味的果肉，种子们千变万化的表象，其实都是传承生命的同工异曲，不同的进化道路孕育出万种风情，这是植物们万年智慧的凝练。植物不会移动，它们扎根于地下，开枝散叶。但如果它们的后代不移动到别的地方，父母和孩子们就会争夺水分、光照、营养等资源。而且如果生活在父母身边，更容易患病或闹虫灾。因此，植物会放手让自己亲爱的孩子去远行。植物产生种子时，将自己身体的设计图纸，也就是遗传信息（DNA）这一秘密暗号托付给种子。亲本植物为种子准备好精心制作的便当（贮藏营养），送它们去旅行，不同的植物旅行方式也不同……

种子是什么？它为什么存在？为什么种子会如此多样？这本书里总共记录了100多种种子、果实和果荚，书里说：没有种子意味着没有花儿，也没有植物，没有种子就不会有水果，也不会有坚果，没有种子的滋养，动物会陷入困境，甚至灭亡，没有种子的滋养，我们的田地和牧场将走向终结，人类将濒临灭绝，所以种子是开始，也是结束。

观察种子，当然要记录了。记录种子除了收集观察，拍照留存也是必要的。毕竟深圳这样的天气潮湿易霉，加上很多种子根本没法保存，拍照记录就显得尤其必要。

一、种子的拍摄

很多摄影大师们拍的种子照片特别高清好看，据了解那是用相机拍摄多张相片，然后用专业的软件合成的一张。而我们为大家分享的，是纯手机拍照记录的。

1. **木棉**：经过树下捡起的一片落叶，叶子形状非常美，但叶子的颜色和状态会随着时间的推移而改变，于是想保留这个状态，就拍照记录下来，因为，瞬间即是永恒（图1）。

2. **旅人蕉**：从原始拍摄的种子图和用软件处理过的种子图对比来看，前后的变化还是比较明显的（图2、图3）。如何拍？很简单，有手机就可以。人的审美总是随着认知的提高逐渐变化逐渐升华，从开始的乱拍，到后来提高要求，就需要一个"小摄影棚"（论光的重要性）。"小摄影棚"并不贵，几十元，人人都可以消费，平常拍自己的人像照，或者是拍风景，光是很重要的。"小摄影棚"带有两个底，一个黑色，一个白色。有了灯光的补充，比原来的裸拍会好很多。在这基础上再后期处理一下，用美图秀秀软件就可以满足基本需求。

3. **栾树果荚**：图4为裸拍，小棚打灯拍的，依然还是觉得暗；图5用美图秀秀调了色，在保持它原来样子的基础上，颜色再提亮一些，整体不失真。

■ 第八章 种子观察

图1　桐棉种子拍摄

049

图2　原始拍摄的旅人蕉种子图

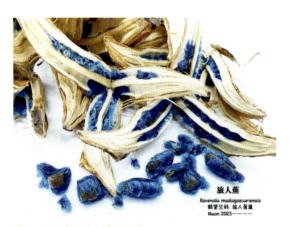

图3　处理过的旅人蕉种子图

图4　裸拍效果　　　　　　　　图5　调色后效果

二、图片美化步骤

（一）打开美图秀秀，会进入一个界面，点击美化图片（图6）。

（二）先点调色（因为多次使用后的习惯，没有用其他的滤镜）（图7），大家可以多次尝试，找到自己喜欢的那个状态。

（三）点入调色以后，会出现几个选项，局部调色（第一个不点，因为那个是需要充费，我们用免费的），右边有智能补光亮度、对比度、曝光等，还有饱和度，选择智能补光，智能补光就是把相片颜色再调亮一些（图8）。

智能补光的三个档位跟原图的比较，第一张是原图，第二张是一档补光，第三张是第二档补光，第四张是第三档补光（图9）。很少用三档，一般都是一或二档，这个具体根据当时拍的照片的状况看。自然补光后，后面的亮度就不再用了。

图10、图11是第一档跟后面一档区别，栾树果荚颜色过于暗了，所以用的最后一档，前后比较就很鲜明。软件下面的功能键可以多种尝试，找出适合本图片的，自己认为最好的就可以。这样简单的记录可以让我们更持久地保存种子的各种不同时期的状态、形态。太复杂的方式，反而会让人容易放弃。

图12是在原图上调色，智能补光+氛围的效果，大家多多尝试去实践。

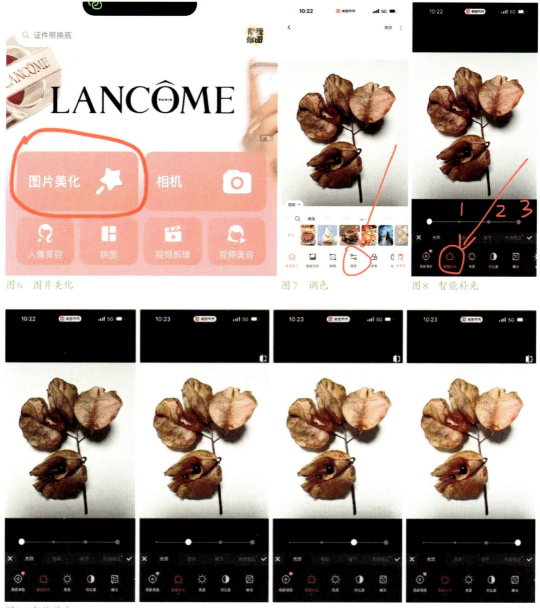

图6　图片美化　　　　图7　调色　　　　图8　智能补光

图9　智能补光

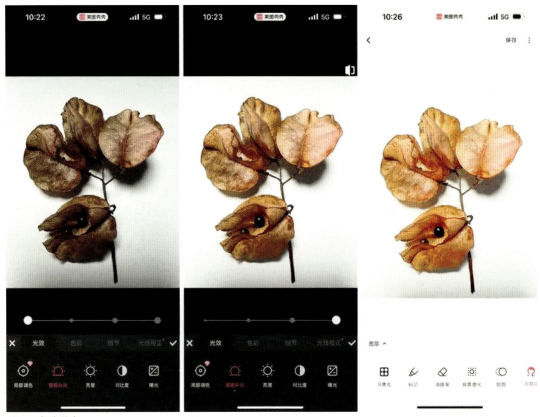

图10 智能补光

图11 智能补光效果对比

图12 智能补光+氛围效果

（四）除了原图调试，还有一种抠图组合方式。就是在原图干净、完整且符合抠图条件的情况下操作。

记录一粒种子的时候，总是希望能在一张图上更立体更多元地来呈现它的美，图14就是将图13整合到一张图上的效果。

首先，把种子材料放棚子里打光拍照（各种角

第八章 种子观察

度），然后再用美图秀秀调亮，最后再抠图、拼图（抠过的图都是白色底，拼起来很灵活，拼图是在最后一张抠图时，加入其他抠好的图合并成一张，灵活排版）。

图15至图22都是这样操作的。

图13 整合前

图14 整合后

图15 非洲楝果实

图16 石岩枫果实　　　　　　图17 猴耳环果实

053

图18　凹叶红豆果实　　　　　　　　图19　黄缅桂果实

图20　荔枝果实　　　　　　　　图21　黄金百香果果实

图22　海芋果实图处理前后效果

第八章 种子观察

图23 白花泡桐果实和种子

　　用相机拍会更好，但手机这样记录也不差。遇到很小的种子，如图23的白花泡桐，可以买个便携显微镜（观察珠宝的那种微型显微镜，十几、几十元不等）放大再拍。很好拍，蝴蝶一样的形态很美。

一

自然教育实务

植物

ZIRAN JIAOYU SHIWU
ZHIWU

第三篇

专题植物

DISANPIAN
ZHUANTI ZHIWU

第九章 先锋植物

一、先锋植物概述

大自然中有些环境因干旱、贫瘠等原因造成大部分植物无法生长，或者因洪水泛滥、森林火灾等灾害过后，都是一片荒芜。在这样的废墟之上，有一群默默无闻的开拓者，慢慢绽放出生命的绿色，它们被称为先锋植物。先锋植物（pioneer plant）指群落演替过程中最先出现在新形成或被破坏的环境中生长并繁衍的植物。具有适应性强、生长快、较高的扩散能力等特点，并能逐步改善土壤条件，为其他植物的入侵和生长创造条件。久而久之，环境得以改善，随着物种增加，有些先锋植物不适应相互遮阴和根际竞争，被后来的种群排挤掉。所以，先锋植物在改善生物生存环境方面具有先锋队的作用。

先锋植物有极其顽强的生命力，不需要肥沃的土壤，不需要充足的水分，只要一点点阳光，一点空气，就能够破土而出，开始它们的生长。它们是贫瘠大地的先驱，是生态演替的先锋，在生态修复、荒山绿化、治理石漠化等方面发挥重要作用。

二、先锋植物的特点

（一）生长速度快

能够迅速占领新的土地或被破坏的环境。

（二）适应性广

能够适应多种环境条件，包括干旱、贫瘠的土壤和极端的温度变化等。甚至有些可以在岩石上生长。

（三）抗逆性强

能够在极端环境条件下生存，如高盐碱、重金属污染等环境。

（四）适应光照变化

无论是在阳光充足还是光照较少的环境中都能生长。

（五）生命周期短

较短的生命周期，使得它们能够快速完成生长、繁殖和死亡的过程，为后续物种的入侵提供机会。

先锋植物很多是种子植物，也有苔藓等孢子植物。有乔木、灌木、草本，也有藤本。

先锋植物通过改善土壤结构、增加土壤有机质、提高土壤肥力等方式，为其他植物提供更好的生长条件。

三、常见的先锋植物

001　卷叶湿地藓　*Hyophila involuta*　　　丛藓科 湿地藓属

　　苔藓是较早登陆地球的植物类群，卷叶湿地藓是较典型的先锋植物，在岩石、混凝土表面等其他植物生长不了的环境常见它的身影。为丛藓科湿地藓属贴生低矮植物，通常在湿润的土壤、岩石表面或树干上形成密集的绿色垫层。分布较为广泛。分布于云南、四川、福建、台湾、江苏、河北和东北各地；亚洲其他地区，欧洲和美洲也有。叶先端有明显锯齿，部分芽胞（无性繁殖体）表面具棘刺。

　　卷叶湿地藓在群落里比较好辨认，配子体通常呈褐绿色，颜色较深，老叶子的颜色比新叶子要深。

　　卷叶湿地藓是靠植物表面吸水分的，旱时卷缩，喷水会膨胀变绿，可以在石头、墙壁、混凝土表面等恶劣、贫瘠环境生长，喜欢水库坡面等开阔生境。当它衰老后还会堆积变厚转为土壤改良环境，引来更多新生物，起到维护生物多样性的强大作用。

卷叶湿地藓

卷叶湿地藓喷水后膨胀"返青"

002　尾叶桉　*Eucalyptus urophylla*　　　桃金娘科 桉属

　　常绿高大乔木，下半部树皮粗糙纵裂，红棕色，上部树皮灰白色平滑，淡紫红色，呈薄片状剥落。树干通直圆满，树冠舒展浓绿。叶具柄，幼态叶卵形至披针形，对生，成熟叶披针形或长卵形，互生，长10～23厘米，先端常尾尖。叶脉清晰，侧脉稀疏平行，边脉细，不明显。花序腋生，花白色；伞形花序，总花梗扁，花5～7朵或更多；帽状体钝圆锥形，与萼筒等长；蒴果半球形，果瓣内陷，成熟后暗褐色。花期10月至翌年1月；果期翌年6月。

　　原产印尼；华南有引种栽培。在广东、广西、海南等地广泛栽培。热带、亚热带速生树种。

　　喜欢暖热多湿气候和光照，能够在干旱瘠薄的地方生存，但不耐霜冻（低于–4℃出现冻害）。萌芽力强，抗病虫害，生长特快（在广州5年生树高

尾叶桉萌生枝叶

老枝掉落的叶片

尾叶桉树干基部

达13m）。在中国的热带、南亚热带地区低山、丘陵具有较强的适应性。

树干通直，基部暗红色，枝叶茂密，在华南宜作荒山、道路及矿区绿化树种。但抗风力弱，作行道树用时宜双行或多行配植。木材为优质造纸原料。

003 柠檬桉 *Eucalyptus citriodora* 桃金娘科 桉属

高大乔木，树干挺直；树皮光滑，灰白色，片状脱落后呈斑驳状。幼态叶片披针形，有腺毛，基部圆形，叶柄盾状着生；成熟叶片狭披针形，宽约1厘米，长10～15厘米，稍弯曲，两面有黑腺点，揉之有浓厚的柠檬气味；过渡性叶阔披针形，宽3～4厘米，长15～18厘米；叶柄长1.5～2厘米。圆锥花序腋生；花梗长3～4毫米，有2棱；花蕾长倒卵形，长6～7毫米；萼管长5毫米，上部宽4毫米；帽状体长1.5毫米，比萼管稍宽，先端圆，有1小尖突；雄蕊长6～7毫米，排成2列，花药椭圆形，背部着生，药室平行。蒴果壶形，长1～1.2厘米，宽8～10毫米，果瓣藏于萼管内。花期4～9月。

小枝及幼叶有腺毛，具有强烈柠檬香味。叶互生，幼苗及萌枝之叶卵状披针形，叶柄盾状着生；成熟叶狭披针形，稍呈镰状，长10～20厘米，背面发白，无毛。伞形花序再排成圆锥状。蒴果罐状，长约1厘米。花期4～9月。

原产地在澳大利亚东部及东北部无霜冻的海岸地带，喜肥沃壤土。我国南部地区有栽培，目前广东、广西及福建南部有栽种；适应性较强，在广东北部及福建生长良好。木材纹理较直，易加工，耐海水浸渍，能防止船蛆腐蚀，是造船的好木材；枝叶可蒸提桉油，用于香皂、香水、化妆品香精等。

本种树干洁净，树姿优美，枝叶有浓郁的柠檬香味，是优良的园林风景树和行道树。也是速生用材和芳香油树种。

柠檬桉树干

004 大叶桉 *Eucalyptus robusta* 桃金娘科 桉属

高大乔木，高可达30米；树皮粗厚，纵裂，不剥落。叶互生，卵状长椭圆形或广披针形，长8～18厘米，全缘，革质，背面有白粉，叶柄扁。伞形花序腋生，花梗及花序轴扁平；萼管无棱。蒴果碗状，径0.8～1厘米。花期4～9月。

原产澳大利亚；我国南部及西南地区有栽培。本种树干高大挺直，树冠庞大，树姿优美，生长迅速，在西南地区生长较华南为好。可栽作行道树及庭荫树，也是重要造林树种和沿海地区防风林树种。枝叶可提取芳香油。

大叶桉叶片和树干

005 马占相思 *Acacia mangium* 豆科 相思树属

常绿乔木，高可达23米；小枝有棱角。叶状柄很大，长倒卵形，两端收缩，长20～24厘米，宽7～12厘米，具平行脉4条，革质。花淡黄色，穗状花序成对腋生，长3.5～8厘米，下垂。荚果条形卷曲。花期6～7月；果期8～12月。

原产澳大利亚、印度尼西亚和马来西亚；华南有引种。喜阳光充足，对土壤要求不严，抗风，耐干旱；萌芽力强，生长快。树形圆整美观，叶大荫浓，是优良的行道树和荒山绿化、水土保持树种，具有重要的生态和经济价值。

马占相思

006 大叶相思 *Acacia auriculiformis* 豆科 金合欢属

又名耳荚相思。

常绿乔木，一般高约10米，原产地高可达30米。枝条下垂，树皮平滑，灰白色；小枝无毛，有棱，绿色，皮孔显著。幼苗具羽状复叶，后退化成叶状柄，镰状披针形或镰状长圆形，长10～20厘米。穗状花序腋生长3.5～8厘米，1至数枝簇生于叶腋或枝顶；花橙黄色；花萼长0.5～1毫米，顶端浅齿裂；花瓣长圆形，长1.5～2毫米；花丝长2.5～4毫米。荚果成熟时卷曲成环状，长5～8厘米，宽8～12毫米，果瓣木质，每一果内有种子约12颗；种子黑色，围以折叠的珠柄。花期7～8月，10～12月二次开花；果期12月至翌年5月。

稍耐阴，喜暖热气候，耐干旱瘠薄土壤。树形优美，是优良的行道树和公路绿化树种。也是绿化荒山、水土保持、防风固沙的优良树种。

大叶相思花序

原产澳大利亚北部及新西兰；我国华南地区1960年引入栽培，广东、广西、福建有引种。

007 台湾相思 *Acacia confusa* 豆科 金合欢属

又名相思树、台湾柳、相思仔。

常绿乔木，高可达16米，无毛；枝灰色或褐色，无刺，小枝纤细。幼苗具羽状复叶、后小叶退化，叶柄变为叶状，革质，狭披针形，长6～10厘米，宽5～13毫米，直或微呈弯镰状，两端渐狭，先端略钝，两面无毛，有明显的纵脉3～5(～8)条。头状花序绒球形，单生或2～3个簇生于叶腋，直径约1厘米；总花梗纤弱，长8～10毫米；花金黄色，有微香；花萼长约为花冠之半；花瓣淡绿色，长约2毫米；雄蕊多数，明显超出花冠之外；子房被黄褐色柔毛，花柱长约4毫米。荚果扁平，带状，长4～9(～12)厘米，宽7～10毫米，干时深褐色，有光泽，于种子间微缢缩，顶端钝而有凸头，基部楔形；种子2～8颗，椭圆形，压扁，长5～7毫米。花期3～10月；果期8～12月。

产我国台湾、福建、广东、广西、云南；菲律宾及印度尼西亚也有分布。野生或栽培。

喜光，喜暖热气候，很不耐寒，耐干燥瘠薄土壤；深根性，抗风，萌芽性强，生长较快。为华南地区荒山造林、水土保持和沿海防护林的重要树

台湾相思

第九章 先锋植物

种。材质坚硬，可为车轮、桨橹及农具等用；树皮含单宁；花含芳香油，可作调香原料。

在广州等华南城市常栽作行道树及庭园观赏树；也是华南低山造林及营造防护林、水土保持林、薪炭林的好树种。

008 海榄雌 *Avicennia marina* 爵床科 海榄雌属

又名白骨壤、咸水矮让木。

常绿灌木或小乔木，树高达7~10米，是组成红树林海岸的植物种类之一。枝条有隆起条纹，小枝四方形，光滑无毛。叶片近无柄，革质，卵形至倒卵形、椭圆形，长2~7厘米，宽1~3.5厘米，顶端钝圆，基部楔形，表面无毛，有光泽，背面有细短毛，主脉明显，侧脉4~6对。聚伞花序紧密成头状，花序梗长1~2.5厘米；花小，直径约5毫米；苞片5枚，长约2.5毫米，宽约3毫米，有内外2层，外层密生茸毛，内层较光滑，黑褐色；花萼顶端5裂，长约3毫米，宽2~3毫米，外面有茸毛；花冠黄褐色，顶端4裂，裂片长约2毫米，外被茸毛，花冠管长约2毫米，雄蕊4，着生于花冠管内喉部而与裂片互生，花丝极短，花药2室，纵裂；子房上部密生茸毛。隐胎生蒴果近扁球形，直径约1.5厘米，有毛。花果期7~10月。具发达的指状呼吸根。叶片上下表面均有盐腺，天气晴好时叶片表面常见白色盐结晶，是耐盐和耐淹能力最强的红树植物，属于演替先锋树种，常成片出现于红树林外缘。近年来常发生大面积的虫害。

海榄雌果实俗称"榄钱"，可食，榄钱海螺（多为文蛤）汤已经成为广东、广西和海南部分沿海地区的一道天然美食。广西民间认为吃榄钱海螺汤有较好的保健效果。又可治痢疾。也可作饲料。

常生长在河口至河流中游的中高盐度区域、中低潮位的潮间带上、海边和盐沼地带，具有极好的抗盐、抗淹水的特性。在全球分布广泛，天然生长在非洲东部至印度、马来西亚、澳大利亚、新西兰等地。海榄雌通常为组成海岸红树林的植物种类之一，是分布最广的红树植物之一，也是中国分布面积最大的红树群落类型之一。我国除浙江及福建东部地区外，有红树林的地方就有海榄雌，福建福清（25°72N）是其目前分布的北界。

海榄雌

009 木荷 *Schima superba* 山茶科 木荷属

又名荷树。

常绿大乔木，高可达30米，小枝幼时有毛，后变无毛。叶互生，叶革质或薄革质，长椭圆形，长7~12厘米，宽4~6.5厘米，先端尖锐，有时略

木荷

钝，基部楔形，缘疏生浅钝齿，灰绿色，背面网脉细而清晰，侧脉7~9对，无毛。叶柄长1~2厘米。花生于枝顶叶腋，常多朵排成总状花序，径3~5厘米，白色，花梗粗，长1~2.5厘米，纤细，无毛；苞片2，贴近萼片，长4~6毫米，早落；萼片半圆形，长2~3毫米，外面无毛，内面有绢毛；花瓣长1~1.5厘米，最外1片风帽状，边缘多少有毛；子房有毛。蒴果木质，直径1.5~2厘米，扁球形，熟时5裂，种子周围有翅。花期6~8月。

广泛分布于长江以南地区山地。产浙江、福建、台湾、江西、湖南、广东、海南、广西、贵州。喜光，也耐阴，喜温暖气候及肥沃酸性土壤，不耐寒；深根性，萌芽力强，生长较快。木材坚硬耐朽，是重要用材树种。树冠浓密，叶片较厚，具抗火性，是南方重要防火树种。初发叶及秋叶红艳可观，也可植为庭荫树及观赏树。

010 黧蒴 *Castanopsis fissa* 壳斗科 锥属

又名裂壳锥、黧蒴栲、黧蒴锥、大叶槠栗、大叶栎、大叶锥、大叶枹、爆梧桐等。

常绿乔木，高可达20米，胸径达60厘米。芽鳞、新生枝顶端及嫩叶背面均被红锈色细片状蜡鳞及棕黄色微柔毛，嫩枝红紫色，纵沟棱明显。叶形、质地及其大小均与丝锥类同。雄花多为圆锥花序，花序轴无毛。果序长8~18厘米。壳斗被暗红褐色粉末状蜡鳞，小苞片鳞片状，三角形或四边形，幼嫩时覆瓦状排列，成熟时多退化并横向连接成脊肋状圆环，成熟壳斗圆球形或宽椭圆形，顶部稍狭尖，通常全包坚果，壳壁厚0.5~1毫米，不规则的2~3(~4)瓣裂，裂瓣常卷曲；坚果圆球形或椭圆形，高13~18毫米，横径11~16毫米，顶部四周有棕红色细伏毛，果脐位于坚果底部，宽4~7毫米。花期4~6月，果当年10~12月成熟。

产福建、江西、湖南、贵州四省南部及广东、海南、香港、广西、云南东南部。生于海拔1600

黧蒴景观

米以下山地疏林中，阳坡较常见，为森林砍伐后萌生林的先锋树种之一。越南北部也有分布。模式标本采自香港。

黧蒴锥在深圳梧桐山分布广泛，是常绿阔叶林的优势树种，尤其是在低海拔的山脚，盛花期间，经常会形成大面积的黄绿色花海。据称，黧蒴锥被当地人称为包里桐或爆梧桐，也是梧桐山得名植物。

011　山鸡椒　*Litsea cubeba*　　　　樟科 木姜子属

又名山苍子，木姜子。

落叶灌木或小乔木，高8~10米；小枝绿色，无毛，干后绿黑色。叶长椭圆形或披针形，长6~12厘米，先端渐尖，基部楔形，两面无毛。花淡黄白色，花梗无毛；伞形花序有花4~6朵。浆果球形，径约5毫米，熟时黑色。花期2~3月；果期6~8月。

广布于长江以南各地的山地。喜光，稍耐阴，有一定的耐寒能力；浅根性，萌芽力强。播种繁殖。春季开花繁密，有一定的观赏价值，可作庭园及风景树种，也是重要芳香油及药用树种。

山鸡椒

012　桃金娘　*Rhodomyrtus tomentosa*　　　　桃金娘科 桃金娘属

常绿灌木，高达2~3米；嫩枝有灰白色柔毛。枝开展，幼时有毛。单叶对生，偶有3叶轮生，长椭圆形，长4.5~6厘米，先端钝尖，基部圆形，全缘，离基三出主脉近于平行，在背面显著隆起，表面有光泽，背面密生茸毛。花1~3朵腋生，花有长梗，径约2cm，花瓣5，桃红色，渐褪为白色，雄蕊多数，桃红色。雌蕊红色，子房下位，3室。浆果卵状壶形，长1.5~2厘米，宽1~1.5厘米，熟时紫黑色；花期4~5月和11月。

产我国南部至东南亚各国，分布于中南半岛、菲律宾、日本、印度、斯里兰卡、马来西亚及印度尼西亚等地。台湾、福建、广东、广西、云南、贵州及湖南最南部均有分布。生于丘陵坡地，为酸性土指示植物。

喜光，喜暖热湿润气候及酸性土，耐干旱瘠薄。播种繁殖。花果皆美，是热带野生观赏树种，可植于园林观赏。根、叶、花、果皆可入药。根含酚类、鞣质等，有治慢性痢疾、风湿、肝炎及降血脂等功效。

桃金娘

013　薜荔　*Ficus pumila*　　　桑科 榕属

常绿藤本，借气生根攀缘，小枝有褐色茸毛。叶两型，不结果枝节上生不定根，叶卵状心形，长约2.5厘米，薄革质，基部稍不对称，尖端渐尖，叶柄很短；结果枝上无不定根，革质，卵状椭圆形，长5～10厘米，宽2～3.5厘米，先端急尖至钝形，基部圆形至浅心形，全缘，上面无毛，背面被黄褐色柔毛，基生叶脉延长，网脉3～4对，在表面下陷，背面凸起，网脉甚明显，呈蜂窝状；叶柄长5～10毫米；托叶2，披针形，被黄褐色丝状毛。榕果单生叶腋，瘿花果梨形，雌花果近球形，长4～8厘米，直径3～5厘米，顶部平截，略具短钝头或为脐状凸起，基部收窄成一短柄，基生苞片宿存，三角状卵形，密被长柔毛，榕果幼时被黄色短柔毛，成熟黄绿色或微红；总梗粗短；雄花生榕果内壁口部，多数，排为几行，有柄，花被片2～3，线形，雄蕊2枚，花丝短；瘿花具柄，花被片3～4，线形，花柱侧生，短；果梨形或倒卵形，长约5厘米。花果期5～8月。

产我国华东、中南及西南地区；日本、印度、越南北部也有。常攀缘在大树、岩壁及土墙上生长。扦插或播种繁殖。在园林中可作为点缀假山石和绿化墙垣的好材料。

瘦果水洗可作凉粉，根、茎、叶、果均可药用。

■ 第九章 先锋植物

薜荔

第十章 保护植物

一、概念

据统计，地球上高等植物的种类超过30万种，而中国有超过3万种，占全球约10%。如此庞大种类的植物，需要保护吗？回答这个问题之前，我想请大家回忆一下中央电视台有关生物多样性的一则公益广告，广告词是这样写的：平均每个小时就有一个物种灭绝，这样的速度令人触目惊心，如果人类不及时干预和保护，那么下一个灭绝的又会是哪个物种呢？公益广告的视频里展示出来灭绝的生物是动物，没有植物，那么是不是植物不需要保护呢？在生态系统食物链中，植物作为生产者是处于食物链底端的，如果某一种植物其种群数量突然减少，那么它将直接影响以此植物为食物的上一级动物的生存，比如箭竹如果大面积开花死亡，那么大熊猫的生存将直接因为食物短缺而受到影响。所以，保护植物是非常必要的。

另外，从生物多样性角度来讲，每一种植物都是生态系统中的一员，都为生态系统的稳定、人类的科研、疾病的防治起到不可或缺的作用。而那些在数量上偏少、生活在有限的生态环境中的植物，尤其需要得到大力保护。

中华民族五千年的历史传承与人们对植物的利用密切相关。

吃：在古代，作为主要粮食的五谷（稻、黍、稷、麦、菽）为人们的生存提供基本保障；现代，五谷（稻米、小麦、玉米、大豆和薯类）依然是作为主要粮食为人类的生存做贡献。

穿：在古代，最原始的织物是以树皮纤维、麻为主，后来出现的丝绸虽然由蚕吐丝而来，但是养蚕需要桑叶；现代，穿戴衣物主要以天然纤维（麻、棉、丝）和人造纤维为主，其中天然纤维和古代基本一致，只是工艺上比古代要先进，从而得到较为舒适的衣物；而人造纤维主要是石油产品，石油和远古植物有关。

住：在古代，草屋、木屋到后来的石屋、青砖瓦房、亭台楼阁等，都需要木材；现代，房屋的建筑材料比古代丰富多了，但是家具离不开木材。

行：在古代，马车、桥梁都是木结构的；现代，汽车、飞机轮胎原料来自橡胶树。

医：生病及时就医，生命得以延续。传统中医中药凝聚了古代劳动人民的智慧，传统中药中绝大部分是植物药。到了现代，人们依然在植物中寻找战胜疾病的特效药：青蒿素抗疟疾、紫杉醇抗癌等。

植物的生长具有周期性，不会被人们无休止地索取，它们需要时间长大，需要生存空间繁衍。当它们被过度索取时，其种群数量会减小，一旦触及它们生存繁衍的底线时，它们会逐渐消失。

由此，我们可以得出保护植物是指那些在原产地天然生长的，以及那些具有重要经济、科研、文化价值的稀有、濒危植物。

二、意义

保护植物的意义在于保护基因的多样性，也就是遗传多样性。每一种植物都含有属于它们自己的遗存物质——DNA，从而决定了这一物种与其他物种的不同，并且准确地遗传给下一代；同时，每一种植物其不同的个体之间会有细微的差别，这个差别会因生长环境的不同而表现出明显的性状，产生这个不同性状的内在因素就是变异；谚语"龙生龙，凤生凤，老鼠的儿子会打洞"和"母猪一胎生九仔，连母十个样"是对遗传和变异的生动解释。正是因为遗传使得物种保持延续，变异使得物种会随着环境的变化而演化，从而更加适应环境，保证了物种的延续。同时，人们通过对遗传和变异的研究，选育出适合不同人群口味的水果、蔬菜，丰富人们的餐桌。那么一个新的问题来了，既然有优良的品种种植，那么那些原始的野生种还有必要保留吗？我们既然有了杂交水稻，那些产量低的野生稻也就没有必要保留了吧。这是一种非常错误的观点，因为野生稻是保证稻这种植物延续的基础，没有野生稻，也就不会有杂交稻，而杂交稻不能靠自身种子进行繁殖，或者繁殖后的性状表现没有亲本好。有试验证明，杂交稻的种子繁殖下一代其高产抗病的性状会衰退，几代之后会因为不适应环境而消失。所以，目前我们农业生产种植的各种作物，其野生植株、种群的保护是非常重要的，甚至可以提升到国家战略需要的地位。

保护植物除了保护基因多样性，也要保护种群数量在一定的范围，以避免种群退化，导致自然淘汰。

对某一特定濒危植物的保护，可以划定保护区，起到保护伞的作用，从而保护整个区域内的生物，这将有助于保持整个生态系统的完整。

生物多样性指物种的多样性、遗传的多样性以及生态系统的多样性。综上所述，保护植物的意义也就是保护了生物多样性。

三、方法

（一）设立保护区

对某一原产地的濒危植物，设立保护区，包括设立核心区和缓冲区；核心区除了因科研需要特别审批后科研人员可进入，其他人员不得进入；缓冲区除了巡视人员或者原住居民日常巡视外，其他人员不得随意进入。

（二）迁地保护

因环境变迁或建设需要，原本的环境不再适合植物继续生长，那么需要进行迁地保护，比如设立植物园、树木园、草本园等。

（三）野外回归

原产地的种群数量稀少，通过科学方法扩大种子繁殖、野外回播、跟踪管理，使原产地种群数量恢复并增加。仙湖植物园德保苏铁野外回归项目是国内首个珍稀植物保护成功案例。

（四）贸易限制

没有买卖就没有伤害。对保护植物名录里面的物种实施禁止贸易本体及相关衍生产品，全人类联合起来保护它。

四、依据

（一）《国家重点保护野生植物名录》

1999年国务院公布实施《国家重点保护野生植物名录》（第一批），该名录选列的物种有四条标准：

第一条，数量极少、分布范围极窄的濒危种。

第二条，具有重要经济、科研、文化价值的濒危种和稀有种。

第三条，重要作物的野生种群和有遗传价值的近缘种。

第四条，有重要经济价值，因过度开发利用，资源急剧减少的种类。

根据《国家重点保护野生植物名录》第一批公布的清单，深圳市共有国家重点保护野生植物16

种，隶属13个科14属，包括国家一级保护植物1种，国家二级保护植物15种。目前，这16种是严格意义上的受保护物种，其中蕨类植物7种，全部为国家二级保护植物。裸子植物1种，仙湖苏铁为国家一级保护植物。被子植物8种，均为国家二级保护植物。

2021年，国家林业和草原局、农业农村部联合颁发公告(2021年第15号)，重新确定了国家重点保护野生植物名录，公告明确：

《国家重点保护野生植物名录》于2021年8月7日经国务院批准，现予以公布，自公布之日起施行。现将有关事项公告如下：

一、本公告发布前，已经合法获得行政许可证件和行政许可决定的，在有效期内，可依法继续从事相关活动。

二、《名录》所列野生植物已调整主管部门的，于本公告发布前，已经向原野生植物主管部门提出申请的，由原野生植物主管部门继续办理审批手续，审批通过的行政许可证件或决定，有效期至2021年12月31日。

三、《国家重点保护野生植物名录》(第一批)自本公告发布之日起废止。

新调整的《名录》，共列入国家重点保护野生植物455种和40类，包括国家一级保护野生植物54种和4类，国家二级保护野生植物401种和36类。其中，由林业和草原主管部门分工管理的324种和25类，由农业农村主管部门分工管理的131种和15类。

新版三点变化：一是调整了18种野生植物的保护级别。将广西火桐、广西青梅、大别山五针松、毛枝五针松、绒毛皂荚等5种原国家二级保护野生植物调升为国家一级保护野生植物；将长白松、伯乐树、莼菜等13种原国家一级保护野生植物调降为国家二级保护野生植物。二是新增野生植物268种和32类。在《名录》的基础上，新增了兜兰属大部分、曲茎石斛、崖柏等21种1类为国家一级保护野生植物；郁金香属、兰属和稻属等247种和31类为国家二级保护野生植物。三是删除了35种野生植物。因分布广、数量多、居群稳定、分类地位改变等原因，3种国家一级保护野生植物、32种国家二级保护野生植物从《名录》中删除。

（二）《世界自然保护联盟濒危物种红色名录》（简称《IUCN红色名录》）

这是目前世界上广泛使用的濒危物种等级评估体系。在IUCN濒危等级体系中，珍稀濒危物种共分9个等级：灭绝、野外灭绝、极危、濒危、易危、近危、无危、数据缺乏、未予评估。

深圳被《IUCN红色名录》收录的珍稀濒危植物有26种。

（三）《中国生物多样性红色名录——高等植物卷》

2008年，环境保护部、中国科学院联合制订《中国生物多样性红色名录——高等植物卷》，该评估的标准与《IUCN红色名录》基本相同。保留了《IUCN红色名录》的8个濒危等级，还增加了地区灭绝（RE）这一等级。

按照《中国生物多样性红色名录——高等植物卷》，深圳野生植物共有56科93属103种被评估为受威胁物种。

（四）《中国植物红皮书》

1992年《中国植物红皮书》（第一册）收录了珍稀濒危植物388种。

深圳被《中国植物红皮书》收录的珍稀濒危植物有12科13属13种。

（五）《濒危野生动植物种国际贸易公约》（简称CITES）

该公约是1973年在华盛顿签署，向世界各国开放定约的。我国于1980年加入该公约。根据该公约，深圳共有6科48属93种野生植物被收录。

五、常见保护植物

2021年8月7日经国务院批准的《国家重点保护野生植物名录》，是目前判定保护植物的最权威文件。根据此文件，华南常见保护植物有：

001　仙湖苏铁　*Cycas fairylakea*　　苏铁科 苏铁属

我国特有种，分布在广东北部、东部和南部，福建也发现有少量分布。

茎干圆柱形，有时主干不明显，呈丛生状。羽状复叶多数，平展，成熟后两侧多少下弯；叶柄具刺；幼叶被锈色毛，羽片不分叉，中部羽片条形至镰刀状条形，薄革质至革质，边缘有时波状，上面深绿色，下面浅绿色，中脉两面隆起；鳞叶披针形。小孢子叶球圆柱状长圆形；小孢子叶楔形，不育部分钝圆形，密被褐色短茸毛；大孢子叶球近半球形，大孢子叶掌状阔卵形，密被黄褐色短茸毛，后逐渐脱落仅柄部有残留；胚珠（2～）4～6（～8）。种子倒卵状球形至扁球形，黄褐色，无毛，中种皮具疣状突起。花期4～5月；种子9～10月成熟。

仙湖苏铁

002　紫纹兜兰　*Paphiopedilum purpuratum*　　兰科 兜兰属

我国分布于福建、广东、香港、海南、广西和云南。越南也有分布。地生植物。叶片狭椭圆形或长圆状椭圆形，先端急尖并具3小齿，正面绿色，背面明显或模糊地具深绿和浅绿相间的网格斑纹。花葶直立或近直立，紫色；花单生；中萼片宽卵形，边缘具细缘毛，具紫栗色粗脉；花瓣近长圆

紫纹兜兰

形，紫栗色，有暗紫色脉；唇瓣盔状，紫栗色，囊卵形。花期11月至翌年1月。国家一级保护野生植物。按照《国家重点保护野生植物名录》，兜兰属除带叶兜兰（*Paphiopedilum hirsutissimum*）和硬叶兜兰（*Paphiopedilum micranthum*）为国家二级保护外，其他种均为国家一级保护。请珍惜我们在野外见到它们身影的机会，保护和爱护它们。

003　水松　*Glyptostrobus pensilis*　　柏科 水松属

水松

我国分布于广东东部以及西部、福建西部及北部、江西东部、四川东南部、广西及云南东南部。此外，南京、武汉、江西、上海、杭州等地有栽培。模式标本采自广州。

乔木；生于湿生环境，树干基部膨大成柱槽状，并且有伸出土面或水面的吸收根，树干有扭纹；树皮褐色或灰白色带褐色，纵裂成不规则长条片；大枝近平展；短枝从二年生枝的顶芽或多年生枝的腋芽伸出，冬季脱落；主枝则从多年生及二年生的顶芽伸出，冬季不脱落。叶多型：鳞形叶螺旋状着生于多年生或当年生的主枝上，有白色气孔点，冬季不脱落；条形叶两侧扁平、薄，常列成二列，淡绿色，背面中脉两侧有气孔带；条状钻形叶两侧扁，背腹隆起，辐射伸展或列成三列状；条形叶及条状钻形叶均于冬季连同侧生短枝一同脱落。球果倒卵圆形，长2~2.5厘米，径1.3~1.5厘米。花期1~2月，球果秋后成熟。水松为我国特有种，木材淡红黄色，质轻纹细，耐水湿，可做建筑、桥梁、家具用材。根部木质轻松，浮力大可作救生圈、瓶塞等软木用具。根系发达，可作固堤防风树种栽种。

004　金毛狗　*Cibotium barometz*　　金毛狗蕨科 金毛狗蕨属

我国分布于长江以南大部分地区以及台湾。印度、缅甸、越南、泰国、马来西亚、印度尼西亚和日本也有分布。

根状茎粗壮，横卧，密被金黄色长柔毛。叶丛

金毛狗

生；叶柄坚硬，基部密被金黄色长柔毛，向上光滑、绿色，干后灰棕色；叶片三角状卵形，二回羽状复叶，几为革质或厚纸质，干后上面褐色，有光泽，下面为灰白或灰蓝色，两面光滑。孢子囊群生于裂片下部叶缘，裂片先端不育，每裂片有3～5对；囊群盖两瓣状，坚硬，棕褐色，成熟时张开，形如蚌壳。根状茎可作强壮剂，民间常与狗脊混用；根状茎上的黄毛民间常用作止血剂；根状茎富含淀粉。

005　桫椤　*Alsophila spinulosa*　　桫椤科　桫椤属

我国分布于广东、香港、海南、澳门、广西、台湾、福建、贵州、云南、四川和西藏。印度、不丹、孟加拉国、缅甸、越南、柬埔寨、泰国和日本也有分布。

植株高可达4～5米，主干粗达10厘米，上部有残留叶柄基部。叶簇生于茎秆顶部；叶柄基部深栗色，密被栗色披针形鳞片，连同叶轴及羽轴基部生有坚硬皮刺；二回羽状复叶，小羽片深裂，互生；叶纸质，近轴面沿羽轴及小羽轴疏生棕色的节状毛，羽轴远轴面无毛而有疏刺，小羽轴及主脉远轴面被小鳞片。孢子囊群圆形，生于小脉分叉点上隆起的囊托上，在中脉两侧各有一列并紧靠裂片主脉。

桫椤

006　苏铁蕨　*Brainea insignis*　　乌毛蕨科　苏铁蕨属

我国分布于广东、广西、海南、福建、台湾及云南。国外分布于印度东部至菲律宾的亚热带地区。

植株高达1.5米，茎顶部与叶柄基部均密被鳞片。叶簇生于主轴顶部，略呈二形；一回羽状复叶，羽片30～50对，对生或互生，基部为不对称心形，边缘细锯齿，干后边缘向内反卷。叶脉两面均明显，沿主脉两侧各有1行三角形或多角形网眼，网眼外的小脉分离，单一或一至二回分叉。叶革质，干后上面灰绿色或棕绿色，光滑，下面棕色，光滑或于下部（特别在主脉下部）有少数棕色小鳞

苏铁蕨

片；叶轴上面有纵沟，光滑。孢子囊群沿主脉两侧的小脉着生，成熟时逐渐满布于主脉两侧，最终满布于能育羽片的下面。本种体型苍劲，在广东已引种驯化为观赏蕨类。

007　土沉香　*Aquilaria sinensis*　　瑞香科 沉香属

分布于我国台湾、福建、广东、香港、澳门、海南和广西。

乔木；树皮暗灰色，平滑；小枝密被长柔毛。叶片近革质，椭圆形、长圆形、倒卵形至倒卵状椭圆形，先端渐尖或骤尖，侧脉15～22对。伞形花序腋生或顶生；花序梗、花梗、被丝托和萼片两面均密被黄白色茸毛；被丝托钟形，黄白色，芳香；萼片5，与被丝托近等长；花瓣鳞片状密被茸毛。蒴果倒卵形，密被黄褐色短柔毛。种子倒卵球形，黑褐色，顶端具短尖，基部有尾状附属体，在附属体顶端有一根细长的丝状物与果瓣顶端相连，使种子悬于果瓣而不脱落。花期3～5月；果期6～10月。本种是我国特有的珍贵药用植物、濒危物种。木材受伤后被真菌侵入从而产生一系列化学变化，形成香脂凝结于木材内，经多年沉积便是"沉香"。沉香为名贵香料，也可入药，有镇静、止痛、祛风等功效。

土沉香

008　软荚红豆　*Ormosia semicastrata*　　豆科 红豆属

分布于我国江西、福建、广东、香港、澳门、海南、广西和湖南。

乔木；小枝被黄褐色柔毛。羽状复叶有小叶3～5片；叶柄、叶轴和小叶柄初时被黄色柔毛，之后逐渐脱落；小叶片椭圆形、长椭圆形或卵状长椭圆形，两面无毛（或偶见下面沿中脉被黄褐色柔毛），基部圆，先端渐尖或急尖，侧脉每边10～11条，不明显。圆锥花序顶生或生于上部叶腋，与复叶近等长。花序梗、花序轴、花梗及花萼均被棕褐色柔毛；花萼钟状，萼齿长及萼筒的1/2；花冠白色；雄蕊10，其中5枚可育，5枚不可育。荚果近圆形，无毛，顶端具短喙。种子近圆形，红色。花期4～5月；果期6～11月。

软荚红豆

009　广东石豆兰　*Bulbophyllum kwangtungense*　　兰科 石豆兰属

分布于我国浙江、江西、福建（北部）、广东、香港、广西（中部至北部）、湖南（西南部）、湖北、贵州及云南（南部）。

根状茎粗1～3毫米，当年生的常有筒状鞘，在每隔2~8厘米处生一个假鳞茎。假鳞茎直立，圆柱形，顶生1枚叶，幼时有膜质鞘。叶片革质，长圆形，先端圆钝并稍凹入，基部具1~2毫米的柄。花序从假鳞茎基部或靠近假鳞茎基部的根状茎节上发出，总状但缩短成伞状，具2~8朵花。花淡黄色；萼片分离，基部不扭转，中部以上两侧边缘内卷，具3条脉，侧萼片比中萼片稍长，基部1/5~2/5贴生于合蕊柱足上。花期5~8月。

广东石豆兰

010　小果柿　*Diospyros vaccinioides*　　柿树科 柿树属

分布于我国广东、香港、澳门、海南和广西。

常绿灌木；嫩枝、冬芽和叶柄均密被锈色短柔毛，老渐变无毛。叶片革质，卵形或椭圆形。雄花单朵或3朵排成简单二歧聚伞花序，腋生；萼片4，仅基部合生，被褐色短柔毛；花冠白色，钟状，与萼片近等长；雌花单朵腋生，花萼和花冠与雄花相似。浆果球形或椭圆体形，嫩时绿色，成熟时黑色，平滑，无毛；宿存花萼裂片稍外弯。花期5月；果期冬季。

小果柿

011　虎颜花　*Tigridiopalma magnifica*　　野牡丹科 虎颜花属

分布于我国广东南部至西南部。

多年生草本。匍匐茎粗壮，直立茎短，与叶柄均疏被红褐色的长硬毛。叶基生，叶片心形或近圆形，边缘有三角形、不规则的疏细齿，齿间有红褐色的缘毛，下面密被糠秕，沿脉被红褐色的柔毛，上面无毛，基出脉9条，侧脉多数，近平行。聚伞花序腋生；花序梗钝四棱形，与花梗均无毛；花梗具4棱，棱上有狭翅，有的被鳞秕；花瓣深紫色。本种叶巨大，花色艳丽，具较高观赏价值。

虎颜花

第十一章 入侵植物

一、概念

入侵植物，顾名思义首先肯定不是本土的植物，那就只能是外来植物。外来植物到入侵植物需要经历以下4个阶段。

引入：分为有意引进和无意引入。植物从一个地方被引进到另外一个地方自古就有。我们现在很多蔬菜如土豆、番茄、辣椒以及粮食作物玉米、红薯等都是外来的。而正是这些植物（商品）之间的交流为古丝绸之路上的贸易提供物质基础。另外，这些植物进入中国为当时的人们提供更多的粮食以及更丰富的蔬菜，为提高人们的生活水平提供帮助。而在现今，园艺学家为丰富园林素材，或者动物学家为找到更加优质的饲料，会从别的国家或地区引入一些在当地表现优良的园林植物或饲料植物，从而丰富本地园林景观或提高牲畜饲养效率。所以植物被人为地有目的地从一个地方引进另一个地方，叫有意引进。另外，随着国际贸易的频繁，一些当地植物的种子或者果荚经过集装箱或者国际旅行者行李箱由一个地方带到另一个地方；或者植物的种子经风力传播或者粘在动物的皮毛上越过国境线入境，这种叫无意引入。

定植：有意引进或无意引入的植物种子、果实、茎在被引入地，如果遇到和原产地环境相同或类似的条件，那么会长成新的植株，完成整个生活史，并逐渐形成稳定的群落，这一过程便是定植。

归化：完成定植的外来植物，如果能克服生存和繁殖的非生物或生物障碍，并且能自我维持群落的更新，这一过程便是归化。

入侵：完成归化的外来植物，如果在短时间内数量急剧增加，并且不断蔓延扩展，影响了当地其他物种的生长、繁殖，损坏了当地生态系统的结构和功能，那么便形成入侵。

由此可见，入侵植物是指外来的并对当地生态造成负面影响的植物。入侵植物一定是外来植物，外来植物不一定是入侵植物。

二、特点

（一）生长迅速

入侵植物大多数是一、二年生草本植物，由于没有原产地的互相制约的生物存在，在生长阶段会吸取更多的水分和养分，迅速生长，抢占了地盘获得更多的阳光对其他植物进行遮蔽，逐渐成为优势物种甚至唯一物种，其他植物会逐渐成为弱势物种甚至消失。

（二）种子特征优势明显

在繁殖方面，入侵植物的果实带刺，容易通过动物传播；种子一般非常小，或者带纤毛，可以通过风力传播；并且种子数量庞大。种子萌发力强，有研究报道入侵植物的种子在高温、高盐碱条件下，有较高的发芽势和发芽率，对逆境的适应力强。种子休眠时为适应环境、保持自身发展的生物学特性，种子休眠方式因植物适应环境变化而不断演变。有研究表明，50%以上的外来入侵植物种子无休眠过程而能直接萌发，并且发芽率高，幼苗生长快。外来植物种子具有长时间保持活力的特征，比如豚草种子活力维持在8年以上，其中一些种子30年后仍具有生命力[1]。

三、危害

入侵植物的危害不仅仅是对农业生产造成直接经济损失，它还对当地的生态环境结构和功能造成损害。主要表现在以下几个方面。

（1）跟农作物竞争，造成农作物减产。

（2）跟当地植物竞争生态位，造成生态结构变单一，生态脆弱。

（3）通过化感作用影响土壤微生物种类和群落，进一步影响本土植物生长，使当地生态因生物多样性减少而逐渐失去功能。

四、防治

目前来讲，全球各地对入侵植物没有有效的防治措施。但是为避免情况进一步恶化，需要做到以下几点。

（1）规范植物引进及栽培流程，对其生态影响进行合理评估，建立监察体系并严格执行。

（2）加强海关监管并对所有植物贸易严格检测。

（3）提高全民意识，减少野生珍稀植物买卖。

五、依据

党的十八大以来，生态文明建设列入我国"五位一体"总体布局，对入侵植物的防范提升到立法层面，新的《刑法》第344条，新增"违反国家规定，非法引进、释放或者丢弃外来入侵物种，情节严重的，处三年以下有期徒刑或者拘役，并处或者单处罚金"的规定。

农业农村部、自然资源部、生态环境部和海关总署联合公布《外来入侵物种管理办法》，自2022年8月1日起施行。

国际社会的通力合作。《生物多样性公约》《国际植物保护公约》《国际船舶压载水和沉积物控制与管理公约》凝聚了国际合作的努力。

六、常见入侵植物介绍

001　薇甘菊　*Mikania micrantha*　　　　　　　　　　　　　　　　　　　　菊科 假泽兰属

（中国第一批外来入侵物种）

原产中美洲；现已广泛分布于亚洲和大洋洲的

---

[1] 汪海洋,周全来,于航,等.外来植物种子特征对其入侵过程的影响[J].生态学杂志,2024(7): 1981-1987.

热带地区。国内现广泛分布于香港、澳门和广东珠江三角洲地区。

多年生草本或稍木质藤本；茎细长，匍匐或攀缘，多分枝；茎中部叶三角状卵形至卵形，基部心形；花白色，头状花序。

1. 入侵历史及危害：1919年曾在香港出现，1984年在深圳发现。薇甘菊是一种具有超强繁殖能力的藤本植物，攀上灌木和乔木后，能迅速形成整株覆盖之势，使被覆盖植物因光合作用受到破坏而"饿"死；薇甘菊也可通过产生化感物质来抑制其他植物的生长。对一些郁闭度小的次生林、风景林的危害比较严重，可造成成片树木枯萎死亡。该种已被列为世界上最有害的100种外来入侵物种之一。

薇甘菊

2. 控制方法：目前尚无有效的防治方法，国内外正在开展化学和生物防治的研究。

002 空心莲子草 Alternanthera philoxeroides 苋科 莲子草属

（中国第一批外来入侵物种）

又名水花生、喜旱莲子草。原产南美洲，世界温带及亚热带地区广泛分布。国内几乎遍及黄河流域以南地区。天津近年也发现归化植物。

多年生草本。水生型植株无根毛，茎长达1.5～2.5米；陆生型植株具肉质贮藏根，有根毛，株高一般30厘米，茎秆坚实，髓腔较小。叶对生，长圆形至倒卵状披针形。头状花序具长1.5～3厘米的总梗。花白色或略带粉红，雄蕊5。

1. 入侵历史及危害：1892年在上海附近岛屿发现，20世纪50年代作猪饲料推广栽培，此后逸生导致草灾，表现在：①堵塞航道，影响水上交通；②排挤其他植物，使群落物种单一化；③覆盖水面，影响鱼类生长和捕捞；④在农田危害作物，使产量受损；⑤田间沟渠大量繁殖，影响农田排灌；⑥入侵湿地、草坪，破坏景观；⑦滋生蚊蝇，危害人类健康。

空心莲子草

2. 控制方法：①用原产南美的专食性天敌昆虫莲草直胸跳甲（*Agasicles hygrophila*）防治水生型植株效果较好，但对陆生型的效果不佳；②机械、人工防除适用于密度较小或新入侵的种群；③用草甘膦（农达）、水花生净等除草剂作化学防除，短期内对地上部分有效。

003 马缨丹 Lantana camara 马鞭草科 马缨丹属

（中国第二批外来入侵物种）

又名五色梅、如意草。原产热带美洲，现已成为全球泛热带有害植物。国内分布于台湾、福建、广东、海南、香港、广西、云南、四川南部等热带及南亚热带地区。

直立或蔓性灌木。茎枝均呈四棱形，有短柔毛，通常有短的倒钩状刺。叶对生，卵形至卵状长圆形，边缘有钝齿，揉烂后有强烈的臭味。花密集成头状，顶生或腋生，花序梗粗壮。花萼管状，膜质，花冠黄色或橙黄色，开花后变为深红色。浆果球形，成熟时紫黑色。

1. 入侵历史及危害： 明末由西班牙人引入我国台湾，由于花比较美丽而被广泛栽培引种，后逃逸。

蔓生枝着地生根可无性繁殖，是扩大种群数量的方式之一。适应性强，常形成密集的单优群落，严重妨碍并排挤其他植物生存，是我国南方牧场、林场、茶园和橘园的恶性竞争者，其全株或残体可产生强烈的化感物质，严重破坏森林资源和生态系统。植株有毒，误食叶、花、果等均可引起牛、马、羊等牲畜以及人中毒。

2. 防治方法： 宜选用除草剂草甘膦（农达）进行化学防治。机械方法宜雨后人工根除，推荐结合机械、化学和生物替代等技术措施进行综合防治。

马缨丹

004　大薸　*Pistia stratiotes*　　天南星科　大薸属

（中国第二批外来入侵物种）

又名水浮莲。原产巴西，现广布于热带和亚热带。国内目前黄河以南均有分布，长江流域及以南可以露地越冬。

多年生水生漂浮草本。主茎短缩，有白色成束的须根；匍匐茎从叶腋间向四周分出，茎顶端发出新植株，植株莲座状。叶簇生，叶片因发育的不同阶段而不同，通常倒卵状楔形，先端浑圆或截形，两面被茸毛，叶鞘托叶状，干膜质。佛焰苞小，腋生，白色，外被茸毛，下部管状，上部张开。肉穗花序背面2/3与佛焰苞合生，雄花2～8朵生于上部，雌花单生于下部。花果期5～11月。

1. 入侵历史及危害： 据《本草纲目》记载，大约明末引入我国。20世纪50年代作为猪饲料推广栽培。

在平静的淡水池塘和沟渠中极易通过匍匐茎快速繁殖，且容易被水流冲离栽培场所，带到下游湖泊、水库和静水河湾，引起扩散。大量生长会堵塞航道，影响水产养殖业，并导致沉水植物死亡和灭绝，危害水生生态系统。

2. 防治方法： 主要靠人工打捞，或是用暂时排水的方法使之脱离水源而致其死亡。慎施除草剂，避免污染水体。

大薸

005　银胶菊　*Parthenium hysterophorus*　　菊科　银胶菊属

（中国第二批外来入侵物种）

原产美国得克萨斯州及墨西哥北部，现广泛分布于全球热带地区。国内分布于云南、贵州、广西、广东、海南、香港和福建等地。

一年生草本，茎直立，多分枝。茎下部和中部叶卵形或椭圆形，二回羽状深裂，上面疏被疣基糙毛，下面被较密的柔毛；上部叶无柄，羽裂或指状三裂。头状花序排成伞房花序；总苞片2层，每层5枚；舌状花白色，先端2裂；冠毛鳞片状。花果期4～10月。

1. 入侵历史及危害： 1924年在越南北部被报

银胶菊

道，1926年在云南采到标本。本种生长范围广，旷地、路旁、河边、荒地，从海岸附近到海拔1500米都有分布，在西南分布上限可达2400米；为恶性杂草，对其他植物有化感作用，吸入其具毒性的花粉会造成过敏，直接接触还可引起人和家畜的过敏性皮炎和皮肤红肿。

2. **防治方法**：开花前人工拔除，生长旺季在其叶上喷施克无踪、草甘膦等除草剂。

006 土荆芥 *Chenopodium ambrosioides* 藜科 藜属

（中国第二批外来入侵物种）

又名臭草、杀虫芥、鸭脚草。原产中、南美洲，现广泛分布于全世界温带至热带地区。国内分布于北京、山东、陕西、上海、浙江、江西、福建、台湾、广东、海南、香港、广西、湖南、湖北、重庆、贵州、云南等地。

一年生或多年生草本，有强烈的令人不愉快的气味，茎多分枝，具棱。叶长圆状披针形至披针形，边缘具稀疏不整齐的大锯齿，具短柄，下面有散生油点并沿脉稍有毛，下部的叶较宽大，上部叶逐渐狭小而近全缘。花两性及雌性，通常3~5个团集，生于上部叶腋；花被裂片5，较少为3，绿色；雄蕊5；花柱不明显，柱头通常3，较少为4，丝状，伸出花被外。胞果扁球形。花果期在夏、秋季节，种子细小，结实量极大。

1. **入侵历史及危害**：1864年在台湾台北淡水采到标本。通常生长在路边、河岸等处的荒地以及农田中。

在长江流域经常是杂草群落的优势种或建群种，种群数量大，对生长环境要求不严，极易扩散，常常侵入并威胁种植在长江大堤上的草坪。含有毒的挥发油，对其他植物产生化感作用。也是花

土荆芥

粉过敏源，对人体健康有害。

2. **防治方法**：苗期及时人工锄草，花期前喷施森草净等除草剂。

007 刺苋 *Amaranthus spinosus* 苋科 苋属

（中国第二批外来入侵物种）

又名野苋菜、土苋菜、刺刺菜、野勒苋。原产热带美洲，目前中国、日本、印度、中南半岛、马来西亚、菲律宾等地皆有分布。国内分布于陕西、河北、北京、山东、河南、安徽、江苏、浙江、江西、湖南、湖北、四川、重庆、云南、贵州、广西、广东、海南、香港、福建、台湾等地。

一年生草本，茎直立，多分枝，有纵条纹，绿色或带紫色。叶片菱状卵形或卵状披针形，先端圆钝，具小凸尖，叶柄基部两侧各有1刺。圆锥花序腋生及顶生；苞片在腋生花簇及顶生花穗的基部者变成尖锐直刺，在顶生花穗的上部者狭披针形，花被片绿色，顶端急尖，具凸尖，中脉绿色或带紫色。胞果长圆形，包裹在宿存花被片内，在中部以下不规则横裂。花果期7～11月，种子细小，结实量极大。

刺苋

1. **入侵历史及危害**：19世纪30年代在澳门发现，1857年在香港采到。常侵入旷地、园圃、农耕地等，大量滋生危害旱作农田、蔬菜地及果园，严重消耗土壤肥力，成熟植株有刺因而清除比较困难，并伤害人畜。

2. **防治方法**：苗期及时人工锄草，花期前喷施除草剂森草净。

008 落葵薯 *Anredera cordifolia* 落葵科 落葵薯属

（中国第二批外来入侵物种）

又名藤三七、藤子三七、川七、洋落葵。分布于南美热带和亚热带地区。

常绿大型藤本，长可达10余米。根状茎粗壮。叶卵形至近圆形，先端急尖，基部圆形或心形，稍肉质，腋生珠芽（小块茎）常多枚集聚，形状不规则。总状花序具多花，花序轴纤细，弯垂；花小，白色。在我国一般不结果。

落葵薯

1. **入侵历史及危害**：20世纪70年代从东南亚引种，目前已在重庆、四川、贵州、湖南、广西、广东、云南、香港、福建等地逸为野生。

以块根、珠芽、断枝高效率无性繁殖，生长迅速，珠芽极易通过滚落或人为携带而扩散蔓延，枝叶非常密集，容易导致被覆盖的植物死亡，同时对多种农作物有显著的化感作用。

2. **防治方法**：机械拔除，地下要彻底挖出其块根，同时彻底清理地上散落的珠芽，连同茎秆一起干燥粉碎或者深埋，避免再次滋生蔓延。化学防治宜在幼苗期，成年植株抗药性很强。

009 钻形紫菀 *Aster subulatus* 菊科 紫菀属

（中国第三批外来入侵物种）

又名钻叶紫菀。原产北美洲，现广布于世界温带至热带地区。国内分布于安徽、澳门、北京、福建、广东、广西、贵州、河北、河南、湖北、湖南、江苏、江西、辽宁、山东、上海、四川、台湾、天津、香港、云南、浙江、重庆。

多年生半灌木状草本，茎直立，无毛，有条棱，稍肉质，上部略分枝。基生叶倒披针形，花后调落；茎中部叶线状披针形，主脉明显，侧脉不显著，无柄；上部叶渐狭窄，全缘，无柄，无毛。头状花序，多数在茎顶端排成圆锥状，总苞钟状，总苞片3～4层，外层较短，内层较长，线状钻形，边缘膜质，无毛；舌状花细狭，淡红色，长与冠毛相等或稍长；管状花多数，花冠短于冠毛。瘦果长圆形或椭圆形，有5纵棱，冠毛淡褐色。

1. 入侵历史及危害： 1827年在澳门发现。本种可产生大量瘦果，果具冠毛随风散布，所以种子传播速递极快。喜生于潮湿的土壤，沼泽、含盐的土壤中也可以生长。常沿河岸、沟边、洼地、路边、海岸蔓延，侵入农田危害棉花、花生、大豆、甘薯、水稻等作物，也常侵入浅水湿地，影响湿地生态系统及其景观。

2. 防治方法： 钻形紫菀以种子为繁殖器官，故在植物开花前应整株铲除，也可通过深翻土壤，抑制其种子萌发；加强粮食进口的检疫工作，精选种子；并使用使它隆、二甲四氯等进行化学防除。

钻形紫菀

010 鬼针草 *Bidens pilosa* 菊科 鬼针草属

（中国第三批外来入侵物种）

又名粘人草、蟹钳草、对叉草、豆渣草、引线草。原产热带美洲，现广布于亚洲和美洲的热带及亚热带地区。国内分布于安徽、澳门、北京、福建、广东、广西、贵州、海南、河北、河南、湖北、湖南、江苏、江西、山东、山西、四川、台湾、天津、西藏、香港、云南、浙江、重庆。

一年生草本，茎钝四棱形，直立。叶对生，茎下部叶常于花前枯萎；中部叶为三出复叶，或稀为5～7小叶的羽状复叶，小叶边缘有锯齿；上部叶小，线状披针形，3裂或不裂。头状花序。总苞片7～8枚，

鬼针草

线状匙形，基部被短柔毛。舌状花白色或黄色；筒状花黄色，两性结实。瘦果条形，黑色，略扁，具四棱，上部有刚毛；冠毛芒状，具倒刺。

1. 入侵历史及危害：1857年在香港被报道，本种随进口农作物和蔬菜带入中国，由于瘦果冠毛芒刺状具倒钩，可能附着于人畜和货物携带到各处而传播。

常生于农田、村边、路旁及荒地，是常见的旱田、桑园、茶园和果园的杂草，影响作物产量。该植物是棉蚜等病虫的中间寄主。

2. 防治方法：在开花之前人工清除最好，或是氟磺胺草醚水剂喷雾防治，效果较好。

011 小蓬草 *Conyza canadensis* 菊科 白酒草属

（中国第三批外来入侵物种）

又名加拿大飞蓬、飞蓬、小飞蓬、小白酒菊。原产北美洲，现广布世界各地。我国各地均有分布，是我国分布最广的入侵物种之一。

一年生草本，全体绿色，茎直立，具纵条纹。茎下部叶倒披针形，顶端尖或渐尖，基部渐狭成柄，边缘具疏锯齿或全缘，茎中部和上部叶较小，线状披针形或线形，疏被短毛。头状花序，排列成顶生多分枝的圆锥花序，总苞近圆柱状；总苞片2~3层，黄绿色，线状披针形或线形，顶端渐尖；外围花雌性，细筒状。瘦果长圆形，冠毛污白色。

1. 入侵历史及危害：1860年在山东烟台发现。该植物可产生大量瘦果，蔓延极快，对秋收作物、果园和茶园危害严重，为一种常见杂草，通过分泌化感物质抑制邻近其他植物的生长。该植物是棉铃虫和棉椿象的中间宿主，其叶汁和捣碎的叶对皮肤有刺激作用。

2. 防治方法：通常通过苗期人工拔除。化学防治可在苗期使用绿麦隆，或在早春使用2，4-D丁酯防除。

小蓬草

012 一年蓬 *Erigeron annuus* 菊科 飞蓬属

（中国第三批外来入侵物种）

又名白顶飞蓬、千层塔、治疟草、野蒿。原产北美洲，现广布北半球温带和亚热带地区。国内除内蒙古、宁夏、海南外，各地均有采集记录。

一年或二年生草本，茎直立，上部有分枝，被糙伏毛。基生叶长圆形或宽卵形，基部渐狭成翼柄状，边缘具粗齿；茎生叶互生，长圆状披针形或披针形，顶端尖，边缘有少数齿或近全缘，具短柄或

一年蓬

无柄。头状花序排成疏圆锥状或伞房状；总苞半球形，总苞片3层；外围的雌花舌状，舌片线形，白色或淡蓝紫色；中央的两性花管状，黄色。瘦果长圆形，边缘翅状。冠毛污白色，刚毛状。

1. 入侵历史及危害：1827年在澳门发现。本种可产生大量具冠毛的瘦果，瘦果可借冠毛随风扩散，蔓延极快，对秋收作物、桑园、果园和茶园危害严重；亦入侵草原、牧场、苗圃造成危害；同时入侵山坡湿草地、旷野、路旁、河谷或疏林下，排挤本土植物。该植物还是害虫地老虎的宿主。

2. 防治方法：开花前拔除或开展替代种植，当一年蓬入侵面积比较大时可采用化学防治，先人工去除其果实，用袋子包好，再拔除，或结合化学防治。

013 假臭草 *Praxelis clematidea* 　　菊科 香泽兰属

（中国第三批外来入侵物种）

又名猫腥菊。原产南美洲，现广布于东半球热带地区。国内分布于澳门、福建、广东、广西、海南、台湾、香港、云南。

多年生草本，茎单一或于下部分枝，散生贴伏的短柔毛和腺状短柔毛。叶对生，卵形或长椭圆状卵形，具3出脉或不明显的5出脉，上部叶较小，通常披针形。头状花序有长梗，排成疏松的伞房花序；总苞半球形或宽钟状；小花25～30，蓝紫色。瘦果黑色或黑褐色，具3～5棱。

1. 入侵历史及危害：20世纪80年代在香港发现，本种为其他作物引种过程中种子混杂或随观赏植物盆钵携带进行长距离传播入侵，在入侵地瘦果可通过人为和交通工具携带传播扩散。

该植物所到之处，其他低矮草本逐渐被排挤，在华南果园中，它能迅速覆盖整个果园地面。由于其对土壤肥力吸收能力强，能极大地消耗土壤中的养分，对土壤的可耕性破坏严重，严重影响作物的生长，同时能分泌一种有毒恶臭物质，影响家畜觅食。

2. 防治方法：可在其种子成熟之前将路边、坡地、果园等处的植株除掉，根据假臭草具有无性繁殖特性，在危害面积较小时，应将所有的根状茎

假臭草

挖出并烧毁；还可以利用草甘膦等除草剂防治，建议在开春早期的幼苗阶段进行。针对假臭草易入侵的土地加强管理，清除后可重新种植地被或农作物，以加大假臭草的入侵难度。

014 垂穗商陆 *Phytolacca americana* 　　商陆科 商陆属

（中国第四批外来入侵物种）

又名十蕊商陆、美商陆、美洲商陆、美国商陆、洋商陆、见肿消。原产北美，现世界各地引种和归化。国内分布于北京、天津、河北、山西、辽宁、上海、江苏、浙江、安徽、福建、江西、山东、河南、湖北、湖南、广东、广西、重庆、四川、贵州、云南、陕西、甘肃、新疆、台湾、香港。

多年生草本。根粗壮，肥大，倒圆锥形。茎直立，圆柱形，有时带紫红色。叶柄长1～4厘米；叶片椭圆状卵形或卵状披针形，先端急尖，基部楔形。总状花序顶生或侧生；花白色，微带红晕；花被片5，雄蕊、心皮及花柱通常均为10，心皮合生。果序下垂；浆果扁球形，熟时紫黑色。种子肾状圆形，表面光滑。花期6～8月；果期8～10月。

1. 入侵历史及危害：在各地作为观赏植物或药用植物引入栽培，1935年在杭州采到标本，在我国各地广泛逸生。

垂序商陆环境适应性强，生长迅速，在营养条件较好时，植株高可达2米，主茎有的能达到3厘米粗，易形成单优群落，与其他植物竞争养分。其茎具有多数开展的分枝，叶片宽阔，能覆盖其他植物体，导致其他植物生长不良甚至死亡；该种具有较为肥大的肉质直根，消耗土壤肥力。垂序商陆全株有毒，根及果实毒性最强，对人和牲畜有毒害作用，由于其根酷似人参，常被人误当作人参服用，人取食后会造成腹泻。种子可通过鸟类传播。

2. 防治方法：严控和监管引种种植。宜在结

垂穗商陆

果前挖除，结果后应及时割除地上部分，阻止鸟类啄食传播。

015 光荚含羞草 *Mimosa bimucronata*　　豆科 含羞草属

（中国第四批外来入侵物种）

又名簕仔树、光叶含羞草。原产热带美洲。国内分布于福建、江西、湖南、广东、广西、海南、云南、香港、澳门。

落叶灌木，小枝圆柱状，具疏刺，密被黄色茸毛。二回羽状复叶，小叶线形，革质，先端具小尖头，除边缘疏具缘毛外，其余无毛。头状花序球形，花白色；花萼杯状；花瓣长约2毫米，基部连合；雄蕊8枚，花丝长4～5毫米。荚果带状，劲直，无刺毛，褐色，通常有5～7个荚节，成熟时荚节脱落而残留荚缘。花果期几全年。

1. 入侵历史及危害：20世纪50年代由广东中山旅美华侨引入我国。常生于村边、溪流边、果园及荒地中，适应性强，具有较强的抗逆性，生长迅速，栽后当年就能长到2米左右；具有较强的竞争能力，能在短时间内形成单优群落，排挤本地物种，可造成严重的生态或经济损害。该种入侵性很

光荚含羞草

强，在我国已侵入自然保护区内，威胁当地生物多样性。

2. 防治方法：严格限制引种栽培。在开花前定期砍伐后连根挖除，但由于该种为有刺的大灌木，人为进行物理治理较为困难，后续应开发生物防治技术。

016　五爪金龙　*Ipomoea cairica*　　　旋花科　番薯属

（中国第四批外来入侵物种）

又名假土瓜藤、黑牵牛、牵牛藤、上竹龙、五爪龙。一般认为原产热带亚洲或非洲，也有学者认为原产热带美洲，现已广泛栽培或归化于泛热带。国内分布于江苏、福建、广东、广西、海南、贵州、云南、台湾、香港、澳门。

多年生草质藤本。茎缠绕，灰绿色，常有小瘤状突起，有时平滑。叶互生，叶片指状5深裂几达基部，两面均无毛，边缘全缘或最下一对裂片有时再分裂。聚伞花序腋生，有花1至数朵；萼片5，不等大；花冠漏斗状，粉红色至紫红色，顶端5浅裂；雄蕊5，内藏；花柱不伸出花冠筒之外，长于雄蕊，柱头2裂。蒴果近球形。种子黑褐色，密被茸毛。花果期几全年。

1. **入侵历史及危害**：根据 Dunn & Tutcher（1912年）记载，该种当时已在香港归化，攀于乔木和灌丛上。通常作观赏植物栽培。该种生于海拔100～600米的荒地、海岸边的矮树林、灌丛、人工林、山地次生林等生境，常缠绕在其他乔灌木上，覆盖其林冠，使其无法得到足够的阳光而慢慢枯死，目前在我国南方已成为园林中一种常见有害的杂草。

2. **防治方法**：可人工铲除，先用刀割断五爪金龙的藤茎，拔除根部，将其暴晒或在藤蔓晒到半干时，再人工清除残株。也可化学防除，用10%

五爪金龙

的草甘膦水剂1000～1500毫升，兑水30～40千克，均匀喷施到五爪金龙的叶片和嫩茎上；噁草酮和毒莠定能较彻底地灭除五爪金龙。

017　喀西茄　*Solanum aculeatissimum*　　　茄科　茄属

（中国第四批外来入侵物种）

又名苦颠茄、苦天茄、刺天茄。原产南美洲热带地区。国内分布于上海、江苏、浙江、福建、江西、湖北、湖南、广东、广西、海南、重庆、四川、贵州、云南、西藏、台湾、香港。

直立草本至亚灌木。全株多混生腺毛及直刺，茎、叶、花梗及花萼均被硬毛、腺毛及基部宽扁的直刺。叶互生，叶片宽卵形先端渐尖，基部戟形，5～7浅裂，裂片边缘具不规则齿裂及浅裂，上面沿叶脉毛密，侧脉疏被直刺。蝎尾状聚伞花序腋外生，花单生或2～4聚生。花萼钟状，裂片长圆状披针形，具长缘毛；花冠筒淡黄色，隐于萼内，冠

喀西茄

檐白色，具脉纹，反曲。浆果球形，幼果具绿色

斑纹，成熟时淡黄色，宿萼被毛及细刺，后渐脱落。种子褐黄色，近倒卵圆形。花期3~8月；果期11~12月。

1. 入侵历史及危害：该种于19世纪末在贵州南部首次发现。常分布于海拔100~2300米的沟边、路边、灌丛、荒地、草坡或疏林生境，已入侵到我国自然保护区内。为一种大型具刺杂草或亚灌木，全株含有毒生物碱，未成熟果实毒性较大，人和家畜误食可导致中毒。

2. 防治方法：苗期人工铲除，结种前人工拔除。化学防除，如利用草甘膦等。该种具有药用价值和观赏价值，需严控人为扩散。

018 藿香蓟 *Ageratum conyzoides*　　菊科 藿香蓟属

（中国第四批外来入侵物种）

又名胜红蓟。原产热带美洲。现已广泛分布于非洲全境、印度、印度尼西亚、老挝、柬埔寨、越南等地。国内分布于北京、天津、河北、辽宁、吉林、黑龙江、上海、江苏、浙江、安徽、福建、江西、山东、河南、湖北、湖南、广东、广西、海南、重庆、四川、贵州、云南、西藏（东南部）、陕西、台湾、香港、澳门。

一年生草本，稍有香味，被粗毛。茎直立。单叶对生，有时上部互生；叶片卵形、菱状卵形或卵状长圆形，边缘具圆锯齿，两面被白色稀疏柔毛和黄色腺点，基部具3（5）出脉。头状花序在枝端排成伞房状，总苞片2~3层；花冠浅蓝色或白色。瘦果黑褐色，具5棱；冠毛膜片状，上部渐狭成芒状。花果期5~10月，但在热带地区花果期几全年。

1. 入侵历史及危害：19世纪在香港记录。常见于山谷、林缘、河边、茶园、农田、草地和荒地等生境，常侵入作物地，如在玉米、甘蔗和甘薯田中，发生量大，危害严重。能产生和释放多种化感物质，抑制本土植物的生长，常在入侵地形成单优群落，对入侵地生物多样性造成威胁，目前已入侵到一些自然保护区。

藿香蓟

2. 防治方法：可结合中耕除草。严重地区可采用化学防治，用绿海灵喷施，持效期可达2~3个月。另外，金都尔和乙羧氟草醚对花生田的藿香蓟防效显著。可利用胜红蓟黄脉病毒（Ageratum yellow vein virus, AYVV）等开展生物防治。该种曾被推广套种于橘园内作为捕食螨的中间寄主植物和绿肥，应在这些地区加强监管。

第十二章 蜜源植物

一、什么是蜜源植物

看到这个标题我们首先会想到蜂蜜,因为生活中常见。蜜蜂通过访花采集花粉和蜜汁,回到蜂巢经过一系列物理、化学反应最后酿成蜜。那么这个为蜜蜂提供花粉和蜜汁的植物就是蜜源植物吗?严格来讲,这种说法没错,但是不够全面。下面我们来逐步深入了解一下。

首先,我们来了解一下植物跟蜜相关的结构——蜜腺:高等植物体内有一个结构能分泌蜜汁或糖液(我们称为花蜜),一般位于萼片、花瓣、子房等的基部,也有的在叶片、花序轴上,它是由表皮细胞特化而来的,我们称这种具有分泌花蜜的外部分泌结构为蜜腺。蜜腺在花上的称为花上蜜腺,蜜腺在花外的称为花外蜜腺。蜜腺会分泌蜜汁,蜜汁散发气味可以吸引昆虫访花。

其次,在植物生长繁衍的过程中有一个重要的环节——传粉(pollination):当植物开花以后,雄蕊上花药开裂,花粉以各种不同的方式传递到雌蕊的柱头,这一过程叫传粉。传粉有两种不同的方式:自花传粉(self-pollination)和异花传粉(cross-pollination)。同一朵花雄蕊上的花粉落到雌蕊的柱头上称为自花传粉,比如小麦、豌豆、芝麻等都是自花传粉植物。在实际应用中,通常也将作物或林木同株异花间的传粉和果树栽培上同品种间的传粉称作自花传粉。植物界中自花传粉不是很普遍,大多数是异花传粉,即花粉从一朵花的雄蕊传到另一朵花的柱头(雌蕊)上的过程。异花传粉其雌、雄配子来自不同环境中生长的父、母亲本,其后代的遗传性具有较大差异,适应性更广。从植物进化生物学意义来讲,异花传粉比自花传粉更有优势。异花传粉主要通过以下几种形式传播。

(一)非生物媒介传粉

传粉媒介为非生物,主要是风、水等。

风媒传粉:一些植物的花粉依靠风力传播、授粉,它们叫作风媒植物,它们的花称为风媒花,风媒花的数量约占被子植物种类的20%。风媒花常形成穗状或柔荑花序,花被一般不鲜艳,且小或退化,无香味,不具蜜腺;能产生大量小而轻、外壁光滑、干燥的花粉粒。

水媒传粉:一些水生植物,如金鱼藻、黑藻等可以借水力传送花粉,称为水媒植物。

(二)生物媒介传粉

以昆虫、鸟类、哺乳动物(比如蝙蝠)等为传粉媒介的方式,可以统称为生物媒介传粉。

虫媒传粉:大多数植物的花粉通过昆虫、动物等的访花行为来进行传播、授粉,它们叫作虫媒植物,它们的花称为虫媒花。虫媒花一般具大而鲜艳的花被,有芳香气味或其他气味,有分泌花蜜的蜜腺。虫媒花花粉粒较大,表面粗糙,常形成突刺雕纹,有黏性。

鸟媒传粉:有一些体型比较小的鸟类会访花吸食花蜜,同时将花粉传播,称为鸟媒传粉。

哺乳动物传粉:有一些傍晚或晚上开花的植物会有一些哺乳动物访花吸食花蜜,同时这些动物会帮助传播花粉,比如蝙蝠会吸食吊瓜树花蜜同时为其传粉,松鼠会在白花油麻藤开花的时候访花,同时帮助其传粉。这些都称为哺乳动物传粉。

为什么动物不辞辛劳为植物传粉呢?植物不会说话,也不会动,是靠什么吸引动物过来呢?靠鲜艳的花朵以及"芬芳"的香气引诱昆虫来访花,当昆虫在不同的花朵之间来回穿梭取食花蜜时,异花间的传粉已经完成，同时作为回报，植物会分泌花蜜供昆虫食用。

最后，我们可以总结一下，蜜源植物是指那些能够为动物（蜜蜂、蝶、蛾、食蚜蝇、鸟等）提供花蜜、花粉的植物。它们的特点是具有蜜腺、虫媒传粉、花被大且颜色鲜艳、花粉粒大且有黏性等。在实际生产应用中，按照泌蜜量情况，分为主要蜜源植物和辅助蜜源植物。

二、蜜源植物调查方法

无论是蜜蜂养殖业还是城市环境监测，蜜源植物资源调查都能为农业生产和城市环境规划提供可靠依据。蜜源植物的种类、数量、花期、泌蜜习性以及泌蜜量是重要的调查指标。所以，对蜜源植物的调查我们需要做到以下步骤。

（一）确定蜜源植物的种类、数量

蜜源植物的调查主要是进行野外调查，在前期准备工作期间通过文献查阅以及对当地蜂农、村民调查走访获得当地的一些蜜源植物种类、物候、气候等相关信息，并以此为依据制定调查活动的时间和行动路线。不同季节，根据植被、地形、气候的条件选择有代表性的区域进行调查。以观察到昆虫访花的植物为观察对象，记录每种植物的采集地、中文名、学名、生态-生活型、花色、海拔、生境、温湿度等。同时记录观察到的蜜源植物根、茎、叶、花等器官特征并拍照留存，同时采集植物花、叶、茎等器官并压制标本，通过对照《中国植物志》以及各地方植物志和访问植物分类学家来确定植物名称。每种植物的花蜜、花粉数量也一并记录。对于蜜蜂养殖来讲，主要蜜源植物是重点调查对象，但是辅助蜜源植物的调查也非常有必要，因为在换季期间辅助蜜源植物能为蜜蜂提供营养以便渡过食物匮乏期。

（二）确定蜜源植物的花期和泌蜜习性

当花蕾打开那一刻开始到整朵花完全绽放再到花瓣闭合或凋落，这一过程需要一定的时间，我们可以称为开花时间。每种植物的开花时间长短不一，有的比较短只有1小时，比如昙花，有的相对比较长大约3天，比如杜鹃。但是我们往往看到某一种植物开花持续一个月，比如毛棉杜鹃；或者甚至长达半年，比如夹竹桃等。对于同一种植物，因为其生长的环境不同（比如日照时长、海拔的高低、土壤的肥沃程度、雨水的丰沛等）会导致每一株之间营养积累程度不一致，从而使花芽萌发的程度不同，进而导致开花时间、花数量不同。另外，在同一株植物上，因为光照方向一致，那么顶上的枝条比较容易接受到光照，而侧生或位置更靠下的枝条其叶片因为接受光照时间短，那么花芽萌发的数量会比顶枝的要少而且开花时间要晚，比如毛棉杜鹃。另外，不同花序比如总状花序、圆锥花序、伞房花序等其下方或外围的花比上方或内侧的花要先成熟，先开放。由此可见，同一种植物每一朵花开有先后。在同一地点同一种植物从第一朵花开时称为初花期，大约50%的花蕾开放称为盛花期，等所有花基本凋谢或只有个别花在开，则称为末花期。记录每一种植物的花期，对蜜蜂养殖非常重要。另外，每一种植物开花但是不一定马上会泌蜜，有些植物一开始就会泌蜜，但是有些要等到盛花期才开始泌蜜，所以记录植物泌蜜期也很重要。记录植物的花期和泌蜜期要精确到月、旬，同时要记录周边环境：位置、海拔、阳坡或阴坡等。

（三）确定蜜源植物泌蜜量

对于实际生产和应用方面来讲，测量蜜源植物的泌蜜量非常重要，这涉及生产投入和规划。常用的有微量进样器法、减重法测量等。这里不做赘述。

（四）确定蜜源植物的分布范围

对于大面积野生蜜源植物可以通过寻访当地统计局、农技服务中心、样方设置统计测算等方式综合测定。

三、调查工具

蜜源植物的调查需要用到一些基本工具：地质罗盘仪（用来测定方位、地形、坡度等）、望远镜（观察肉眼难以看清的树冠等）、放大镜（观察花、叶、茎等器官上面的细微结构）、GPS定位仪（测海拔）、相机（对所有观察对象或工作过程拍照留存）、温湿度计（测温湿度）、标本夹、枝剪、采集记录本、调查表格、号牌、铅笔、样绳等。

四、蜜源植物介绍

（一）花蜜腺植物

001 荔枝 *Litchi chinensis*　　无患子科 荔枝属

原产于我国广东（徐闻）和海南（霸王岭、吊罗山）。华南广为栽培。尤以福建、广东和广西栽培最盛。越南、老挝、泰国、缅甸、菲律宾、马来西亚、印度尼西亚和巴布亚新几内亚也有栽培。近年来在广东、海南和云南的热带森林中先后发现野生荔枝。常绿乔木，通常高在5～10米，稀高15米或更高。小枝圆柱状，褐红色，密生白色皮孔。羽状复叶，小叶2～3对，较少4对；小叶片革质或近革质，狭椭圆形、狭长圆形或卵状披针形，稀长圆形或椭圆形，上面深绿色有光泽，下面灰绿色。聚伞圆锥花序顶生，大型，多分枝；花序梗、花序轴、花梗和花萼外面均被淡黄褐色茸毛；核果卵圆球形至近球形，成熟时通常为暗红色至鲜红色，外面密生圆锥状小瘤体。种子全部被肉质假种皮包裹。花期春季；果期夏季。荔枝是我国南部和东南部的著名水果，可鲜食或晒干作干果食用，也可以酿荔枝酒。木材坚实、密致耐腐，历来为上等名材。花多且富含蜜腺，是优良的蜜源植物。

荔枝花序

002 龙眼 *Dimocarpus longan*　　无患子科 龙眼属

又名桂圆，原产于我国广东、海南、广西及云南。现我国南方各地普遍栽培或有逸生。印度、斯里兰卡、缅甸、泰国、越南、柬埔寨、老挝、马来西亚、菲律宾、印度尼西亚和巴布亚新几内亚均有栽培。常绿乔木，具板根。分枝粗壮，被微柔毛，散生灰白色皮孔。羽状复叶，有小叶（3~）4~5（~6）对；小叶薄革质，狭长圆形或长圆状披针形，边缘常有波状折，两面无毛，下面灰绿色，上面亮绿色。花序大型，多分枝，顶生和生于枝上部叶腋；花序梗、花序轴、花序分枝、花梗及花萼均密被星状毛和茸毛；花瓣乳白色，匙形。核果近球形，通常黄褐色或有时灰黄色，外面稍粗糙，或少有微凸的小瘤体。种子茶褐色，光亮，全部被肉质的假种皮包裹。花期春夏间；果期夏季。龙眼为我国南方著名水果之一，假种皮富含维生素和磷质，可鲜食，晒干后称桂圆干，有益脾、健脑的作用。木材坚实，质重，暗红褐色，耐水湿，是造船、家具或细工的优良材。花多，具蜜腺，是良好的蜜源植物。

龙眼花序

003 鹅掌柴 *Heptapleurum heptaphyllum*　　五加科 鹅掌柴属

又名鸭脚木。我国分布于浙江、江西、台湾、福建、广东、香港、澳门、海南、广西、湖南、云南和西藏。日本、印度、泰国和越南也有分布。乔木；掌状复叶，有小叶6~9，最多至11；小叶片纸质至革质，椭圆形、长圆状椭圆形或倒卵状椭圆形，稀椭圆状披针形，边缘全缘，但在幼树时常有锯齿或羽状分裂。圆锥花序顶生，花白色；果实球形，黑色。花期9~12月；果期11月至翌年3月。鹅掌柴是华南秋冬季良好的蜜源植物；叶药用，治感冒、咽喉肿痛、跌打损伤和骨折等症。

鹅掌柴

004 山乌桕 *Triadica cochinchinensis*　　大戟科 乌桕属

又名红心乌桕。我国分布于安徽、浙江、江西、台湾、福建、广东、香港、澳门、海南、广西、湖南、湖北、贵州、四川和云南。印度、缅甸、柬埔寨、泰国、老挝、越南、菲律宾、马来西亚及印度尼西亚也有分布。乔木，全株无毛。托叶小，叶柄顶端具2个腺体；叶片纸质，椭圆形或长卵形，全缘。花单性，雌雄同株，总状花序顶生，雌花生于花序下部，单生于苞腋；雄花生于花序上部或有时整个花序全为雄花，5～7朵簇生于苞腋。蒴果球形。种子近球形，被薄蜡质层。花期4～6月；果期7～11月。冬季山乌桕的叶片会逐渐变黄至红，为深圳四大木本秋色叶植物之一。叶、根皮可药用，至跌打扭伤、痈疮等。山乌桕的花多、具蜜腺，无明显大小年现象，是南方优良的夏季蜜源植物。

山乌桕

005　楝叶吴茱萸　*Tetradium glabrifolium*　　芸香科 吴茱萸属

我国分布于陕西、河南、安徽、浙江、江西、福建、台湾、广东、香港、澳门、海南、广西、湖南、湖北、贵州、四川和云南。日本、不丹、印度、缅甸、泰国、越南、菲律宾、马来西亚和印度尼西亚也有分布。常绿乔木，树皮暗灰色，平滑不开裂，密生皮孔。奇数羽状复叶，有小叶5～11片，小叶对生；小叶片卵形、卵状披针形或披针形，有时椭圆形或长圆形，边缘波状或全缘。伞房状聚伞圆锥花序；花序梗、花序轴、花梗及花萼的外面均密被短柔毛；花瓣5，白色或绿白色；雄花：雄蕊4～5枚，短于花瓣，退化雌蕊4～5，短棒状；雌花：退化雄蕊鳞片状，甚小或仅具痕迹，心皮4～5，基部合生，柱头盾状。蓇葖果淡紫红色。种子黑色，光亮，卵球形。花期7～9月；果期10～12月。楝叶吴茱萸是碧凤蝶的寄主植物，每到花期，除了蜜蜂等会访花，还有许多凤蝶、蛱蝶等会访花，往往十几只甚至几十只蝴蝶、蜜蜂一起围绕在枝顶的花上，一片蜂忙蝶舞。楝叶吴茱萸的果可药用，有健胃、镇痛和消肿等功效。

簕花椒

006　簕花椒　*Zanthoxylum avicennae*　　芸香科 花椒属

又名簕欓。我国分布于福建、台湾、广东、香港、澳门、海南、广西和云南。印度、越南、泰国、马来西亚、菲律宾和印度尼西亚也有分布。落叶乔木，树干上有粗而尖锐的鸟爪状刺。奇数羽状复叶，小叶对生或近对生；小叶片斜长圆形、斜椭圆形或斜倒卵形，除顶生小叶两侧对称外，其余的两侧均明显不对称；下面疏生油点。聚伞状圆锥花序呈伞房状；萼片5，绿色；花瓣5，黄白色。蓇葖果淡紫红色；种子成熟时黑色，光亮。花期4～10月；果期7月至翌年2月。花数量多，盛开时常可见十几只甚至几十只蜜蜂、蝴蝶围绕。民间将叶和果皮用作草药，有祛风除湿、行气化痰和止痛等功效。

007 锦绣杜鹃 *Rhododendron × pulchrum*　　杜鹃花科 杜鹃花属

又名毛鹃、毛杜鹃、紫鹃。我国分布于江苏、浙江、江西、福建、广东、香港、澳门、广西、湖南和湖北等地。半常绿灌木。叶二形：春发叶较大，椭圆状披针形至狭椭圆形，薄革质；夏发叶较小，椭圆状披针形至椭圆形；两面均被褐色的平贴的长硬毛。伞形花序顶生，有花2～5朵，花冠阔漏斗形，淡紫色、玫瑰紫色或紫红色。蒴果卵球形，基部具宿存花萼。花期2～5月；果期9～10月。花色艳丽，具蜜腺，开花时会看到许多蜂、蝶访花。因其比较耐热，是华南地区为数不多的可以用于城市绿化的杜鹃花。

锦绣杜鹃

008 空心泡 *Rubus rosifolius*　　蔷薇科 悬钩子属

我国分布于安徽、浙江、江西、福建、台湾、广东、香港、广西、湖南、湖北、陕西、四川、贵州和云南。朝鲜、日本、印度东北部、缅甸、泰国、老挝、越南、柬埔寨、马来西亚、菲律宾、印度尼西亚、非洲、马达加斯加和澳大利亚也有分布。直立或攀缘灌木。奇数羽状复叶有小叶5～7枚，顶生小叶有叶柄，侧生小叶近无柄；小叶片卵形或卵状椭圆形至披针形，有浅黄色透明的腺点，边缘有缺刻状重锯齿或粗重锯齿。花常1～2朵顶生或腋生，花瓣白色。聚合果红色，卵球形或窄倒卵球形至长圆形。花期3～5月；果期6～7月。果可食用。叶、嫩枝和根可药用，有清热止咳、止血、祛风湿之效。

空心泡

009 醉蝶花 *Cleome hassleriana*　　白花菜科 白花菜属

原产美洲热带，全球热带至温带地区常见栽培。我国南北各地均有栽培。一年生草本。掌状复叶具5～7小叶；小叶椭圆形或狭椭圆形，全缘。总状花序顶生；花冠淡红色、粉红色或白色，花瓣4。蒴果圆柱形；种子肾状圆形，表面密生疣状突起和网格，无假种皮。花期3～10月；果期3～10月。花形美丽，适合盆栽或地栽，也是优良的蝴蝶蜜源植物。

醉蝶花

010 苏丹凤仙花 *Impatiens walleriana* 凤仙花科 凤仙花属

原产于非洲东部。现世界大部分地区有栽培。我国福建、台湾、广东、香港、澳门、广西和云南等地均普遍栽培。在北方则多在温室中栽培。多年生草本，叶互生；叶片宽椭圆形或卵形，边缘具疏圆齿。花通常2~3(~5)朵组成伞形的总状花序，稀单花生于茎或枝的上部叶腋。花冠鲜红色、深红色、粉红色、淡紫色、蓝紫色或白色。蒴果纺锤形，无毛。花期3~10月。花形美丽，花色丰富，适合盆栽，供布置花坛；也是优良的蝴蝶蜜源植物。

苏丹凤仙花

011 马缨丹 *Lantana camara* 马鞭草科 马缨丹属

又名五色梅、臭草。原产美洲热带地区，世界热带、亚热带地区均有归化，温带地区有栽培。我国福建、台湾、广东、香港、澳门、海南、广西、贵州、四川和云南均有归化。常绿直立或披散灌木。茎和枝均为四棱柱形，通常有倒钩皮刺（栽培种有时不明显）；叶片纸质，通常卵形，稀卵状长圆形，边缘有钝锯齿。穗状花序缩短呈头状，顶生或生于上部叶腋。花冠黄色或橙色，开花后逐渐转变为深红色。核果球形，深紫色，成熟时紫黑色。花果期近全年。花具蜜腺，由于花冠筒纤细，且雄蕊在花冠筒中部不伸出花冠筒之外，所以适合具虹吸口器的凤蝶采蜜及帮助传粉。

马缨丹

（二）花外蜜腺植物

001 接骨草 *Sambucus javanica* 忍冬科 接骨木属

我国分布于广东、香港、澳门、海南、广西、湖南、河南、安徽、江苏、浙江、江西、福建、台湾、湖北、四川、贵州、云南、西藏、甘肃和陕西。日本也有分布。多年生草本。茎灰褐色，有纵棱。奇数羽状复叶有小叶片3~9枚，对生，稀互生；小叶片椭圆状披针形或披针形，叶缘锯齿。复伞形聚伞圆锥花序，花朵多数，具可育两性花外还有散生肉质、黄色的不育花；花瓣白色。果近球形，成熟时红色。花期4~6月；果期6~9月。接骨草蜜腺位于花序轴上，属于花外蜜腺。全草入药，有活血化瘀、祛风活络等功能，可治疗跌打损伤和风湿痛等症。

接骨草

（三）有毒蜜源植物

在实际生产过程中，除了那些主要蜜源植物、辅助蜜源植物之外，仍然存在少数植物的花蜜或花粉对蜜蜂或人有毒，我们可以称之为有毒蜜源植物。站在生态角度来讲，所有植物都是平等的，对蜜蜂有毒的植物仍然有其他的昆虫或动物能够取食其花蜜并为之传粉，它们可以和谐共生，所以我们不能因为这些植物对蜜蜂或人有毒就采取完全清除等极端措施，我们只需要在生产上避开这些有毒蜜源植物即可。

001　钩吻　*Gelsemium elegans*　　　钩吻科　钩吻属

又名大茶药、断肠草。我国分布于浙江、江西、福建、台湾、广东、香港、澳门、海南、广西、湖南、贵州和云南。印度、缅甸、泰国、老挝、越南、马来西亚和印度尼西亚也有分布。常绿木质藤本，叶对生；叶片膜质，卵形、狭卵形或卵状披针形，全缘。聚伞圆锥花序顶生或生于分枝上部叶腋；花冠黄色至橙黄色，漏斗状。蒴果椭圆状卵球形，基部宿存花萼。种子肾形。花期5～11月；果期7月至翌年3月。全株含多种钩吻碱，剧毒。可供药用，具消肿止痛、拔毒杀虫等效果。华南地区用其对猪、牛、羊驱虫，效果好；也可作农药防治水稻螟虫。

钩吻

002　八角枫　*Alangium chinense*　　　山茱萸科　八角枫属

我国分布于广东、香港、海南、广西、湖南、江西、福建、台湾、浙江、江苏、安徽、山东、河南、湖北、四川、贵州、云南、西藏南部、甘肃及陕西。亚洲南部和东南部及非洲东部亦有分布。落叶乔木或灌木，小枝微呈"之"字形弯曲。叶二形，正常叶叶片近宽卵形、卵形或卵状披针形，基部偏斜的圆形或浅心形，全缘或微波状，上面无毛，下面脉腋间有簇毛；不定芽发出的叶叶片轮廓近圆形或心形，边缘5（～7）浅裂，基部不对称的心形。二歧聚伞花序腋生，具7～15朵花；花初开时白色，后变黄。核果卵球形或椭圆体形，顶端具宿存萼齿及花盘，成熟时黑色，无毛。花期4～5月；果期6～7月。植物含八角枫酰胺和生物碱，花蜜和花粉对蜜蜂有毒。根、茎、叶均可药用，根中药名白龙须，茎中药名白龙条，有祛风除湿、舒经活络、散瘀痛等功效。

八角枫

第十三章 防火植物

一、什么是防火植物

植物界里有很多"能手",为了生存和繁衍它们演化出了各种本领。有的植物种子会长翅膀借助风力传播,比如蒲公英、匙根藤、蝴蝶果等;有的植物种子内部有大量的空腔,可以在水中漂浮到远处,比如椰子;有的植物种子会长刺,粘在动物毛上或人的衣物上传播到远方,比如鬼针草、淡竹叶等。而有一类植物,它们的枝叶含水率比一般植物要高,树冠很浓密,在经历森林火灾时不那么容易被完全烧掉,在林火之后往往能很快地重新萌发长出新叶和嫩枝,这一类植物我们称为防火植物,它们个个都是"防火能手"。

二、森林防火的重要性

我国幅员辽阔,尽管森林资源丰富,但是因为"二战"破坏、新中国成立初期经济建设需要大量砍伐林木,森林覆盖率是比较低的。经过几代人的不懈努力,尤其是以习近平同志为核心的党中央提出"绿水青山就是金山银山"的理念,经过全国人民不断努力大力推广植树造林,截至2021年森林覆盖率已由新中国成立初期的12%提高到23.04%,并且这项工程会一直持续下去。随着森林覆盖率的提升,森林防火也显得越来越重要,任务也越来越艰巨。同时森林火灾也将会对生态环境尤其是珍稀野生动植物栖息地有很大影响,甚至可能毁掉某种动、植物的唯一栖息地。窥一斑而知全豹,森林防火的重要性不言而喻,在全国范围内甚至在全球范围内都无比重大。

三、城市防火的重要性

除了林火,我们仍然需要预防城市火灾,比如电器老化,工厂生产材料堆积以及操作不当,电池不规范充电,管道泄漏易燃物,厨房煤气灶忘记关火、大功率电器一起使用过载等行为都能引起火灾。城市火灾会直接给人民带来财产甚至生命的损失。我们必须高度重视,提高警惕。

四、防火植物受到的关注越来越多

按照中国知网（cnki）论文发表数量来看，关于森林防火、城市消防方面的论文数量是逐年增加，这表明我国对防火方面的研究是逐年提高的，公众对防火的关注度也是比较大的。其中一个比较热点也是许多学者比较认同的观点就是植物对防止火灾的发生和阻止林火的蔓延起到相当大的作用。

根据燃烧部位、性质和危害程度，可将森林火灾分为地表火、树冠火和地下火三类。其中地表火是最常见的一种林火，它会沿着地面蔓延，如果其蔓延路径上有成片/带状的抗火植物，那么会对林火蔓延起到阻碍作用。如果在易燃林周围或其中间植一些抗火性比较强的植物，形成防护林带，可以降低易燃林发生林火的风险。甚至在易燃林地表栽植常绿草本植物，也有助于降低林火发生的风险，因为草本植物的含水率一般都比较高，对于土壤保水和提高地面湿度有积极作用。目前，科学家们对植物的抗火性研究也越来越深入。

五、防火植物的特性

究竟什么是防火植物？防火植物有哪些特性？我们将防火植物分为乔木、灌木、草本三大类（因为苔藓植物高度一般比较矮：低于1厘米，有些较高的但是也是附着在地面或者树干、岩石表面，所以暂时不放在防火植物讨论）。

含水率是衡量植物抗火性的第一道门槛。水是生命之源，所有植物体内都含水分，不同植物其含水率是不同的，并且同一株植物不同部位的含水率也是不同的，叶片的含水率一般高于枝条。阔叶植物一般比针叶植物的含水率高。科学家们还通过实验测定植物失水速率、燃烧时间（鲜样400℃引燃时间和干样400℃引燃时间）、灰分和碳含量（粗脂肪）、热值、燃点等方面的数据并通过分析来确定植物的抗火性。植物在高温环境下会加速蒸腾作用以维持自身体温保证细胞内酶活性以保护自身不受伤害，这将会加速植物失水过程，描述植物失水过程快慢便是失水速率。失水速率越大说明植物的抗火性越小。植物的鲜样和干样在400℃的引燃时间长短也可以反映植物是否容易着火，时间越长则证明越不容易被点燃。灰分是植物燃烧后的剩余物，属于难燃物质，植物可燃物灰分含量越高，防火性越好。粗脂肪含量是单位干物质的油脂含量，由脂肪、固脂、芳香油、磷酸等化合物组成的易燃物。粗脂肪含量越高代表植物燃烧性越强。热值是指单位植物重量燃烧后放出的热量，和粗脂肪含量一样热值越高代表植物燃烧性越强。燃点指植物达到燃烧时的临界温度，燃点越高代表植物越不容易被点燃。

综上所述，防火植物是指不容易燃烧或者燃烧较慢，火灾后较快萌发的植物，它们具有较高的含水率、粗脂肪含量相对较低、难燃物质相对含量较高的理化特性。

另外，植物生长状态以及本身形态特征也是植物抗火的重要指标。同一种植物，幼苗阶段和成熟状态对火的抗性是有区别的，这主要是因为幼苗阶段体量比较小，同样的大火幼苗更容易被烧伤或烧死，好比烧一壶水和一杯水用的时间是不同的。灌木和高大乔木抗火性也有不同，灌木相对乔木比较低矮，更接近地面，所以对地表火的蔓延有比较好的阻碍。而抗火性好的乔木，对树冠火有比较好的阻碍。由此可见，植物的抗火性除了自身理化特性外还与生长状态和所处环境有关。

六、易燃植物对防火工作有阻挠

有能防火的植物，当然也有一些比较易燃的植物，比如芒萁、芒、五节芒等，这些植物在秋冬季时枯萎的茎叶燃点低，极易容易引起森林火灾，是森林防火重点关注对象。

七、林区防火基本知识

从防火两个字字面意思来看，防是优先，预防一切导致火灾的可能，降低风险。首先要防范一切火源。新闻报道火灾事故原因，绝大部分都是人为因素导致着火，所以需要禁止一切火源进入林区；同时应加大宣传、有效引导人们杜绝在林区抽烟、野炊等一切使用明火行为。其次要加强林区巡逻，采取人员巡逻和无人机巡逻相结合，提高巡逻频率和效率。同时，针对一些易燃植物，需要定期组织人员清理枯枝落叶，减少易燃物的堆积。还有，需要因地制宜构建以乡土防火树种为主的防火林带，并利用当地山脊、溪谷、坡向等等构建网格化防火林带，以乔木和灌木相结合的方式，在不破坏原有树种情况下，增加这些防火树种以增加林分，这样即便是发生火灾，也可以将范围控制在网格内，减少损失。最后，防火不是一个人或一个单位的责任，需要加大宣传，动员全社会广大人民共同参与，才能减少火灾隐患，保护好我们的生态环境可持续发展。

八、城市绿化也需要防火植物

城市绿地由于经常会有人走动，所以在明火初期预警阶段会很好地反馈给有关部门。但是当建筑物内火灾发生时，不受控制风险会加大，如果绿地植物（乔木、灌木甚至草本）具备防火能力，那么它们仍然能够对火焰的蔓延起到相当大的阻挡作用，给消防救火争取时间。所以，城市绿地植物可以优先配置具备防火能力的植物。

防火植物的研究正不断地加强，科学家们根据火灾现场的勘测不断地深入研究，提出更加合理的办法以及制定更加符合事实的实验方案，以求找出火灾防控的有效方法，以便筛选出更加优化的防火植物。目前为止，科学家们筛选出了超过50种防火植物，它们有的是乡土树种，有的是引进栽培种，包括乔木、灌木和草本。接下来我们选取一部分为大家介绍。

九、防火植物

001　木荷　*Schima superba*　　　山茶科 木荷属

乔木，四季常绿，华南及东南沿海各地常见。当你在山林里遇见它时，你可能只能看到它笔直的树干；5~8月，当你在绿道徒步时，你可以看到它的满树繁花，洁白的花瓣犹如白蝴蝶歇在葱绿的枝头。叶革质或薄革质，椭圆形，侧脉7~9对，在两面明显，边缘有钝齿。因其枝叶含水率较高，被烧后萌芽能力强，在荒山灌丛是耐火的先锋树种，被科学家当作防火植物首选，广植于华南各大防火林带以及绿道。

木荷

002　油茶　*Camellia oleifera*　　　山茶科 山茶属

灌木或中乔木。从长江流域到华南各地广泛栽培，是主要的木本油料作物。大家吃的茶油，就是用油茶的种子榨出的。在山林或者绿道，我们看到的油茶大多是灌木状，每年10月至翌年2月白色的花布满枝头，让人赏心悦目。叶革质，椭圆形、长圆形或倒卵形，叶片上面深绿色下面浅绿色，侧脉在上面可见，下面不明显，边缘有细锯齿。同时因枝叶含水率高以及其他综合因素，油茶也可以作为防火树种种植。

油茶

003　火力楠（醉香含笑）　*Michelia macclurei*　　　木兰科 含笑属

分布于福建、广东、澳门（栽培）、海南、广西、贵州（南部）和云南（东南部）。越南（北部）。常绿乔木。树皮灰白色，平滑，不开裂。芽、幼枝、叶柄、叶片下面及花梗均被平伏的红褐色茸毛。叶片革质，椭圆形、椭圆状倒卵形或菱形。花单生或2~3朵簇生于叶腋；花被片稍肉质，白色，稀红色，9（~12）片，排成3轮。蓇葖果卵球形或长圆体形。种子红色，扁卵球形。花期1~2月；果期10月。木材易加工，切面光滑，美观耐用，是供建筑、家具的优质用材。花芳香，可提取香精油。树冠宽

火力楠

广、伞状，整齐壮观，是美丽的庭园和行道树种。

004 深山含笑 *Michelia maudiae*　　木兰科 含笑属

又名光叶白兰花、莫夫人含笑花。分布于安徽、浙江、江西、福建、湖南、广东、香港、澳门、广西及贵州等地。乔木，叶革质，卵状椭圆形、长圆形或长椭圆形。花腋生，偶顶生；花被片9片，白色；花苞未完全开放时释放香气。花期1～3月，在此期间如果你置身于深山含笑林内，那芬芳的清香会让整个人呈现一种空灵的状态。深山含笑枝叶含水率高，生长迅速，适应性强且树形优美，为优良的园林观赏和防火造林树种。

深山含笑

005 红花荷 *Rhodoleia championii*　　金缕梅科 红花荷属

又名大吊钟花。分布于广东（中部及西部）、香港、澳门、海南和贵州。缅甸、越南、马来西亚和印度尼西亚也有分布。常绿乔木，叶片厚革质，长圆形、卵形、卵圆形或阔卵形。头状花序着生于叶腋，总苞片多数，卵圆形，不等大。花瓣匙形或长圆形，红色；雄蕊与花瓣等长。花序通常下垂，由总苞片包裹形成一个钟形，花期（2～4月）时常见叉尾太阳鸟、长尾缝叶莺等鸟站在苞片上，头朝下吸食花蜜。野生红花荷花长3厘米，但是栽培种的花长达4厘米，为本属中具有最大花朵的种类。

红花荷

006 杨梅 *Morella rubra*　　杨梅科 杨梅属

常绿乔木；叶片革质，倒卵状长圆形至倒披针形，常集生于枝条上部；花雌雄异株，雄穗状花序单生或几个丛生于叶腋，雌穗状花序单生于叶腋。花期2～4月；果期5～10月。杨梅枝叶含水率较大，树枝比较脆，易折断，综合其他因素可作为优良防火植物广植。我国江南的著名水果，味酸甜，可生食或作干果。根、茎、果及种仁可药用。果可治咳嗽祛痰；种仁治心胃气痛、腹痛吐泻；果皮治痢疾下血，筋骨疼痛。

杨梅

007　银柴　*Aporosa dioica*　　叶下珠科　银柴属

分布于广东、香港、澳门、海南、广西和云南。印度、缅甸和马来西亚也有分布。乔木，但在次生林中长成灌木状。叶片纸质至革质，椭圆形、长椭圆形、倒卵形或倒披针形，边缘全缘或具疏离的浅锯齿，叶柄顶端具2个小腺体。花雌雄异株，雄穗状花序着生于叶腋，苞腋内具3～5朵花；雌穗状花序着生于叶腋，雌花单生于苞腋内。花期1～5月；果期4～10月。银柴枝叶含水率高，综合其他因素可作为森林防火林带树种。

银柴

008　假苹婆　*Sterculia lanceolata*　　锦葵科　苹婆属

分布于广东、香港、澳门、海南、广西、贵州、四川和云南，为我国产苹婆属中分布最广的种，在华南山野间很常见，喜生于山谷溪旁。越南、老挝、泰国和缅甸也有分布。常绿乔木；叶柄基部有叶枕，上端膨大；叶片纸质、狭椭圆形、椭圆状倒披针形或狭长圆形，少有椭圆形，全缘。圆锥花序生于上部叶腋，花萼粉红色，1/3以下管状，裂片5，向外开展呈星状；花单性，雌雄异花同株；雄花雌雄蕊柄长约3毫米，弯曲；雌花雌雄蕊柄较短，长约1.5毫米；子房扁球形，花柱弯曲。蓇葖果1～5个，成熟时色泽红艳，十分美丽；种子黑色，可食用。假苹婆的茎皮纤维可作麻袋的原料，也可造纸。

假苹婆

009　竹节树　*Carallia brachiata*　　红树科　竹节树属

分布广泛，我国分布于福建、广东、香港、澳门、海南、广西和云南。印度、斯里兰卡、不丹、尼泊尔、缅甸、泰国、越南、老挝、柬埔寨、菲律宾、马来西亚、印度尼西亚、巴布亚新几内亚、太平洋岛屿、澳大利亚和马达加斯加也有分布。常绿乔木，叶片对生，纸质或薄革质，叶形变化较大，倒披针形、倒卵状长圆形至椭圆形，稀近圆形。花序为2～3歧的短聚伞花序。浆果近球形；种子肾形。花期9月至翌年3月；果期11月至翌年3月。竹节树生长较慢，偏阳性，对土壤要求不严，在岩石裸露的溪旁也能生长正常。枝叶含水率高，综合其他因素可作为防火树种园林绿化推广。

竹节树

010 黧蒴锥 *Castanopsis fissa*   壳斗科 锥属

分布于江西、福建、湖南、广东、香港、澳门、海南、广西、贵州、云南和四川。生于海拔约1600米以下山地疏林中，阳坡较常见，为森林砍伐后萌生林的先锋树种之一。越南东北部也有分布。乔木；叶片厚纸质，长圆形或倒卵状椭圆形。穗状花序直立或弯曲，由分枝组成圆锥花序，密生于枝顶，具多数雄花和1朵顶生雌花，或有时1~2个雌雄同序的穗状花序生于雄花序的下部。壳斗圆球形或阔椭圆形，几全包坚果，被暗红褐色粉末状蜡鳞层。花期4~6月；果期10~12月。木材作一般门窗和家具，树段可用于培养香菇及其他食用菌。据考证黧蒴锥也是深圳梧桐山名字由来之一。原本在整个广东地区都没有梧桐这种植物，但是为何有梧桐山这一叫法，是因为深圳梧桐山的原住居民称黧蒴锥为"爆桐"（黧蒴开花的时候，穗状花序直立在枝顶，远处看去就是米白或浅黄色带），其客家语音与梧桐很接近，所以梧桐山名由此而来。

黧蒴锥

011 山油柑 *Acronychia pedunculata*   芸香科 山油柑属

又名降真香。我国分布于福建、台湾、广东、香港、澳门、海南、广西和云南。孟加拉国、不丹、印度、斯里兰卡、缅甸、泰国、老挝、越南、柬埔寨、菲律宾、马来西亚、印度尼西亚和巴布亚新几内亚也有分布。灌木或乔木，树皮灰色或淡黄灰色，平滑，剥离时有柑橘叶的香气，当年生枝通常中空。叶有时呈略不整齐对生，单小叶。叶片椭圆形至长圆形，或倒卵形至倒卵状椭圆形，全缘。花两性，黄白色。果序下垂，果淡黄色，半透明，富含水分，味清甜。根、叶、果用作中草药，有柑橘叶香气。化气、活血、祛瘀、消肿、止痛的功效；可治支气管炎、感冒、咳嗽、心气痛、疝气痛、跌打肿痛、消化不良。据实验，对流感病毒（仙台株）有抑制作用。

山油柑

012　三叉苦（三桠苦）　*Melicope pteleifolia*　　　芸香科　蜜茱萸属

我国分布于浙江、江西、福建、台湾、广东、香港、澳门、海南、广西、贵州及云南。泰国、缅甸、越南、老挝和柬埔寨也有分布。常绿灌木或小乔木；叶对生，通常具3小叶，偶有2小叶或单小叶同时存在；小叶片长椭圆形，有时倒卵状椭圆形。聚伞花序腋生和顶生；花单性，稀两性，花瓣淡黄色或白色，常有透明油腺点。花期3～12月；果期6月至翌年2月。根、叶、果都用作草药。味苦。性寒，一说其根有小毒。在我国及越南、老挝、柬埔寨均用作清热解毒剂。广东凉茶中，多有此料，用其根、茎枝作消暑清热剂。

三叉苦（三桠苦）

013　铁冬青　*Ilex rotunda*　　　冬青科　冬青属

我国分布于安徽、江苏、浙江、江西、福建、台湾、广东、香港、澳门、海南、广西、湖南、湖北、贵州和云南。朝鲜、日本和越南也有分布。常绿灌木或乔木。树皮灰色至灰黑色，小枝红褐色，圆柱形，当年生枝具纵棱。叶仅见于当年生枝上，叶片薄革质或纸质，卵形、倒卵形或椭圆形，全缘。简单二歧或复二歧聚伞花序或伞形花序，单生于当年生枝的叶腋；雄花白色，4基数；雌花白色5基数，稀7基数；果近球形或稀椭圆体形，成熟时红色。花期4～5月；果期8～12月。果色鲜艳，果期长，为秋冬季优良的观果植物；叶入药，有清热利湿、消炎解毒、消肿镇痛等功效。

铁冬青

014　红楠　*Machilus thunbergii*　　　樟科　润楠属

我国分布于山东、安徽、江苏、浙江、江西、福建、广东、香港、广西和湖南等地区。日本和朝鲜半岛。常绿乔木；树皮淡黄褐色；老枝粗糙，嫩枝紫褐色，无毛，大枝常平展；顶芽卵球形或长圆体形，外部芽鳞革质，近圆形，背面无毛，具黄褐色或淡红褐色缘毛，内部芽鳞被黄色短柔毛。叶互生，叶柄呈红色或淡红色；叶革质，倒卵形至倒卵状披针形，两面无毛，下面带白粉。圆锥花序顶生

红楠

103

或在新枝腋生。果扁球形，初时绿色，后变黑紫色。花期2月；果期7月。木材可用于建筑、造船、雕刻等；树皮可入药；在东南沿海各地低山地区，可选用红楠为用材林和防风林树种，也可作为庭园树种。

015 野牡丹（印度野牡丹） *Melastoma malabathricum*   野牡丹科 野牡丹属

我国分布于浙江、台湾、江西、福建、湖南、广东、香港、澳门、海南、广西、贵州、四川和云南。印度、尼泊尔、缅甸、泰国、老挝、柬埔寨、越南、菲律宾及太平洋岛屿、日本也有分布。灌木；茎钝四棱柱形或近圆柱形，多分枝，密被紧贴的鳞片；叶片纸质，卵形、长卵形，稀卵状披针形，全缘，具缘毛。伞房花序顶生；花瓣5，有时6，粉红色或紫红色。蒴果坛状，被膨大的被丝托。花期5~8月；果期9~12月。根、叶药用，可消积滞，收敛止血，治消化不良、肠炎腹泻、痢疾便血等症；叶捣烂外敷或用干粉，作外伤止血药。另外，野牡丹种子萌发期耐镉性和耐铅性较强，可作为先锋植物用于镉、铅污染土壤生态恢复。

野牡丹（印度野牡丹）

016 九节 *Psychotria asiatica*   茜草科 九节属

分布于浙江、福建、台湾、广东、香港、海南、广西、湖南、贵州和云南。日本、印度、越南、老挝、柬埔寨和马来西亚也有分布。灌木或小乔木；托叶早脱落或宿存，有托叶痕。叶片纸质至革质，鲜时光亮，干时暗红色、褐红色、黄绿色或灰绿色，椭圆状长圆形、披针形或长圆状倒卵形。呈伞房状的聚伞圆锥花序顶生；花冠白色；核果红色。花期4~8月；果期6月至翌年3月。嫩枝、叶、根可作药用，有清热解毒、消肿拔毒和祛风除湿之效。可治扁桃体炎、白喉、疮疡肿毒、风湿疼痛、跌打损伤、感冒发热、咽喉肿痛、胃痛、痢疾和痔疮等症。

九节

017 栀子 *Gardenia jasminoides*   茜草科 栀子属

分布于山东、安徽、江苏、浙江、江西、福建、台湾、广东、香港、澳门、海南、广西、湖北、湖南、四川、贵州和云南；河北、陕西、甘肃等地有栽培。日本、朝鲜半岛、印度、尼泊尔、巴基斯坦、越南、老挝、柬埔寨、美洲、欧洲、非洲、澳大利亚及太平洋岛屿均有野生或栽培。灌木；

枝圆柱形，灰白色，最末节间常覆有树脂。叶对生或在少数节上轮生；叶片干时薄革质至硬纸质，长圆状披针形、倒卵状长圆形、倒卵形、倒披针形或椭圆形。花单朵顶生，白色或淡黄色，芳香浓郁。浆果黄色或橙黄色，有纵棱5～9条。花期3～7月；果期5月至翌年2月。作盆景植物，称水横枝；花大而美丽，芳香，常植于庭园供观赏。果实入药，有清热利尿、泻火除烦、凉血解毒和散瘀等功效。根、叶、花亦可作药用。成熟果实提取的栀子黄色素，是天然优质的染料色素。

栀子

018 珊瑚树 *Viburnum odoratissimum* 忍冬科 荚蒾属

分布于河南、浙江、江西、福建、台湾、广东、香港、海南、广西、湖南、湖北、贵州、四川和云南。朝鲜半岛、日本、印度、缅甸、泰国和越南也有分布。常绿灌木或小乔木；单叶对生，叶片革质，倒卵状椭圆形、倒卵状长圆形或倒卵形，稀近圆形，全缘。聚伞圆锥花序顶生或生于具1对叶的侧生短枝顶端；花冠白色，后变成黄白色，辐状。核果卵球形或卵状椭圆形。花期3～5月；果期4～9月。为常见的庭院绿化树种；木材可作为精细木工的用料；叶可入药，民间以鲜叶捣烂外敷，治跌打肿痛和骨折。

珊瑚树

十、易燃植物

001 芒萁 *Dicranopteris pedata* 里白科 芒萁属

分布于长江流域及以南各地，以及甘肃、河南、山东、台湾、香港、澳门和海南。印度、越南、日本、朝鲜和韩国也有分布。株高约1米。根状茎横走，密被锈色多细胞毛。叶远生；叶柄棕色，基部有少量棕色毛，向上光滑无毛；叶轴一至三回二叉分枝，各回分叉处有一密被毛的休眠芽，分叉处的基部外侧具1对篦齿状羽裂的托叶状羽片。叶脉明显，每组侧脉有3～5小脉，直达叶缘；叶片纸质，干后近轴面绿色，远轴面灰绿色。孢子囊群圆

芒萁

形，靠近裂片主脉，着生于每组侧脉的上侧小脉中部，在主脉两侧各成1行，每群有7～12个孢子囊。

芒萁可作酸性土指示植物；另外，干枯的芒萁燃点低，极易被点燃，是森林防火重点关注植物。

002 芒 *Miscanthus sinensis* 禾本科 芒属

产于江苏、浙江、江西、湖南、福建、台湾、广东、海南、广西、四川、贵州、云南等地；遍布于海拔1800米以下的山地、丘陵和荒坡原野，常组成优势群落。也分布于朝鲜、日本。模式标本采自广东。秆纤维用途较广，作造纸原料等。本种易燃，是森林防火重点关注对象。

芒

003 五节芒 *Miscanthus floridulus* 禾本科 芒属

产于江苏、浙江、福建、台湾、广东、海南、广西等地；生于低海拔撂荒地与丘陵潮湿谷地和山坡或草地。也分布自亚洲东南部太平洋诸岛屿至波利尼西亚。模式标本采自新喀里多尼亚。幼叶作饲料，秆可作造纸原料。根状茎有利尿之效。本种易燃，是森林防火重点关注对象。

五节芒

第十四章　有毒植物

一、概念

听到有毒植物大家可能会觉得有点恐惧，周围的植物哪些是有毒的哪些是无毒的，我们分不清，岂不是随时随地处于危险的环境中。其实大家不必担心，因为植物里的毒大部分是植物的次生代谢产物，有些是对自身起到防御作用，如果不受到动物的啃食，是不会主动排出来伤害动物的。换言之如果人或动物不去主动吃有毒的植物，就不会被危害。相反，相当多的有毒植物经过炮制后可成为中药供人们治病用。说到这里不得不提到神农氏对植物毒性的探索，据古籍记载"神农遍尝百草之滋味，一日而遇七十毒"。有毒植物广泛定义为对人和动物等能产生有害作用的植物。这个有害作用因为物种、剂量等因素会有大有小。比如油茶花分泌的蜜汁含有生物碱对蜜蜂有毒害作用，但是对人不会产生伤害。而钩吻花对蜜蜂和人都会产生毒害作用。

二、引起中毒原因

有毒植物体内含有生物碱类、苷类、萜类、内酯类、毒蛋白类、蒽醌苷类、挥发油类和其他化学物质，使人或动物误食后会产生中毒症状：呕吐、腹痛、皮肤红肿、痉挛、麻痹、昏迷、呼吸困难、休克甚至死亡。

有毒物质作用的部位可能是神经系统、呼吸系统、免疫系统、皮肤及黏膜或其他器官。大部分要直接食用，才出现中毒症状，小部分只需要吸入花粉，或者皮肤接触就能引致中毒。

三、引起中毒途径

对有毒植物的中毒途径是多种多样的，有作为中草药使用过程中缺乏去毒过程或者去毒不彻底而中毒，也有鉴别错误作为野菜或中草药进食中毒，甚至利用有毒植物恶意投毒的。

有毒只是相对的，多一分为毒，减一分是药。我们要正确认识和利用有毒植物，许多有毒植物具有不同的实用及经济价值，它们可供药用、可作杀虫剂、可供观赏。只要合理利用，有毒植物也是有益植物。当我们身处户外，谨守"眼看手勿动"的原则来观察和欣赏身边的植物，再毒的植物都是无害的。

《中国有毒植物》中记载了943种有毒植物，比较大的科有毛茛科、夹竹桃科、马钱科、伞形科、茄科、大戟科等。

四、华南地区常见有毒植物

001 钩吻 *Gelsemium elegans* 钩吻科 钩吻属

又名断肠草、大茶药、胡蔓藤。我国分布于浙江、江西、福建、台湾、广东、香港、澳门、海南、广西、湖南、贵州和云南。印度、缅甸、泰国、老挝、越南、马来西亚和印度尼西亚也有分布。常绿木质藤本，叶对生；叶片膜质，卵形、狭卵形或卵状披针形，全缘。聚伞圆锥花序顶生或生于分枝上部叶腋；花冠黄色至橙黄色，漏斗状。蒴果椭圆体形卵球状，基部宿存花萼。种子肾形。花期5~11月；果期7月至翌年3月。

全株有大毒，与洋金花、马钱子、羊角拗合称"香港四大毒草"，钩吻含有钩吻碱甲、乙、丙、丁、寅、卯、戊、辰等8种生物碱——钩吻素。钩吻素是一类效力极强的神经抑制剂，它们会抑制呼吸中枢和运动神经的工作，甚至会直接让心肌停止收缩。中毒后，心跳和呼吸会逐渐放缓，四肢肌肉也失去控制，最终因为呼吸系统麻痹而死亡。每年以广东、广西为主的南方地区都发生多起误食钩吻引起中毒死亡事件。他们都误把有毒的钩吻当成无毒的金银花采食，比如，喝下误用钩吻炮制药酒中毒，误用钩吻炖猪脚。金银花和钩吻差别很大。金银花（*Lonicera japonica*）又名忍冬，忍冬科忍冬属半常绿藤本。叶纸质，花冠两色，先白色，后变黄色，唇形，果实圆形。

"汝之砒霜，彼之蜜糖"，钩吻对人而言是剧毒，却可以用作兽医草药。在农村，钩吻被称作"猪人参"，少量喂食给猪，可以增加猪的食欲，

钩吻

促进它的生长，还能减少死亡率。

钩吻还有一个"亲戚"，官方叫作"常绿钩吻藤"的金钩吻，马钱科钩吻属，冬季无霜地区常绿藤本，鲜黄色漏斗状花冠芬芳美丽，又名"法国香水"，原产美国南部至中美洲，我国台湾、广东引种栽培用作园林植物，适合攀爬于棚架、栏杆、铁窗上。全株亦有毒，植物汁液可导致部分人的皮肤发生强烈的过敏反应，修剪整理时务必做好防护措施。

002 海杧果 *Cerbera manghas* 夹竹桃科 海杧果属

我国分布于台湾（南部）、广东（南部）、香港、澳门、海南和广西（南部）。日本、缅甸、泰国、老挝、越南、柬埔寨、马来西亚、印度尼西亚、太平洋岛屿和澳大利亚也有分布。

常绿乔木，多分枝，枝轮生，叶常集生于小枝的上部。叶厚纸质，窄倒卵状长圆形或倒卵状披针形，稀长圆形，侧脉每边有12~30条，平行伸出，在叶缘前网结。聚伞花序顶生，花冠白色，高脚碟

状，喉部淡红色。核果双生或单生，阔卵球形或圆球形，未成熟时呈绿色，成熟时呈橙黄色。花期3~10月；果期7月至翌年4月。

外果皮纤维质或木质，整个果实能漂浮于海面并在海水中保存一段时间而借助海流散布，这也是海岸林植物（比如椰子）传播种子的生存智慧。海杧果不是杧果，只是果实形似杧果。其实认真区分，差别也很大。海杧果开的花是白花，而且是一朵一朵的，结的果是橙黄色或红色的，果的形状是圆的；杧果开的花是灰色的，是一簇一簇的，果的形状是腰形的。

海杧果全株有毒，果实和种子更是有剧毒。全株含有强心苷，种子含乙酰黄花夹竹桃次苷乙、海杧果苷等；根皮和茎皮含有龙胆双糖基、黄花夹竹桃糖苷等；叶含17BH-夹竹桃叶灵、海杧果尼酸等化合物。少量即可以致死，误食引起恶心、呕吐、腹泻、全身冷汗、心跳减慢、呼吸困难，甚至死亡。因为果实像杧果，时有儿童误采食，广西每年都有不少儿童误食海杧果中毒事件。所以虽然海杧

海杧果

果叶大花多，树形优美，生命力强韧，适合种植在庭院观赏，亦被广泛栽植为行道园景树，但考虑到安全问题，还是作为园林海岸绿化植物，远离人群更可靠一些。海杧果生长在海滨湿地，是优良的海岸防护林树种。

003 夹竹桃 *Nerium indicum*   夹竹桃科 夹竹桃属

原产于亚洲西南部、非洲北部和欧洲南部，现世界热带、亚热带至温带地区广泛栽培并有归化。我国各地均有栽培，尤以南方为多。

常绿直立大灌木；叶3~4枚轮生，生于枝下部的常2枚对生；叶片窄椭圆形或窄披针形，基部楔形并下延至叶柄，叶下面有多数洼点，侧脉每边多达120条。聚伞花序顶生，花冠淡紫红色、粉色，栽培品种有白色或黄色，漏斗状；蓇葖果圆柱形；种子长圆形，顶端具有黄褐色绢质种毛。花期春至秋季；果期9月至翌年1月。

在我国南方地区，夹竹桃作为园林观赏植物和行道植物，常在公园、风景区、道路旁或河旁、湖旁周围栽培。夹竹桃不仅仅是因为美丽而栽种在道路两旁，而是它具有一种特殊技能——

白花夹竹桃

红花夹竹桃

对粉尘和烟尘有较强的吸附力,被誉为"绿色吸尘器"。

全株含有洋地黄毒苷元、夹竹桃苷元、乌沙苷元等化合物。汁液乳白色,有剧毒,误食后会出现流涎、恶心、呕吐、腹泻、呼吸急促等症状,或因心律失常而死亡。

夹竹桃家族庞大,颜值高,常作绿化观赏的还有黄花夹竹桃(*Thevetia peruviana*),黄花夹竹桃属,聚伞花序顶生,花大、黄色,有甜香,花冠亦为漏斗状,别名"酒杯花"。虽同属夹竹桃科,黄花夹竹桃和夹竹桃差别很大,黄花夹竹桃的叶是互生,而夹竹桃的叶子是轮生或对生,黄花夹竹桃的花萼三角形,夹竹桃的花萼披针形,种子差更远了,黄花夹竹桃的核果扁三角状球形,夹竹桃的种子长圆形。它们共同的特点就是夹竹桃科的毒性。黄花夹竹桃含多种强心苷,全株有毒,特别是种子、乳汁。中毒症状为口舌灼痛、恶心、腹泻、昏睡、瞳孔放大、心脏麻痹等。

004 海芋 *Alocasia macrorrhiza* 天南星科 海芋属

海芋

我国分布于浙江、江西、福建、台湾、广东、香港、澳门、海南、广西、湖南、湖北、贵州、云南和四川。孟加拉国、印度、越南、老挝、柬埔寨、马来西亚、菲律宾和印度尼西亚也有分布。

大型多年生草本,具匍匐根茎和直立的地上茎。叶片箭状卵形,边缘波状;佛焰苞下部筒状,粉绿色,上部稍弯曲呈舟形,黄绿色;肉穗花序短于佛焰苞,芳香,雌花部位圆柱形,白色;不育雄花部位在雌花部位之上,狭圆柱形,绿白色;能育雄花部位在不育雄花部位之上,长圆柱形,黄白色,花序顶部为附属器,淡黄色,表面有不规则槽纹。浆果卵球状,成熟时红色,一颗颗,一排排,珠圆玉润,红色鲜艳,实在诱人。

海芋有个好听的名字叫"滴水观音",这是因为海芋多生长在溪谷湿地或田边,环境湿度大,水滴会从阔大的叶片上往下滴水,以减少叶片的承重,而且其肉穗花序外裹绿色佛焰苞,如同观音坐像。海芋株型粗壮直立,叶片宽大舒展、翠绿清新,而且能净化空气,所以在南方地区,家里或单位均喜欢摆上一盆。但别忘了,天南星科的植物往往有毒,海芋也不例外。海芋也不是芋,其块茎不能食用。海芋全株含有青甙,嫩叶含有海韭菜甙和异海韭菜甙,鲜根茎含有结晶性海芋素和草酸钙等。茎毒性最大,皮肤接触其汁液会发生瘙痒或强烈刺激,眼睛与汁液接触可引起严重的结膜炎,甚至失明。误食茎叶会导致舌喉发痒、刺痛和肿胀、流涎、胃灼痛、恶心、呕吐、腹泻,严重者窒息,心脏麻痹而死。海芋的毒性又是它的医药价值所在,其根茎可供药用,当然得由专业人士炮制使用才能避其毒性而取其药性，普通人只能可远观而不可亵玩焉。

我们观察海芋，叶片上好像被人挖了孔似的，布满一个个圆洞，这是怎么回事？这是一种叫锚阿波萤叶甲的昆虫的杰作。每到傍晚，锚阿波萤叶甲爬上叶片，以自己的身体做圆规画出一个个直径约3厘米的标准圆圈。每个圆圈要精心地画三次。第一次仅仅在叶片表面上划出一条很浅的印痕，这不会引起海芋叶片的"警觉"；第二次画圆，将叶表皮外的角质层割裂；最后一次画圆，把圆圈上的叶脉切断，此时，海芋的毒素很难再通过断开的叶脉传输，锚阿波萤叶甲就可以大快朵颐了。其实海芋叶子被叶甲啃食后留下的圆洞，可以使海芋漏掉雨水，通风透气，这也是动物和植物共同进化的结果。它们在漫长的时间长河中，相互制约，共同进化，一起延续了后代。

005 羊角拗 *Strophanthus divaricatus*　　　夹竹桃科 羊角拗属

我国分布于福建、广东、香港、澳门、海南、广西、贵州和云南。老挝和越南也有分布。木质藤本，有时呈灌木状，除花冠外其余无毛。枝条密被灰白色皮孔。叶对生，叶片椭圆形、狭椭圆形、长圆形、倒披针形或倒卵形，侧脉每边4～9条。聚伞花序；苞片条形，花萼裂片条形，花冠黄色，两面均被柔毛或内面无毛，裂片先端骤缩并延长成一带状、长达10厘米的长尾，这黄色的长发宛如丝带般从树梢垂下，远远望去，整棵树都像是挂着彩带。细看之下，羊角拗5枚花裂片中央还有一层10枚舌状鳞片状黄白色副花冠。蓇葖果广叉开，椭圆状长圆形，顶端尖，基部膨大，像山羊的一对角，因此得名羊角拗。种子纺锤形，轮生着白色绢质种毛。果实成熟后，会从中间爆开，风起时，每一颗带着细长种毛的种子随风起舞，仙气飘飘。

羊角拗与洋金花、马钱子、钩吻合称"香港四大毒草"，夹竹桃科的特性明显，全株有毒，尤以种子毒性最强，误食会引起中毒甚至死亡。奇妙的是入药则作强心剂，其所含的羊角拗甙是治疗急性心脏衰竭的有效成分。在非洲人们会用种子做箭

羊角拗

毒来猎杀鸟兽。农业上也可用作杀虫剂，其茎部纤维可编织成绳索，种毛可作填充物。植物无对错之分，只是看人们如何区别应用。

006 黄蝉 *Allamanda schottii*　　　夹竹桃科 黄蝉属

原产巴西。世界热带和亚热带地区广泛栽培。我国台湾、福建、广东、香港、澳门、海南、广西和云南均有栽培。

直立灌木，叶轮生，椭圆形或倒卵状长圆形，叶面深绿色，叶背浅绿色；聚伞花序顶生，花冠橙黄色，漏斗状，花冠筒基部膨大，蒴果球形，密生长刺，种子扁平，具薄膜质边缘。金黄色的花朵如阳光般耀眼明亮，广泛种植于南方各地的公园、公共绿地、庭园及道路旁作观赏用。

黄蝉看似只有花瓣，没有花蕊，其实是它的小"心机"。膨大的花冠筒内藏雄蕊，花丝短，乍看根本看不见。深藏花药和柱头的秘密，是它的授粉

专门指定长舌蜂完成。长舌蜂的喙特别长，刚好能够到达花筒的底部，这也是自然界动植物共同进化的结果。

身为夹竹桃科家族成员，其全株有毒，植株乳汁最强，含环烯醚萜类、强心苷、木脂素类。人畜均可中毒，症状主要表现为呕吐、腹泻、恶心、心跳加快，循环系统和呼吸系统障碍。妊娠动物误食会流产。

黄蝉别名硬枝黄蝉，直立生长，顾名思义，它有一个喜欢躺赢的兄弟：软枝黄蝉（*Allamanda cathartica*）。软枝黄蝉为半直立灌木，蔓性藤本，枝条软弯垂，花朵比硬枝黄蝉的大，颜色要淡一些。软枝黄蝉的花朵也貌似没有花蕊，故名无心花。未开花时，黄色花蕾如同一个个即将羽化的

黄蝉

蝉蛹，这是它名字的来历，开花时，满树花朵如同金黄色的鸟儿俏立枝头，所以软枝黄蝉的别名叫黄莺。

007 马利筋 *Asclepias curassavica*   夹竹桃科 马利筋属

原产于热带美洲。现全球热带及亚热带地区有栽培。我国广东、香港、澳门、海南、广西、湖南、江西、台湾、福建、浙江、江苏、安徽、湖北、四川、贵州、云南、青海和西藏均有栽培或逸生。

多年生直立草本，全株有白色乳汁。叶对生，披针形至椭圆状披针形，聚伞花序顶生或腋生；花冠朱红色，裂片长圆形，反折，像小姑娘张开的裙子；副花冠生于合蕊冠上，5裂，金黄色，带有角状突起，立呈兜状。一簇簇的花看起来就像一群扎着金黄色小辫子的小姑娘掀起红裙，在空中旋转起舞。蓇葖果鹤嘴形，种子棕黑色，顶端具白色绢质种毛，蓇葖果成熟后裂开，种子便带着白色"降落伞"，乘风远行。如果在园林庭院中，我们看到穿着金黄色"花裙"的马利筋，那是"黄冠马利筋"，马利筋的栽培变种。

不要被马利筋的美貌迷惑，作为夹竹桃科家族的成员，妥妥地有毒。含多种牛角瓜强心苷、马利筋苷、异牛角瓜苷等。全株有毒，其白色乳汁毒性更大，接触皮肤或引发过敏症状，因为其高颜值，时有花艺师采用马利筋做花材导致过敏的新闻。误食后表现为头疼、恶心、呕吐、腹泻、烦躁、说胡话、四肢冰凉、脉搏不规则、瞳孔散大、对光不敏感、痉挛、昏迷、心跳停止，最后死亡。可以说，马利筋真的是仅供观赏、不可接触的"美人"。

马利筋

马利筋是很有名的蜜源植物，几乎全年开花，时有蜂蝶围绕，其英文名就叫 butterfly weed。在园林设计中，会穿插种植马利筋在其他植物之中，用它来招蜂引蝶，顺便为其他物种传粉，达成共赢。

第十四章 有毒植物

008 山菅 *Dianella ensifolia* 百合科 山菅兰属

又名山菅兰。

我国分布于浙江、江西、福建、台湾、广东、香港、澳门、海南、广西、贵州、云南和四川。日本、印度、斯里兰卡、孟加拉国、不丹、尼泊尔、缅甸、泰国、老挝、柬埔寨、越南、菲律宾、印度尼西亚、澳大利亚、太平洋诸岛和非洲马达加斯加也有分布。

多年生草本，具根状茎，地上茎直立，叶片革质，剑形或条状披针形。圆锥花序，花常多朵生于侧枝上端，花被片条状披针形，花朵细细碎碎，颜色多种，淡黄色、绿白色至淡紫色。浆果扁球形，蓝紫色，闪着金属光泽，蓝宝石般在路边绿草丛中熠熠生辉，引诱着徒步爬山的路人。但千万不要动心，伸手去摘。山菅全草有毒，家畜采食多量能中毒致死。山菅别名老鼠砒霜、山绞剪，捣取茎、叶

山菅

汁，将汁浸米，可毒杀老鼠。人误食其果会引起噎逆状，严重时因呼吸衰竭而死。

在公园庭院中，我们能观赏到山菅的栽培品种，叶子带着白边，就叫银边山菅，或银边山菅兰（*Dianella ensifolia* 'Marginata'）。

009 野漆 *Toxicodendron succedaneum* 漆树科 漆树属

我国分布于河北、山东、河南、安徽、江苏、浙江、江西、福建、台湾、广东、香港、澳门、海南、广西、湖南、湖北、贵州、云南、四川、甘肃、宁夏、陕西、青海和西藏。印度、泰国、柬埔寨、老挝、越南、日本和朝鲜半岛也有分布。

落叶乔木或小乔木，树皮暗褐色。奇数羽状复叶互生，常聚生于枝上部；小叶对生或近对生，叶片薄革质，狭长圆形、椭圆形、披针形或卵状披针形，沿主叶脉左右不对称。圆锥花序腋生，花瓣黄绿色，开花后反卷。核果圆形，略扁。花期3～6月；果期5～11月。

漆树全身都是宝，树干可割取漆液，生漆是一种良好的防腐防锈涂料，具有不易氧化、耐酸、耐醇、耐高温特点，可广泛用于房屋建筑、木器、船舶、机械设备等的涂料，还可用于制造海底电缆的绝缘材料和化工设备的防腐涂料。木材可作细工用材。果皮含蜡质，可制蜡烛、膏药和发蜡。

野漆树汁液含有漆酚，有些生漆过敏者接触皮肤后会出现过敏现象，表现为皮肤红肿、疼痒，甚至出现溃疡、感染现象，可涂抹抗组胺软膏来缓解症状，或者靠近火烤热皮肤，即可缓解痒肿现象。

野漆终年常绿，到了秋天满树绿叶中会出现少

野漆

数红色叶片，为四季不分明的南方增添几分秋色，是南方地区为数不多的色叶植物之一。

在沿海南方地区，野漆有个同名的兄弟——海漆（*Excoecaria agallocha*），其生长在潮间带的红树林，常绿乔木，在满眼翠绿中高举数片红叶的植物就是它。能以"漆"冠名，说明此物有毒，它牛奶般的乳汁具腐蚀性，触及皮肤会发炎，入眼可引起暂时失明甚至永久失明。海漆虽然与野漆一样有毒，但它们不是亲兄弟，海漆是大戟科海漆属。只要不触碰它，海漆的毒与你无关。海漆有速生、抗逆性强的优点，是防风固岸的重要树种。

113

010 牛茄子 *Solanum capsicoides* 茄科 茄属

原产巴西。现热带和亚热带地区广泛归化。我国江苏、浙江、江西、福建、台湾、广东、香港、海南、广西、贵州、四川和云南等地均有归化。

直立草本至半灌木。茎、分枝、叶柄、叶片（两面）、花梗和花萼均被多细胞长硬毛和针状皮刺，毛长4~6毫米，刺直或稍弯曲，淡黄色。叶互生，阔卵形，边缘3~7浅裂、半裂或深裂。聚伞花序腋外生，花冠白色。浆果扁球形，幼时淡绿色，成熟时橙黄色，果梗具直刺。

在户外爬山或徒步的时候，时常会有惊喜发现，在路旁荒地、灌木丛中、疏林荫处有种橙黄色的小"番茄"，小果圆溜溜，色彩鲜艳，惹人喜爱，但全身的锐刺警告你"别惹我"，其果实含有多种生物碱，含有颠茄碱、莨菪碱、托品碱等。未成熟的果实毒性大，误食后可出现头晕、吞咽困难、发热、血压升高、肌肉抽搐，甚至幻觉，严重者昏迷，可因呼吸麻痹而死亡。鉴于其神经毒性的特点，牛茄子又名颠茄。多一分是毒，减一分为药，其生物碱具有麻醉镇痛作用。

牛茄子

011 木曼陀罗 *Brugmansia arborea* 茄科 木曼陀罗属

原产热带美洲；中国南北方均有引种栽培。小乔木，高2米余。茎粗壮，上部分枝。叶卵状披针形、矩圆形或卵形，顶端渐尖或急尖，基部不对称楔形或宽楔形，全缘、微波状或有不规则缺刻状齿，花单生，俯垂，花梗长3~5厘米。花萼筒状，中部稍膨胀，花冠白色，脉纹绿色，长漏斗状，筒中部以下较细而向上渐扩大成喇叭状，浆果状蒴果，表面平滑，广卵状，长达6厘米。全株有毒，花与种子毒性最强，含东莨菪碱、莨菪碱等生物碱，误食容易引起中毒。

木曼陀罗与同属植物曼陀罗形态有所不同。曼陀罗（*Datura stramonium*）草本或半灌木状，叶与花和木本曼陀罗类似，唯一的区别是曼陀罗花冠的喇叭口向上，毒性类似，药用有镇痉、镇痛、麻醉的功效，据说外科圣手华佗的"麻痹散"的成分中就含有曼陀罗。其种子油可制肥皂和掺和油漆用。

木曼陀罗

第十五章　水源涵养植物

目前，国内对水源涵养内涵尚未形成统一的定义，但对水源涵养的研究内容不断丰富，研究对象从传统森林生态系统，不断延伸到草地、湿地、都市农业等其他生态系统。基于自然教育普适性推广角度考虑，本文主要从狭义的角度，对水源涵养、水源涵养林以及水源涵养林生态系统中具有水源涵养功能特性的代表性植物即水源涵养植物进行介绍。

一、水源涵养

水源涵养定义采用目前主流专业术语的话，通常指生态系统通过其特有的结构与水相互作用，对降水进行截留、渗透、蓄积，并通过蒸发实现对水流、水循环的调控的过程。简单讲，主要功能是在降水时集中收集储备降水，然后持续地稳定地缓慢地提供清洁水源。也可通俗理解为现代城市建设规划中海绵城市建设的海绵作用。民间俗语"山上栽满树，等于修水库""青山常在，绿水长流"，说的就是这个道理。

考虑到科普的通俗易懂性，在此，我们忽略对气候、水文、水土保持等多因素的考量，单以植物为主体来解读。水源涵养的内涵可以从空间维度理解，依次是树冠层、树下灌木草本植物层、地表上部植被及枯枝落叶层、土壤层、地下水层。

（一）树冠层

大气降水首先通过乔木树冠层，大部分降水接受树冠层的首次拦截缓冲，小部分降水则穿过树冠层直接降落至树冠下层空间，这两部分一起降落至树下灌木草本植物层，被称为穿透水；还有一部分会流经叶至枯枝至树干，顺流至地表上部植被及枯枝落叶层，被称为茎流水；极小部分降水会以水珠的形态被保持在树冠层枝叶表面，被称为截留水，截留水比较特殊，很少有机会能够降落到地面，大多被物理蒸发返回大气中。

（二）树下灌木草本植物层

大部分降水降落至树下灌木草本植物层后，接受第二次拦截缓冲。该部分降水会经历与树冠层相同的拦截缓冲，分成穿透水、茎流水和截留水，不同的是，该层由于阳光照射时间受限，截留水蒸发的时间周期会发生明显改变，也就是拦截缓冲时间更长。通常认为，该层空间大气中水汽含量更丰富，雨后常见水雾态局部湿润小气候。

经二次拦截缓冲后的降水，随同小部分直接穿过树下灌木草本植物层的降水，先后到达地表上部植被及枯枝落叶层，在此接受第三次拦截缓冲。

（三）地表上部植被及枯枝落叶层

地表上部植被主要为苔藓、地衣及矮小灌木等，枯枝落叶主要由植物组织枯死脱落后堆积而成，包括叶、枝、树皮、花、果实、种子等，通常该层上部是还未腐烂的落叶枯枝，下部是已腐烂的植物残体及其他发酵有机质，上部相对疏松。在地表上部植被及枯枝落叶层时，部分降水会被该层的枯枝落叶所吸收直至枯枝落叶吸收水分达到饱和，

115

部分降水再接受植被及枯枝落叶层的第三次拦截缓冲后落入土壤。

（四）土壤层

降水经过树冠层、树下灌木草本植物层、地表上部植被及枯枝落叶层的三次拦截缓冲后，大大削弱了降水对地表面的物理机械冲击力，从而起到保护土壤层的作用，土壤表层的泥沙、枯枝落叶腐殖质、土壤肥力物质亦不会被冲刷走并汇入地表径流造成水质浑浊、富营养化等水环境问题。这就是水源涵养净化水源的本质所在。

降水到达土壤层后，很大部分会被土壤内部孔隙贮存。尤其是优选的水源涵养植物区域，树下地表土壤层具有非常好的孔隙度，可以贮存大量的降水。据统计，单次降水总量的80%左右可以被土壤孔隙暂时保存。

由此可见，水源涵养植物与土壤的相互关系最为密切。

（五）地下水层

土壤孔隙达到饱和后，部分水分通过发达孔隙输出地表汇入河流湖泊，部分水分则继续下渗形成地下水层富集，甚至形成地下径流，通过地下径流通向大江大河，实现交汇。

不能被吸收或者下渗入土壤层的部分降水，将流经树下植被层及枯枝落叶层再次接受层层拦截缓冲后汇集至地表径流，最终进入河流湖泊系统。整个过程，强调的是拦截缓冲，总结来说，就是让降水抵达地面后"慢"下来。

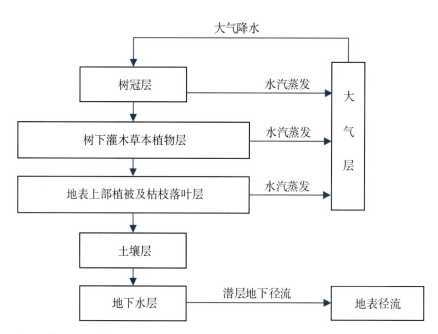

水源涵养水平衡示意图

第十五章 水源涵养植物

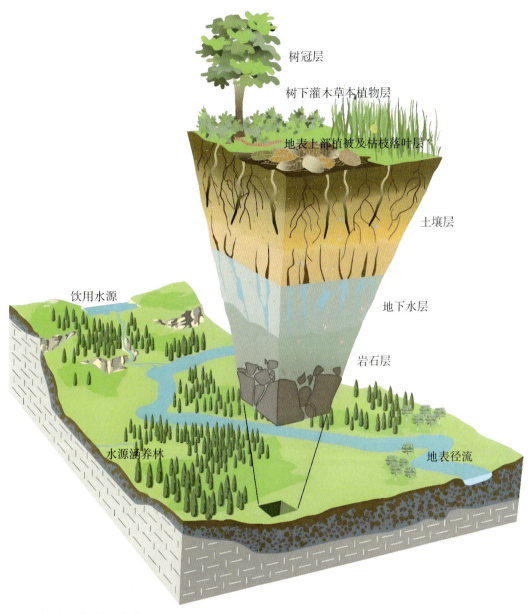

水源涵养林水涵养功能示意图

二、水源涵养林

水源涵养林是我国生态公益林建设中重要的森林类别,特指为了改善区域水文状况,调节水循环,防止河流、湖泊、水库淤塞以及保护饮用水水源为主要目的的森林、林木和灌木林。我国水源涵养林包含水源地保护林、河流和源头保护林、湖库保护林、冰川雪线维护林、绿洲水源林等,主要分布在河川湖泊上游的水源地,对拦蓄洪水、调节径流、供给水源、适应局部气候变化以及开发利用水资源具有重要意义的森林或者林地。

水源涵养林和水土保持林作为中国防护林的两个主要亚林种经常被混淆。水土保持林含护坡林、侵蚀沟防护林、林缘缓冲林、山帽林（山脊林）等，与水源涵养林在规划功能上存在区别，各自具有特定的林分结构和地理位置。

水源涵养林主要功能具体表现为截留贮存降水、缓和地表径流、改善河流湖泊水质、补给地下水、抑制土壤蒸发、调节地表径流量、涵养土壤水分等方面。例如1998年长江特大洪水事件，是继1953年以来又一次全流域的洪水灾害。很多报道称，主要原因在人祸。长江流域森林遭受乱砍滥伐，中下游围湖造田、乱占河道，长江上游大面积土壤裸露表层泥沙随雨水冲刷入河，河湖行洪道又遇堵塞不畅，短时间内暴雨无法被有效拦截缓冲直接汇入河流湖泊累积，导致水位瞬时暴涨，造成洪水泛滥。如此惨痛教训，一定不能让其再次出现。

近几十年来，在长江、黄河全流域，国家投入了大量的人力、物力构建水源涵养林，划定水源保护区，以期逐步恢复良性的流域水循环。深圳市部分饮用水源地（水库）集水范围也划定了水源涵养林。

三、水源涵养植物

结合水源涵养的特性，不是所有的植物都能成为涵养水源的高手，水源涵养植物需具备如下几个特性：

（一）发达的根系

植物根系通常呈现复杂的形态，具有发达的网状根系，可以使树下地表层土壤形成良好的孔隙度，在降水抵达土壤层时能够快速在孔隙间停留，由此具备强大的蓄水能力，可将大部分降水渗透到土壤中，避免水分迅速流失到地表径流，造成下游洪水灾害。

同时，植物根系自地面向地下生长时，可帮助水分往地下输送至地下水层中，形成地下水径流补给。尤其在缺水地区，常年饮用地下水，降水对地下径流的补给，亦是非常重要的水源补给。

（二）坚固的茎和树枝

大气降水很大部分会流经树叶至树枝，再经树干顺流而下至地面，即前面提及的茎流水。茎流水通过层层缓冲抵达地面时，机械冲刷力已大大降低，水流速度亦减缓，此时缓慢流速的茎流水更容易被地表上部植被层及枯枝落叶层吸收，落入土壤后亦有相对充裕的时间，逐渐填充至土壤空隙当中，使土壤的孔隙空间蓄水能力达到最大饱和状态。因此，植物的茎和树枝需要有一定的支撑强度和生长密度，以达到层层拦截缓冲作用，帮助降水落地后更多被拦截贮存。

（三）茂盛的叶片

植物叶片通过蒸腾作用促使水分逐渐从地下根系向上经树干、树枝及树冠叶片转移，进而蒸发到大气中，会再次形成雨水降落，由此形成局部的良性水循环系统。此循环过程可以净化水质。

那植物叶片跟水源涵养有何关系呢？在植物茂盛的树叶，或者说强大的叶表面积覆盖下，蒸腾作用是一方面，另一方面是遮阴锁水作用。茂盛的树叶形成大面积的树冠投影面覆盖，可以让树冠以下部分的截留水、枯枝落叶层吸收水分以及渗入土壤中的水分能够更少量、更缓慢地被二次蒸发损耗，达到贮存水分的目的。

（四）季节性的落叶

在选择水源涵养植物时，应持续保持土壤肥沃的特质，在选择代表树种时，会优先考虑在枯水期会落叶的植物类型（通常称落叶植物），但也有部分常绿植物也会随季节凋落部分叶子，如南方地区常见经冬不凋的松属植物。落叶、土壤与水源涵养之间存在着密切的关系。

1. **提高土壤肥力**：落叶中含有丰富的有机物质，如纤维素、半纤维素、木质素和蛋白质等。当落叶落到地面后，它们会逐渐分解，成为土壤有机质的一部分。这些有机质又为植物生长提供所需的营养物质，同时，落叶降解后会促进土壤微生物的活动。

2. **改善土壤结构**：落叶分解过程释放二氧化碳和水分，其中二氧化碳可以促进土壤微生物的活动，而水分则有助于土壤颗粒的结合，形成良好的土壤结构，有利于水分和空气的保持，为植物根系提供良好的生长环境。

3. **强化营养元素循环**：落叶分解过程中，其中的营养元素（如氮、磷、钾等）会被释放出来，进入土壤中，为植物生长提供营养。同时，这些营养元素也会随着植物的生长而循环，进一步促进生态系统的平衡。

4. **保持土壤水分（涵养水源）**：落叶吸收贮存水分，在缺水条件下为植物提供必要的水分，维持其生长。

5. **维护生物多样性**：落叶为土壤中的微生物和小型动物提供了栖息和食物来源，有助于生物多样性的维护。这些生物在土壤中起到分解有机物、促进养分循环等作用，即前面提到的提高土壤肥力。

四、水源涵养植物利用历史

中国自古以来，帝王将相、文人墨客都很重视植物利用。4000多年前轩辕黄帝种植柏树，现今仍屹立在黄帝陵轩辕庙。《孟子》记载："五亩之宅，树之以桑，五十者可以衣帛矣。"《史记·货殖列传》

古代官道两侧种植官树场景图

记载:"安邑千树枣;燕、秦千树栗;蜀、汉、江陵千树橘……此其人皆与千户侯等。"关于植物利用的记载不胜其数。

历史上,我国从周代开始就有官方种植行道树、在官道两侧栽种官树并设有属官专司管理的记载。秦代秦始皇提出"道广五十步,三丈而树,厚筑其外,隐以金椎,树以青松"来规定如何修建交通干道。唐代唐太宗李世民曾传旨:"驿道栽柳以荫行旅。"

自古以来,柳树备受偏爱,在历史上也被广为记载。清光绪二年(1876年),左宗棠率领湘军出征新疆时下令,沿途栽种行道树柳树40余万株,1880年左宗棠胜利东归时,沿途出现"连绵数千里,绿如帷幄",此景出现在新疆可谓是海市蜃楼。隋帝在开凿通济渠时在大堤两岸栽种垂柳,在大运河两岸种上柳树并御笔以己姓赐柳树姓"杨",此为"杨柳"一名由来。唐代柳州刺史柳宗元有《种柳戏题嘲》诗句"柳州柳刺史,种柳柳江边"描述其亲自种植柳树。北宋大文豪苏东坡时任杭州太守治理西湖筑长堤,并在堤上种植杨柳、芙蓉,便是如今的西湖八景之"苏堤春晓"。

古代利用水源涵养植物的唯美场景图

五、典型的水源涵养植物

结合城市公园与郊野公园常见植物种类，以及综合考虑国内常见水源涵养林发挥涵养功能的典型树种与森林生物多样性空间结构特征，本次选取乔木——幌伞枫作为典型代表树种（植物种类）进行重点介绍。

幌伞枫（*Heteropanax fragrans*），俗名五加通、大蛇药、心叶幌伞枫、狭叶幌伞枫，被子植物门木兰纲伞形目五加科幌伞枫属。国内于云南、广东、海南等地有分布。

幌伞枫常见于城市道路两侧行道树，抑或在城市公园园林植物群落中。其树冠高大排列整齐有序，仔细观察未经人工修剪痕迹的幌伞枫，枝叶分层垒叠明显，层次分明的树枝及枝叶像极了中国古代皇帝出游随行的伞盖，华丽且高贵，这一柄预示着皇帝至高无上地位的黄罗伞盖也为皇帝自动设置了定位。

幌伞枫除了整齐排列的枝叶造型酷似华盖，起到遮风挡雨的作用外，它的树枝枝干也是有规则生长，错落有致地排列组合，与现代的雨伞骨架十分相似。其次，幌伞枫的主干树皮纹很独特，呈细密深纵裂纹状，雨水可沿着树纹顺流而下，又会一路受到阻碍减缓流速，促使降水缓慢降落至地表层。

城市道路两侧行道树——幌伞枫及清十八世纪皇帝大驾卤簿五色龙盖（花盖）图

自然教育实务：植物 ZIRAN JIAOYU SHIWU ZHIWU

幌伞枫群落

幌伞枫的花

第十六章 寄生植物与附生植物

无论行走在山野的森林中,还是漫步在城市的公园里,只要拥有足够的耐心和细致的观察力,往往能于参天大树和落叶堆积的泥土之间,邂逅一些奇特的景观:棕色树干换上了绿色的毛衣,抑或缠绕着青色丝带;与树体的沧桑并不匹配的,娇嫩的花朵在林冠层露出笑脸;高处舒展的树枝上垂下了一丛丛晶莹透绿的胡须;枝丫间的鸟窝,或圆润且茂密,细看有枝又有叶,或向阳打开,翠色欲滴;脚下枯叶覆盖之地,有一枝花探出,又或是一群,开的寂寞,只见花,不见叶;竹木扎根处,一圈红色的小伞出没,却不是菌子,什么,居然是花?天地万物,俯仰之间,竟有这般大隐于市,低调又绝妙的存在,寄生植物和附生植物的魅力,只等有心人慢慢品味。

寄生植物需要扎根于其他植物,不仅住在此处,还需要吸收寄主植物的养分为生,不可独立生存,这种生死与共的关系,是生命体之间关联的深刻表达;附生植物借宿于其他植物、石头和墙上,自身就可以创造养分,不需要依靠其他植物的养分,仅仅通过空间共享,就可于方寸之间提高生命的浓度。

一、寄生植物

北宋诗人苏轼曾经写道:"我本海南民,寄生西蜀州。忽然跨海去,譬如事远游。"彼时,他在海南做官三年有余,忽然收到调令回京,留下了感触颇深的言语。苏轼将要离开之处并非出生地,却反而比故乡西蜀更为亲近,更加感伤和难舍,这是为什么呢?竟是应了《定风波》里那句"此心安处是吾乡"。在寄生植物的世界里,哪里出生原来不那么重要,如同诗人一番经历之后的领悟:只要能够扎根生长的地方,就是自己的家园和乐土,也是心之所在。多数情况下,这种寄生关系一旦定下,就意味着永不分离。

寄生植物一般都是双子叶植物,分布于12个科,比较重要的有桑寄生科、旋花科和列当科等。不同于能够自己提供养分的种子植物,寄生植物天生缺少叶绿素或者器官退化,以至于养分无法自给自足。作为植物界的寄生者,它们大多依赖于活的植物,如果寄主枯萎,它们也随之而去。叶绿素的缺乏,使得寄生植物摆脱了绿色的束缚,呈现出光怪陆离的各种色彩。

根据对寄主的依赖程度不同,寄生植物分成两类。一类是半寄生种子植物,它们拥有叶片,也就是自带叶绿素,可以正常进行光合作用,但是根退化,导管需要与寄主植物做直接的连接,由寄主植物提供水分和无机盐,如桑寄生和槲寄生。另一类是全寄生种子植物,它们没有叶片或者叶片退化,光合作用不能正常进行,导管和筛管都和寄主植物做直接的连接,从寄主植物获取全部或者大部分的水分和养分,如菟丝子、蛇菰、野菰等。

当然,它们也可以根据寄生部位的不同进行分类,同样分为两类。一是茎寄生,即寄生在植物地上的部分,如菟丝子和桑寄生;二是根寄生,是寄生在植物地下的部分,如蛇菰、野菰等。

001　红冬蛇菰　*Balanophora harlandii*　　蛇菰科 蛇菰属

在山上的树林或者竹林里很容易遇到一群红色或者红黄色的小矮人，它们的个头小，通常需要低头找寻，才能发现其存在。由于独特的长相和醒目的颜色，它们又被称为地红果、仙人头等，通常寄生在植物的侧根或者须根上，对于寄主的伤害较小。长得像红色小蘑菇的它们，实际是蛇菰科蛇菰属的草本植物，主要器官有根茎和花。

蛇菰科植物都有根状茎，外形像根，但不是根，而是在地下水平生长的根状茎，具有明显的节，节上有侧芽和不定根，前端有顶芽，起到输送植物体内养料的作用。在根状茎的加持下，蛇菰养成了一种神奇的技能——将宿主的维管组织诱导至自己体内，好像自己家中接入了别家水管，这样一来蛇菰就可以更好地获取养分。

红冬蛇菰为雌雄异花。雌花的花序有些像成熟的杨梅，表面聚集着一些密集又细小的颗粒；而雄花花序类似饱满的草莓，小头在上，大头在下，表面的大颗粒是一个个小花苞，大头的肩部一圈常常排列着小白花，增加了草莓立于奶油蛋糕上的既视感。有科学家观察到，它在花期，包括黑盾胡蜂和蜚蠊目在内的昆虫会前来造访，可能是潜在的传粉者。红冬蛇菰在花谢后变为黑炭状，化为泥土中的养分，滋养曾经的寄主，正是化作春泥更护花的真实写照。

002　野菰　*Aeginetia indica*　　列当科 野菰属

凭借着长得和兰花有几分相似，野菰的花轻松位列寄生植物中的高颜值小组。一年生草本植物。常常寄生在禾本科芒属或甘蔗属植物的根部，一支黄褐色的花茎独自矗立，可见紫红的条纹，路边偶遇，犹如禾草开花一般。顶上的花冠呈现出淡紫红色，边缘浅浅的裂开五片，就像盘子边缘增加了一圈片状装饰，并不影响盘子本身是一个整体。保护着花冠的花萼为紫红色、黄色或黄白色，并带有紫红色条纹。

野菰学名中的属名为*Aeginetia*，希腊语中的意思是猎枪，取自其刚开花的造型。直立的花茎，加上略微斜下垂的花冠，从平面上来看，与猎枪、曲柄拐棍、高尔夫球杆都有几分神似。管状的花冠，筒部宽，微微弯曲，在与花茎连接的下端收窄，像烟斗的造型，因此别名烟斗花。从花冠正面向里看，正中是膨大成盾状的淡黄色柱头，它的颜色来源于柱头表面发达的毛绒，恰似骏马的嘴张开露出耀眼的宝珠，马口含珠的别名由此而来。花冠分泌黏液，是它的另一个特色，花萼处的含量尤其多，这意味着水分储存量较大，是对干旱生态环境的适应。在南方的甘蔗林里，蔗农会对野菰进行清理，以减少其寄生对经济作物带来的影响。列当科还有一种植物名为假野菰，同样是寄生植物，白色花冠的形状和野菰很像，区别是花茎上一般有两朵或者多朵花。

蛇菰（雌花）　　野菰的花（拍摄地：广东南岭国家级自然保护区）

003 菟丝子 *Cuscuta chinensis* 旋花科 菟丝子属

茎是黄白色的，没有叶子，不含叶绿素，完全无法进行光合作用，是全寄生植物。种子中胚乳含量少，如果没有合适的发芽条件，可以进入4~5年的蛰伏期。表面柔弱的菟丝子其实是寄生植物中的狠角色，除了种子繁殖，还可以营养繁殖。茎秆折断了，能继续生长。冬天在寄主体内残留的植物体，翌年春季继续萌发。

研究表明，菟丝子可以通过感知自己喜欢的特定化合物，实现朝着宿主的方向生长；还可以选择周边对自己最有利的植物，一般是更强壮的，更适合自己的豆科植物，因此又被称为豆阎王。一旦与宿主确立寄生关系，菟丝子就会通过主动干枯的方式，使得植株的下半部分与土壤分离，俗名无根草由此而来。菟丝子的生命结束完全基于宿主生命的终结，尝试将菟丝子缠绕的茎从宿主身上取下来，很容易以失败告终，只要清理不干净，残留了哪怕一小段，它还会再生长。

对于农业而言，菟丝子的出现往往意味着灭顶之灾。被其侵扰的农田，会从一株植物被寄生开始，很快传至整片农田。当然，为了自己的存活，菟丝子会让寄主植物勉强存活，但是剩余的这点可怜的养分，并不足以支撑寄主植物产生优质后代，最终结果也许是颗粒无收，也许唯一能收获的是成百上千的菟丝子种子。

004 无根藤 *Cassytha filiformis* 樟科 无根藤属

叶子退化为鳞片，穗状花序，开白色小花，没有花梗，卵球形的果子成熟后为半透明的乳白色。缠绕性草本，很像菟丝子，茎为一条绿色或绿褐色的线型，嫩茎上还有短柔毛。即使没有寄主，种子也可以萌发，长出的根并不发达，主根一般退化，只有几条白色侧根，长出后一般不再增粗增长。幼苗一旦遇到寄主，立即右旋缠绕，茎与寄主紧密接触的部位，会产生许多吸盘，中央再发育出吸器，吸收寄主的水分和养分，作为自己的营养。无根藤茎的颜色揭示了其含有叶绿素，因此属于半寄生植物，只需要部分吸收养分。但是茎部纤维较多，不容易折断，因此无根藤的缠绕会影响寄主的光合作用，尤其对于树冠部分枝叶的缠绕和束缚，会造成落叶、树梢枯萎，严重的可能导致寄主整体枯萎。

无根藤

作为泛寄生植物的无根藤，对寄主的专一性不强。据不完全统计，南方地区的无根藤寄主已经超过了80种，包括一些经济作物，如油茶、茶树、柑橘等。无根藤全身可以药用，但由于其泛寄生性，如果是寄生在有毒植物身上，无根藤受其影响也有毒，不能入药。

005 寄生藤 *Dendrotrophe varians*   檀香科 寄生藤属

同样是一类寄生行为不容易被察觉的植物，靠深入寄生其他植物地下的根或茎，来吸取营养，又名入地寄生。寄生藤攀缘或者缠绕寄主的枝条是木质的，有纵条纹；嫩叶是温暖的橙红色，成长的过程中，慢慢褪去红色，变为黄绿色，最后转为有光泽的绿色。叶片有三条基出叶脉，质地偏厚重，前端圆钝，大小足以支撑其通过光合作用，为自身提供一部分能源，属于半寄生植物。雌雄异株，很少能见到两性花。雄花的花被有5个三角形裂片，看上去比叶片还要厚实。雄蕊生于裂片基部，和裂片数量相同，裂片中心是亮晶晶的花盘。绿豆大小的花三五成群聚集在叶腋，像可爱的黄绿色五角星。

雌花单朵生于叶腋，短圆柱状，花柱短小。两性花为卵形。卵形的果实比新鲜枸杞略大一些，顶端有像脐的凸起，是内拱形宿存花被，成熟时棕黄色至红褐色。

檀香科有一种叫作檀香的小乔木。檀香为大家熟知的功能是做礼佛的香料和雕像法器等。很难想象，它也是一种半寄生植物，是暗戳戳的掠夺者。它的根除了可直接从土壤中吸收营养外，也会靠吸器吸附在寄主植物的根上吸收现成的营养。檀香的寄主植物有近百种，而它们提供的营养会直接影响檀香的生长。如果不是寄生在合适的寄主植物身上，檀香会出现明显营养不良的特征，走向衰亡。

寄生藤

二、附生植物

1831年12月27日，一艘隶属于英国皇家海军的探测船"小猎犬号"从普利茅斯港启航，开始了为期五年的环球航行。这是一艘老式的横帆双桅小船，排水量只有235吨，而随船出航的查尔斯·达尔文，也只不过是长相平庸、学业不佳的大学生。谁也未曾想到，这艘小船上酝酿了30年后近代生物学史上石破天惊的进化论。

1832年4月9日，在里约热内卢东部美丽的泻湖海岸，达尔文这样记录道："离开海岸一阵子后，我们再度进入森林里。林木非常高耸，而且，由于树干很白，比欧洲的树木引人注目。我看到奇妙而美丽的开花寄生植物，它们是这些壮观景致中最新奇的东西"。但是很遗憾，伟大的博物学家达尔文犯了一个小小的错误，他观察到的这些生长在热带雨林树干上的兰花，并非寄生植物，而是本节的主角——附生植物。这些气生兰都属于附生植物，通过发达的气生根附着在大树上，并通过气生根的特殊构造从空气、雾气和雨水中吸收水分，也可以从周围少量的落叶、腐殖质和动物排泄物中获得营养。当然，这个小错误并没有妨碍达尔文对兰花的研究，在《物种起源》出版3年后，他出版了另一部重要著作《兰花的传粉》，补充证明了自然选择是生物进化的动力。

（一）凌空而生，择木而栖

一种植物借住在其他植物种类的生命体上，能够自己吸收水分、制造养分，两种生物虽紧密生活在一起，但彼此之间没有营养物质交流的这种生命现象，被称为附生，也叫作着生。

附生植物的种类比较丰富，从低等植物到高等植物都有，主要包括蕨类、地衣、苔藓等植物，也包括双子叶植物的杜鹃花科和苦苣苔科的植物，还有单子叶植物的兰科、天南星科和凤梨科植物等。据统计，全世界约有附生植物65科850属3万种，其中比较常见的有鸟巢蕨、松萝、蝴蝶兰、铁皮石斛、空气凤梨等。

它们附着在乔木、灌木或藤本植物的树干和枝杈上，就像给寄主披上一层厚厚的绿衣。特别是在空气湿度大、寄主表面腐殖质丰富的热带雨林里，有时一棵大树上附生的植物达数十种。当花开季节，这些附生植物鲜花怒放，绚丽多彩，四五月间，一串串一簇簇悬垂附生的花朵开满树枝，散发出宜人的馨香，犹如美丽的"空中花园"，这是热带雨林中常见的景观，令人流连忘返。

由于附生植物喜生长在高温多湿的地方，从赤道向北，随着纬度或者海拔升高，附生植物种类和数量都有减少的趋势。离开热带雨林，到了温带森林，乔木树干就显得干净许多，但除了南北两极外，世界各地几乎都能见到附生植物的踪迹，甚至在沙漠里也有它的踪迹，比如生长在墨西哥沙漠的空气凤梨。

（二）修炼秘籍，生存有道

附生植物为何不脚踏实地，偏要住在看上去远离水源和土壤的半空中树干和树冠层呢？在茂密的热带或亚热带潮湿森林中，植物之间的竞争是十分激烈的，为了争取来之不易的阳光和生长空间，附生植物只好成为空中隐士，迁居到高高的树上。为了弥补无法从地面获得水分与养分的缺憾，附生植物发展出截留空气中水分及养分的"五大招式"，在形态及生理上演化出一套适应空中生活的机制。

1. 虎爪定身：为了让自己牢牢地固定在树上，许多附生植物发展出了缠绕形状的根，如同抓手一样，将自己扣在树上，利用根的抓附作用来实现稳定。附生植物的根往往还有很强的吸收能力，在兰科附生植物中，风兰的根就在最外围形成了一层特殊的套状结构，称为根被，会让根呈现出灰绿色。虽然是一层细胞，却能在雨水流过树皮的缝隙时，快速吸收雨水与树皮中积聚的营养物质。更绝的是，有些兰科植物的根甚至完全取代了叶子，实现了一根多用，既能固定和吸收水分与营养物质，还能进行光合作用，为自己制造碳水化合物。

2. 双龙取水：除了用根获取营养物质，在美洲的热带雨林中，一些凤梨科的附生植物会用叶片来收集营养与水分。它们用自己的叶子聚成一个塔形，底部因为叶柄的交叠而被密封，中间则形成巨大的空洞来蓄积雨水。有种积水凤梨甚至能利用这个办法蓄积多达20升的水，堪称"空中水塔"。这些"水塔"除了收集自然降落的雨水外，还有因林冠淋溶作用而带来的养分。更妙的是，顶部开放的"水塔"也成为许多小动物的家园，它们活动、排泄而产生的物质，成为积水凤梨另外的营养来源。

植株巨大的鸟巢蕨、鹿角蕨等，根部会形成致密而交织的漏斗状或鸟巢状。这种构造便于收集腐殖质和堆积物，吸引蚂蚁筑巢，使木屑和树叶逐渐堆积形成腐殖质，以便植物体从这里取得水分和矿物质，创造良好的生存条件。

3. **吸星大法**：虽然附生植物在热带潮湿地区的种类更多，但干旱地区甚至荒漠并不是附生植物生存的禁区。对于不能扎根土地获取营养与水分的附生植物来说，致命的干旱也是可以破解的。一些空气凤梨进化出从空中雾气里收集水分的策略。它们的叶片外包裹着无数白色的鳞片，这些盾状的鳞片彼此交叠着，向四周张开，有雾或者空气湿度高时，水分就会被鳞片截留，从鳞片凹陷处被叶片吸收，完成水分补给。

4. **双剑合璧**：在降雨较少的区域，利用雨水来收集营养物质并不容易，于是某些附生植物发展出从空中固氮的能力。一种生长在美洲的空气凤梨，在没有任何降雨淋溶带来营养的热带沙漠中，也能附生在仙人掌上生活。甚至在人造物，比如光溜溜的电线杆上，都可见它们聚成一团、茁壮成长的身影。科学家们发现其体内有一种假单胞菌与之共生，这种假单胞菌能帮助它们捕获空气中的氮，从而获取氮肥。附生苔藓植物—蓝细菌联合共生体也具有生物固氮作用，它们为缺乏固氮植物的山地云雾林生态系统提供了相当数量的氮素。

5. **凌波微步**：附生植物如何成功地散播种子，保证后代在半空找到合适的住所呢？研究发现，它们几乎毫无例外地具有细小的可以靠风传播的孢子，或者果实里有适于动物、风力传播的种子。蕨类植物的孢子具有降落伞状的附着器，成熟之后，小伞随风飘向远方，随遇而安。凤梨科的许多种类结出浆果，一方面美味的果实吸引鸟类进食带走种子，另一方面具有黏性的果肉便于种子粘在树皮上，甚至在电线上，成功地萌发。

（三）起舞弄清影，何似在人间

和寄生植物不同，附生植物一般不会对居住的主体植物产生伤害。在环境湿度和主体表面腐殖质堆积类似的情况下，很多树上附生的植物，同样可以在岩石表面附生。部分附生植物成为不可缺少的园艺范本，通过人工的方式，在树木、岩石甚至栅栏上，为它们营造出专属的生存空间。某些珍稀品种，野外已难觅踪影，由于保护和重视，在植物园的温室中反而变得常见。在野外，尤其是热带雨林中，对于阳光和水分都很敏感的附生植物，在维持森林生态系统多样性方面具有重要意义，发挥着促进养分和水分循环的关键作用。

001 松萝 *Usnea diffracta* 　　　　　松萝科 松萝属

西南横断山脉的原始森林中，绝对不容错过的一种体验是微闭双眼，呼吸深山中的新鲜空气，感受身心的放松与空灵。慢慢抬眼，老树枝干上有灰绿色丝条悬垂而下，一丛一丛，指尖所及有柔软的毛绒感，镶着晶莹剔透的小水珠，又增加了丝丝冰凉的触感。这些胡须状的存在，带着一点点的弹性，稍微用力牵拉容易断开，被称为树胡须，或老君须。那是松萝科松萝属的长松萝，在植物学分类中属于地衣门，是真菌中的子囊菌和藻类中的绿藻共生而成，主要分布在海拔高、气候湿润、空气污染少的地方。长松萝的基部着生于树皮上；主轴单一，密密的生长着短而细小的侧枝，长大约1厘米；地衣体丝状下垂最长可达2米以上，被认为是世界上最长的地衣。

爱吃嫩叶、果实、竹笋的滇金丝猴，在冬天美食短缺的时候，会增加不受季节限定的食物摄入量，比如松萝。深圳的高山虽然没有发现松萝，但是一衣带水的香港海边，礁石上常着生松萝。

002 老人须 *Tillandsia usneoides* 凤梨科 铁兰属

又名松萝凤梨。属于空气凤梨中的一种。

多年生草本植物。叶面的银灰色是一层绒毛状鳞片，可以反射强烈的阳光，具有较强的耐干旱和日照属性。白天气温升高，叶子的毛鳞片会关闭，防止水分流失，保证光合作用所需；晚上气温降低，毛鳞片打开，吸收空气中的水，做好存储。在干旱的状态下，老人须的叶会出现非常明显的卷曲，以减少水分的消耗；而水分足够时，卷叶很快变得舒展。

大多数空气凤梨都没有根系，即使有也并不发达，也只是用于固定自身，并不能吸收水和养分。它的英文名 air plant，说明其不需要种在土壤里，也不需要长存于水中，偶尔喷水或者隔一段时间将其泡在水中再取出就能轻松养活。正因如此，它在炎热干燥的原产地，生活得奔放而随性，又被称为"风中之子""沙漠中自由行走的花"。

如此强大的空气凤梨，最不喜欢通风差的居所。适应了干爽环境，却无法应对水分过剩的问题，如果植株中央出现水分堆积，这些鲜活的生命就会很快逝去。空气凤梨一生只开一次花，结出籽实之后，母株的生命很快走向尽头，但会留下一些幼苗，新的生命旅程由此开启。

虽然和水果中的凤梨是亲戚，但是老人须的气质偏向松萝。学名中的种加词 *usneoides* 意思是"类似松萝的"，所以也叫松萝凤梨。悬挂在半空

老人须

时，无依无靠的老人须，银白色的叶片下垂且相互连接，弯曲又细长，类似粗犷的大胡须。它的英文名 spanish moss，据说就是源自其长得像西班牙人的大胡子。在中美洲等原产地，老人须会附生于树干上，也会着生于电线杆上。它那堆积起来可作帘幕的叶片，是鸟类筑巢的材料，也是鸟和蝙蝠等动物直接筑巢的基础，甚至曾经成为汽车坐垫的原材料。老人须的花朵小巧而清新，紫色的花萼，黄绿色的小花开三瓣，有着精致的淡香。

看上去不食人间烟火的老人须，内里透出顽强的生命力。它那清朗的色泽与随遇而安的淡然，成为快节奏都市生活的另一种救赎。

003 彩叶凤梨 *Neoregelia carolinae*

凤梨科 彩叶凤梨属

多年生常绿草本植物。积水凤梨亚科的植物，大多拥有螺旋状分布的叶片，质地比较硬挺，基部紧密排列，在植株中心围成小水塘，贮存水分，收集落叶，堆积养分，并为小型两栖动物提供生存空间。

彩叶凤梨，姹紫嫣红的叶片比花更有看点。莲座式排列的叶子边缘有锯齿，不仅中心层，下面多层均可积水。花序位于中心水塘的水面以下，蓝紫色小花具有凤梨科三枚花瓣的特征，在水面绽开，像水塘中嬉戏的几只小鸭子，甚是可爱。

同属植物（*Neoregelia* spp.）植株中央由叶片形成碗状空间能够积聚雨水，所以统称积水凤梨。在热带雨林中常常可以见到和蛙、蚊子的幼虫孑孓等将其视为居所。不同类型的昆虫和脊椎动物居住于此，为其提供了有机物，可以部分解决养分缺乏的问题。因此，积水凤梨被称为雨林旅馆。在南美的热带雨林中，箭毒蛙会选择积水凤梨的水塘来产卵和育儿。于是，科研人员借用它的水塘来繁殖箭毒蛙，开展科研活动。

积水凤梨的叶子纹路多变，有细条，有斑点，有的红到发紫，有的绿叶尖上含着桃色的跳色。这些变化多端的色彩使其成为园艺市场的宠儿。和空

彩叶凤梨

气凤梨一样,积水凤梨开花,也意味着生命的终点将至。而其基部萌发出的小植株,可以继续获得母株爱的养分,顺利成长,这就是无性繁殖,也叫营养繁殖。

004 巢蕨 *Asplenium nidus*   铁角蕨科 铁角蕨属

多年生草本植物。巢蕨通常附生在高高的树干上,叶片往中间聚集的状态,看起来特别像鸟巢,又名鸟巢蕨;又如绿色的皇冠,得名王冠蕨。它的根状茎短而直立;宽阔的叶片,边缘略带波浪,辐射状排列于根状茎顶部,中空的结构,可以承接雨水、枯枝落叶以及鸟类等动物排泄物,再将堆积的腐殖质,作为自身养分的重要来源,并为其他热带附生植物的定居创造适宜的条件。巢蕨的大团海绵状须根形成致密而交织的块状,能吸收和存储大量水分。有时候蚂蚁会在它们的根部安家,成为巢蕨获取营养的小助手,同时赶走一些前来侵扰的害虫。身为蕨类植物,巢蕨通过孢子进行繁殖。在叶子背面,中脉的两边,有沿着侧脉平行排列的棕褐色线条,那是孢子囊群。

漫步在南方的植物园中,阴生园或者蕨类园常常可见和巢蕨类似的两种植物:星蕨(*Microsorum punctatum*)和崖姜(*Drynaria coronans*)。它们的共同特点是叶簇生、叶柄粗壮,远远望去都像树上挂着的鸟巢。星蕨为水龙骨科星蕨属,它的区分点是,叶子侧脉不太明显,孢子囊群在叶背面如一个个小圆点不规则散落。崖姜为水龙骨科槲蕨属,它的区分点是,基部以上叶片为羽状深裂,再向上几乎深裂到叶轴,侧脉凸起明显,和侧脉几乎垂直的横脉上分布着如虚线一样排列的孢子囊群。

巢蕨和孢子囊群

005　二歧鹿角蕨　*Platycerium bifurcatum*　　水龙骨科 鹿角蕨属

一般附生于树杈分枝或树皮干裂等处。叶片二型。基部生长出来的不育叶，不带叶柄，下面厚实革质，上面略薄，贴生在树干上。这种叶片为圆形，基部心形，幼时浅粉绿色，长大后变为绿色，枯萎后转为褐色。即便枯萎了也会继续堆积，层层覆盖在根状茎上，形成有机质，储藏水分，保护其他附生其中的植物，或者居住其中的小动物与昆虫。能育叶，又叫繁殖叶，成对生长，不规则裂片如鹿角的形状，鹿角蕨因此而得名，因能育叶二回鹿角状分枝，所以叫二歧鹿角蕨。繁殖叶垂下的状态，很容易联想到一头鹿低头喝水的温柔与优雅。孢子囊厚厚的一层覆盖于能育叶的背面，一般位于第一次分叉的凹缺处以下。颜色逐渐由绿色变为黄褐色，是它们成熟的标志。我国原生鹿角蕨分布在云南的盈江县和周边地区，由于野生种类稀少，在1999年被列入《国家重点保护野生植物名录（第一批）》。它的孢子叶有二个或三个分叉，顶端还有分裂，看上去像展翅的蝴蝶停歇于树上，因此又名蝴蝶鹿角蕨。

二歧鹿角蕨二型叶和孢子囊群

006　石韦　*Pyrrosia lingua*　　水龙骨科 石韦属

草本。根状茎长长地横行排布在树干或者岩石上，就像是精巧纤细版的藤本植物。一片片绿叶整齐直立地生于茎上，学名的种加词lingua意思是舌头。其叶片就像片片绿舌头，立于树干和岩石上，七嘴八舌地诉说着对抗干旱的妙招。石韦的叶片背面绿色较浅，干旱时节，叶片反卷，颜

石韦和孢子囊群

色较淡的叶背可以更多地反射太阳光,减少水分蒸发。不只是石韦,很多植物都会采取这种方式应对高温和水分的缺乏。当然,实在酷暑赤炎到无以为继,石韦会选择直接让叶子枯萎掉落,最大限度减少对水分的损耗。一直等到湿润温和的季节,再借助根状茎的重生能力,萌发出新叶,从头再来。石韦的叶也是典型的二型。不育叶片接近长圆形或长圆披针形;能育叶通常远比不育叶长得高和窄,孢子囊群密密地覆盖在背面,成熟后变为砖红色。

007 鼓槌石斛 *Dendrobium chrysotoxum* 兰科 石斛属

国家二级保护植物。石斛属在全世界有近1600种,从炎热潮湿的低海拔区域到凉爽干燥的高海拔区域均有分布。属名 *Dendrobium* 源自希腊语中的 "dendron" 和 "bios",意思是"树上的生命"。这也就点出了石斛主要附生于树上的特点。而它的另外一个特点,就是各美其美的花,丰富的色彩蕴含了无尽的想象力,由内而外自带渐变色,多种撞色搭配的情况比比皆是。

石斛的根可以直接从空气中吸收水分,而肉质茎的每一节,都像一个自带的小水箱,使得原本水源并不充分的树上,用水得到了保障,变得宜居起来。烈日光照,石斛会产生大量的化合物,通过增加体液黏稠度来锁住水分。有些被采下的石斛,半年后还能开花,一年后还活着,都是得益于其茎中存储的水分和多糖类物质。一颗石斛的果实中可能有多达十几万粒种子,细如粉末的它们虽然可以轻松随风游走,但是不含胚乳,无法自己发芽。只有通过共生真菌的帮助,极少数幸运儿才能成功迈出发芽的第一步,创造生命延续的奇迹。

鼓槌石斛肉质的茎直立,茎上有明显凸起的棱,像鼓槌的形状,因此得名。作为兰科植物,鼓槌石斛的花也是立得住的招牌,主体暖融融的金黄色传递出丰收的讯息,唇瓣边缘是细碎流苏并略带波浪,唇盘中央"U"形浅栗色的斑块,使得颜色跳跃的花朵变得稳重起来,凝神细嗅淡香阵阵。在仙湖植物园的蝶谷幽兰,一进园子就可以遇上附生的鼓槌石斛。

近代以来,人类对包括野生石斛在内的野生兰花资源的过度采挖和使用,使得这些娇嫩又顽强的植物面临灭顶之灾。政府通过设立专门的科研中心等方式,对兰花类植物的研究保护力度不断加强。深圳市兰科植物保护研究中心,就是我们身边的国家体系专业力量。在兰花保护的科普与自然教育的道路上,越来越多的热心公众从不经意间的了解开始,到主动参与进来,一起扩大保护的范围和影响力。这些积极的变化,让我们又一次看到了那些美丽而脆弱生命的转机。

鼓槌石斛

三、古诗文中的寄生植物与附生植物

古人很早就认识到植物的寄生和附生现象，常见的例如松萝、桑寄生、菟丝子等，在《诗经》中往往用它们起兴，来比喻相互依附关系。

《小雅·頍弁》描写了一个贵族邀请他的兄弟、姻亲来宴饮作乐的场景，其中第二章写到"岂伊异人？兄弟匪他。茑与女萝，施于松柏。"所言"茑"则为桑寄生类植物，以吸收根伸入寄主维管束内吸取养分与水分，常见寄生在寄主的树干、树枝或枝梢上，远望有如鸟巢或草丛。而"女萝"即松萝。松萝"色青而细长，无杂蔓"，植物体基部固着在树木枝干上，其他部分亦仅附着其上，并未吸取树木养分，属于附生植物。

古人甚至很准确地认识到寄生和附生现象的差异。北宋宰相蔡元度是蔡京的弟弟、王安石的女婿，曾著《毛诗名物解》说明《小雅·頍弁》，他认为"茑"之施于松柏，是比喻异姓亲戚必须依赖周天子的俸禄之意，如同"茑"之寄生；而"女萝之施于松柏"，则比喻同姓亲戚只需依附周王，因松萝是附生植物，自营生活，不像茑必须靠吸取寄主养分而存活。

《鄘风·桑中》是一首描写男女约会的情诗，写道"爰采唐矣？沫之乡矣。云谁之思？美孟姜矣。"《尔雅·释草》解释道："唐，蒙，女萝；女萝，菟丝"。当然"女萝"和"菟丝"是否为同一植物，容后再论，但是古人已经认识到菟丝子这种藤蔓状的寄生植物，它是常用中药材，"汁去面䵟"，菟丝汁液可用来去除脸上的黑色素，为古代的"美白"材料，也是滋养性强身健体的药，所谓"久服明目，轻身延年"。菟丝子攀附在其他植物体上，本身无叶绿素，必须以吸收根伸入其他植物的维管束中吸收水分及养分，无法脱离寄主自立。

在中国古诗词中我们还可以看到大量的诗句，例如《楚辞·九歌·山鬼》的"被薜荔兮带女萝"；《古诗十九首·冉冉孤生竹》中"与君为新婚，菟丝附女萝"；李白《古意》的"君为女萝草，妾作菟丝花"；杜甫《佳人》的"牵萝补茅屋"……和红豆与相思一样，寄生和附生植物也成为一种经典的中国古典文学意象。

第十七章 兰花

一、什么是兰花

我们经常会听到很多植物的中文名里面带"兰"字,比如君子兰、蜘蛛兰、剑兰、球兰、玉兰、鹤望兰、米仔兰、葱兰、铃兰等。这些都是兰花吗?从植物分类角度来看,所谓兰花指的是兰科植物。兰科是高等植物里的大科之一,按照最新数据来看兰科下面约有800个属,超过30000个原生种。而之前提到的那些带兰字的植物,全部都不属于兰科,所以从植物分类来讲它们不是兰花。

二、兰花有哪些特征

尽管兰花的种类多,但是它们仍然属于高等植物,我们按照植物形态来认识兰花。

根:兰花的根是肉质根,主要有地下的侧生根和地上的气生根两种,从假鳞茎、根状茎、块茎和茎发出,可吸收土壤或空气中的水分和矿物质供生长需要。另外,大多数兰花的根会和真菌共生形成菌根。

茎:兰花的茎可分为根状茎、假鳞茎和块茎。根状茎是指横向在地下或贴生在树干以及石头上生长的圆柱形的茎,可以不断长出新芽和花。假鳞茎是地上部分挨着地面一段肥大的茎,一般表面光滑且具纵棱槽。块茎是肉质膨大的地下茎,形状大小依据不同的种而不同。

叶:兰花的叶有1至数枚,纸质、肉质或革质,互生或偶有对生,叶形多样,具平行脉,叶缘全缘,先端锐尖或微缺,基部通常有叶鞘。在热带雨林环境中的兰花其叶片一般较厚,表面有一层蜡质,防止水分蒸发;而在温带环境中的兰花尤其是地生兰,其叶片纤细、薄,具观赏性,具有较高观赏性的线艺品种多出自于此。

花:绝大多数兰科植物的花都是左右对称,但是拟兰属的花呈近辐射对称。兰科植物的花被6片,2轮;外层3片为花萼,包括1枚中萼片和2枚侧萼片;内层2枚花瓣位于左右斜上方以及1枚唇瓣于下方,中间是合蕊柱。整个花呈左右对称。拟兰属的花唇瓣上的斑纹与花瓣相差不大,所以整体看起来花是呈近辐射对称。

兰花的唇瓣具有高度特化的结构,主要功能是供访花的昆虫停歇以及引诱或欺骗。它们有的是纵向凸起,具有斑点,形成不同的图案;有的模拟昆虫的雌性或雄性形态、食物来源、栖息地、产卵地等,甚至蜜腺分泌类似同类昆虫的信息素气味,以吸引同类来交配从而实现帮助传粉。唇瓣在兰花的欺骗性诱导传粉中起着重要的作用。有些兰花侧萼片合生呈兜状,比如兜兰属和杓兰属,也是为了吸引昆虫访花。

兰花的雌蕊和雄蕊合生在一起呈柱状,称为合蕊柱。除了兰科植物外,其他所有高等植物的花其雄蕊和雌蕊是分开的。当一朵花有花托、花萼、花瓣、雄蕊、雌蕊、子房等结构,这种花称为完全花。有些花除了有花托、花萼、花瓣外,只有雄蕊或只有雌蕊和子房的,称为单性花;有雄蕊的为雄花,有雌蕊和子房的为雌花。有些植物的花其花序中有部分花是雄蕊退化雌蕊正常或雌蕊退化雄蕊正

典型兰花花结构

常,这些是为了避免自花授粉,避免后代退化、适应性更强,比如楝叶吴茱萸。兰科植物中除了拟兰属(Apostasia)和三蕊兰属(Neuwiedia)共约14种,其花雄蕊和雌蕊没有合生,没有合蕊柱,其他的都有合蕊柱。所以,可以说合蕊柱是兰花的"身份证"。

兰花的花粉黏合呈团状,称为花粉团;花粉团有一部分变态而呈柄状,起连接作用,称为花粉团柄。柱头组织一部分细胞发育的呈柄状结构,用于连接黏盘和花粉团柄或花粉团的,称为黏盘柄。而在花粉团柄或黏盘柄末端有一个盘状黏块,包藏于蕊喙或镶嵌于蕊喙中,起到黏附昆虫作用的结构称为黏盘。花粉团、花粉团柄、黏盘柄、黏盘合在一起,就是花粉块。

因为花粉全部集中在花粉块里,所以每一朵兰花只有1次传粉机会,因为花粉块比花粉要重得多,所以无法靠风力来传粉,只能是借助昆虫来传粉。那么兰花是靠怎样的策略来吸引昆虫为其传粉的呢。前面提到过兰花的唇瓣高度特化,靠拟态或释放信息素气味来吸引昆虫访花帮助传粉。还有一些兰花花距很长,蜜腺在距底部,需要靠特定昆虫访花采蜜以便帮助传粉。著名的达尔文猜想就是一个典型的例子。1862年,达尔文收到一份来自马达加斯加的兰花标本——大彗星兰(Angraecum sesquipedale),它的6枚花被片辐射排列呈星状,花距长达29厘米,仅底部3.8毫米处有花蜜。当时达尔文大胆猜想:"在马达加斯加岛上一定生活着一种口器(喙)很长的蛾子,其口器的长度足以够得着藏在花距末端的花蜜。"这一猜想遭到昆虫学家的质疑。但是在1903年,达尔文去世21年后,人们在马达加斯加岛上找到了这种口器很长的蛾类——马岛长喙天蛾(Xanthopan morganii)。这便是著名的达尔文猜想,大彗星兰因此也被称为"达尔文兰"。长喙天蛾的口器有26厘米,当它停在大彗星兰唇瓣上吸食花蜜时,头部刚好撞在合蕊柱顶端的花药上,打开药帽,拖出花粉块,花粉块底部黏盘紧紧黏在长喙天蛾身上,当它访问下一朵花时,就将花粉块带到合蕊柱的柱头腔里,这样就完成了一次授粉。大彗星兰与长喙天蛾专属合作,协同进化。

果:兰花的蒴果通常具有棱,纵裂,两端闭合。兰花的种子因为没有胚乳,所以体积很小,一个果内含有成千上万粒种子。因为种子不含胚乳,无法为种子萌发提供营养，必须与菌根真菌共生才能获取萌发需要的营养，而在自然界中兰花的种子碰到真菌的概率非常小，所以兰花种子自然萌发的概率非常低。园艺上针对兰花种子萌发专门研究出了人工培养基以解决兰花种子萌发营养的问题，使得兰花大规模人工育苗得以实现，解决了兰花种子萌发率低的问题，大大推动了兰花产业。

尽管花粉块和菌根不是兰科植物独有，但是植物学家通过合蕊柱、花粉块和菌根等特征来判断这种植物是否属于兰科植物。

三、兰花有哪些类别

按照生长环境和营养获取方式，兰花分为地生兰、附生兰和腐生兰。国人最熟悉的国兰指的是春兰、建兰、墨兰、寒兰等，这些兰花长在地上，它们的花颜色偏绿色较多，气味幽香，属于地生兰。在我国南方热带雨林，华南亚热带地区，仍然有很多兰花长在树上或石头上，它们的花艳丽，比如广东隔距兰、广东石豆兰等，它们属于附生兰。还有一些兰花，我们平时看不到它们的植株，直到开花时才可以看见，它们有类似土豆的地下茎，不含叶绿素，无法进行光合作用，只能靠吸收真菌菌丝的营养供自己生长，它们是腐生兰，比如天麻、白及等。很显然仅仅按照生长环境和营养获取方式对兰花进行分类是不完全的，近年来随着基因组学和生物信息学的发展，植物学家对兰科植物系统发育的研究有了很大提升，兰科被分为5个亚科（拟兰亚科 Apostasioideae、香荚兰亚科 Vanilloideae、杓兰亚科 Cypripedioideae、树兰亚科 Epidendroideae、兰亚科 Orchidoideae）基本被确定，但是在属的界定和归属问题上，不同学者有不同观点。这里不做详细介绍。

四、兰花的繁殖

兰科作为高等植物的大科之一，其下物种数量接近30000种，广布全球，除了南北极和少数极端沙漠地区外，世界各地都能见到它的身影。它们是怎样繁殖以保证种族延续的呢？

（一）有性繁殖

高等植物通过开花，传粉，结果，果实里面的种子萌发长成幼苗，这一过程称为有性繁殖。有性繁殖是高等植物繁殖的主要方式之一，它不仅能保证种族的延续，同时不同环境下的父母亲本各自贡献一半的基因组成新的后代个体，其适应性大大加强。兰花种子不含胚乳，但是在极小概率的情况下能遇到菌根真菌与其共生，种子得以萌发。现在园艺上有针对兰花种子萌发需要菌根真菌提供营养的培养基能够提高兰花种子萌发率，可以使得兰花在人工条件下大量繁殖，并可以使部分珍稀濒危兰花通过人工扩繁回归自然。深圳的紫纹兜兰野外回归项目是一个很好的例子。

（二）无性繁殖

无性繁殖是指植物不经过开花传粉等有性生殖过程而繁殖个体。现代园艺中通常通过分株、扦插、压条等技术来对植物进行无性繁殖。在自然条件下，兰花会通过高芽或珠芽繁殖。高芽就是假鳞茎节上长出带根的新芽，或者是花梗上长出高芽，这些都能长出新的个体，用于种植。珠芽指植物叶或茎节上长出体型肥大、内包含养料、落地能长出新个体的芽，也叫小鳞茎。在园艺中可以通过分株分盆以及扦插的方法进行繁殖。我们经常在野外看到的成片的石豆兰、石仙桃等都是这些兰花自然条件下无性繁殖的结果。

因为种子繁殖不易，无性繁殖速度慢，所以成片的兰花是大自然给人类的礼物，我们需要珍惜和爱护它们，而不是看到就拔了吃掉。长此以往，我们便无法在自然界中看到它们美丽的身影。

五、华南常见兰花介绍

001 紫纹兜兰 *Paphiopedilum purpuratum* 兰科 兜兰属

分布于福建、广东、香港、海南、广西和云南。越南也有分布。地生植物。叶片狭椭圆形或长圆状椭圆形，先端急尖并具3小齿，正面绿色，背面明显或模糊地具深绿和浅绿相间的网格斑纹。花葶直立或近直立，紫色；花单生；中萼片宽卵形，边缘具细缘毛，具紫栗色粗脉；花瓣近长圆形，紫栗色，有暗紫色脉；唇瓣盔状，紫栗色，囊卵形。花期11月至翌年1月。国家一级保护野生植物。按照《国家重点保护野生植物名录》，兜兰属除带叶兜兰（*Paphiopedilum hirsutissimum*）和硬叶兜兰（*Paphiopedilum micranthum*）为国家二级保护植物外，其他种均为一级保护植物。请珍惜我们在野外见到它们身影的机会，保护和爱护它们。

紫纹兜兰

002 深圳拟兰 *Apostasia shenzhenica* 兰科 拟兰属

分布于广东深圳、阳江。矮小半灌木状草本。根状茎长并具细根，细根上有卵球形块根。茎纤细，稍木质化，单歧分枝。叶卵形或卵状披针形。圆锥花序从茎或分枝顶端发出，斜向下方生长；花苞片卵形；花浅绿黄色。蒴果圆筒形，绿色。花期5~6月。

003 深圳香荚兰 *Vanilla shenzhenica* 兰科 香荚兰属

分布于广东南部和香港。草质攀缘藤本。茎具分枝。叶肉质，椭圆形，深绿色。总状花序从叶腋抽出；花苞片卵圆形，肉质；花淡黄绿色；唇瓣筒状，紫红色，具白色附属物，不具香味。花期2~3月。国家二级保护野生植物。

深圳香荚兰

004　绶草　*Spiranthes sinensis*　　　兰科 绶草属

分布于全国各地。俄罗斯（西伯利亚）、蒙古、朝鲜半岛、日本、阿富汗、克什米尔地区、不丹、印度、缅甸、泰国、越南、菲律宾、马来西亚和澳大利亚也有分布。草本，株高10～30厘米。肉质根2～6条，簇生于茎基部。茎较短，近基部生2～5枚叶。叶片宽条形或宽条状披针形。总状花序直立，无毛。小花呈紧密螺旋状排列于花序轴上，紫红色或粉红色，罕见白色。花期4～8月。绶草是华南地区草坪三宝之一，在人工草坪、堤坝护坡常见，偶遇时给人一种小清新的感觉。

绶草

005　鹅毛玉凤花　*Habenaria dentata*　　　兰科 玉凤花属

分布于安徽、江西、福建、台湾、广东、海南、广西、湖南、湖北、贵州、四川、云南和西藏。日本、尼泊尔、印度、缅甸、泰国、越南、老挝和柬埔寨也有分布。草本。茎粗壮，直立，圆柱形，具3～5枚疏生叶，叶之上具数枚苞片状叶。叶片长圆形至长椭圆形。总状花序，具多朵花，花序轴无毛；花白色，萼片和花瓣边缘具缘毛。花期8～10月。

006　橙黄玉凤花　*Habenaria rhodocheila*　　　兰科 玉凤花属

分布于江西、福建、广东、香港、海南、广西、湖南和贵州。泰国、越南、老挝、柬埔寨、马来西亚和菲律宾也有分布。草本。肉质块茎，长圆形；茎粗壮，直立，上方具苞片状叶；叶片条状披针形。总状花序于茎顶端；萼片和花瓣均为绿色，唇瓣橙黄色、橙红色，向前伸展，4裂；距细筒状，污黄色，下垂。蒴果纺锤形，先端具喙。花期7～8月；果期10～11月。

橙黄玉凤花

007 线柱兰 *Zeuxine strateumatica* 兰科 线柱兰属

分布于福建、台湾、广东、香港、海南、广西、云南、四川和湖北。日本、印度、阿富汗、克什米尔地区、缅甸、泰国、越南、老挝、柬埔寨、马来西亚、斯里兰卡、菲律宾、印度尼西亚和巴布亚新几内亚也有分布。草本。根状茎短，匍匐。茎直立或近直立。叶淡褐色，叶片条形至条状披针形。总状花序；花苞片卵状披针形，红褐色，长于花。花小，白色或黄白色；中萼片与花瓣黏合呈兜状；唇瓣肉质或较薄，舟状，淡黄色或黄色。花期1~6月。线柱兰是华南地区草坪三宝之一，人工草坪常见，但是植株都很矮小，与草坪草长在一起不容易区分，开花时也不容易发现，但是发现一株后在周围可能会发现一片，令人惊喜。

线柱兰

008 金线兰 *Anoectochilus roxburghii* 兰科 金线兰属

分布于浙江、江西、福建、广东、海南、广西、湖南、四川、云南和西藏（东南部）。日本、印度、不丹、尼泊尔、孟加拉国、泰国、老挝和越南也有分布。草本。根状茎匍匐，肉质，具节。茎直立，圆柱形。叶片卵圆形或卵形，背面淡紫红色，正面暗紫色或黑紫色，具网状斑纹。总状花序，花苞片淡红色；花白色或淡红色，唇瓣位于上方。花期8~12月。

金线兰

009 高斑叶兰 *Goodyera procera* 兰科 斑叶兰属

分布于安徽、浙江、福建、台湾、广东、香港、海南、广西、贵州、云南、四川（西部和南部）和西藏（东南部）。日本、印度、斯里兰卡、尼泊尔、不丹、孟加拉国、缅甸、泰国、柬埔寨、越南、老挝、菲律宾和印度尼西亚也有分布。草本。根状茎具节。茎直立，无毛。叶柄基部扩大成抱茎的鞘；叶片长圆形或狭椭圆形。总状花序具多数密生小花，呈穗状，花序轴被毛；花白色带淡绿色，芳香，不偏向一侧。花期3~5月。

高斑叶兰

010　寄树兰　*Robiquetia succisa*

兰科 寄树兰属

分布于福建、广东、香港、海南、广西和云南。不丹、印度（东北部）、缅甸、泰国、老挝、柬埔寨和越南也有分布。茎坚硬，圆柱形具节，节上生根。叶片长圆形至椭圆形，先端近截形或2裂并具缺刻。圆锥花序与叶对生，比叶长；萼片和花瓣淡黄色或黄绿色，唇瓣白色，3裂。花期6～9月；果期7～11月。

寄树兰

011　广东隔距兰　*Cleisostoma simondii*

兰科 隔距兰属

分布于福建、广东、香港、澳门和海南。草本。茎细圆柱形，通常有分枝。叶片肉质，细圆柱形。总状花序侧生，比叶长；花近肉质，黄绿色带紫红色脉纹；萼片和花瓣稍反折，唇瓣3裂，距四方状圆锥形。花期5～12月。

广东隔距兰

012　美冠兰　*Eulophia graminea*

兰科 美冠兰属

分布于台湾、广东、香港、澳门、海南、广西、贵州和云南。日本、尼泊尔、印度、斯里兰卡、缅甸、泰国、越南、老挝、马来西亚、新加坡和印度尼西亚也有分布。自养植物。草本。假鳞茎卵球形、圆锥形、近球形，直立，绿色，有时多个假鳞茎聚生成簇。叶通常在花全部凋萎后发出，叶片条形或条状披针形。总状花序侧生，直立；花橄榄绿色，唇瓣白色，具淡紫红色的褶片，3裂。蒴果下垂，椭圆形。花期4～5月；果期5～6月。美冠兰为华南地区草坪三宝之一，人工草坪和绿篱常见，由于先花后叶，所以比较容易被发现，人工草坪长出野生兰花，给人惊喜。

美冠兰

013　墨兰　*Cymbidium sinense*　　　兰科 兰属

分布于安徽（南部）、江西（南部）、福建、台湾、广东、香港、澳门、海南、广西、贵州（西南部）、四川和云南。日本、印度、缅甸、泰国和越南也有分布。地生草本。假鳞茎卵球形，包藏于叶基部鞘内。叶片带形，薄革质，深绿色。花序从假鳞茎基部发出；花有较浓的香味，萼片和花瓣均为暗紫色或紫褐色并具深紫褐色脉纹，也有黄绿色、桃红色或白色，唇瓣颜色较浅，具斑纹。蒴果狭椭圆形。花期10月至翌年3月。墨兰具有很高的观赏价值，在我国已有近千年的栽培历史，但仍然是当今最受欢迎的花卉之一。

墨兰

014　竹叶兰　*Arundina graminifolia*　　　兰科 竹叶兰属

分布于浙江、江西、福建、台湾、广东、香港、澳门、海南、广西、湖南（南部）、贵州、四川（南部）、云南（东南部）和西藏（东南部）。日本（南部）、尼泊尔、不丹、印度、斯里兰卡、缅甸、泰国、越南、老挝、柬埔寨、马来西亚和印度尼西亚也有分布，在太平洋诸岛屿和美洲热带有引种并有归化。草本。茎直立，细竹秆状，通常为叶鞘所包。叶片条状披针形，薄革质或坚纸质。花序总状或圆锥状。花粉红色、淡紫色或白色；唇瓣3裂，侧裂片围抱合蕊柱，中裂片近方形。蒴果长圆形。花果期主要为9～12月，但翌年1～6月也有少量开花和结果。

竹叶兰

015　香港带唇兰　*Tainia hongkongensis*　　　兰科 带唇兰属

分布于福建、广东和香港。越南也有分布。草本。假鳞茎卵球形，幼时有鞘，顶生1枚叶。叶片长椭圆形，具折扇状脉。花序出自假鳞茎基部，直立；花黄绿色带紫褐色斑点和条纹；唇瓣白色带黄绿色条纹。花期3～5月。

香港带唇兰

016 苞舌兰 *Spathoglottis pubescens*　　　兰科 苞舌兰属

分布于浙江、江西、福建、广东、香港、澳门、广西、湖南、贵州、四川和云南。印度（东北部）、缅甸、泰国、柬埔寨、越南和老挝也有分布。草本。假鳞茎扁球形，有革质鳞片状鞘。叶片带状或狭披针形。总状花序密被柔毛；花黄色；唇瓣与花瓣近等长，3裂。花期7~10月。

苞舌兰

017 鹤顶兰 *Phaius tancarvilleae*　　　兰科 鹤顶兰属

分布于福建、台湾、广东、香港、澳门、海南、广西、云南和西藏（东南部）。广布于亚洲热带和亚热带地区以及大洋洲。草本，株高1~2米。假鳞茎圆锥形，具鞘。叶互生，叶片长椭圆形至披针形。总状花序从假鳞茎基部或叶腋发出，直立；花较大，美丽；花萼片和花瓣背面白色，内面暗赭色或棕色；唇瓣贴生于合蕊柱基部，围抱合蕊柱呈喇叭状；距细圆柱形。花期3~6月。

鹤顶兰

018 芳香石豆兰 *Bulbophyllum ambrosia* 兰科 石豆兰属

分布于福建、广东、香港、海南、广西和云南。越南也有分布。草本。根状茎圆柱形，被覆瓦状排列的鳞片状鞘。根成束从假鳞茎基部长出。假鳞茎圆柱形，直立或稍弧曲上举，顶生1枚叶。叶片革质，长圆形。花序出自假鳞茎基部，直立，顶生1朵花；花稍俯垂，具浓香气，淡黄带浅紫色；萼片具紫色条状斑纹；唇瓣中部以下对折。花期2～5月。

芳香石豆兰

019 石仙桃 *Pholidota chinensis* 兰科 石仙桃属

分布于浙江、福建、广东、香港、澳门、海南、广西、贵州、云南和西藏。越南和缅甸也有分布。根状茎通常较粗壮，匍匐，具较多节和根；假鳞茎上生2枚叶，叶片倒卵状椭圆形、倒披针状椭圆形至近长圆形，具3条明显的脉。总状花序生于幼嫩假鳞茎顶端；花序轴稍左右曲折；花白色或带浅黄色。蒴果倒卵状椭圆形，有6棱，其中3个棱上有狭翅。花期3～5月；果期9月至翌年1月。石仙桃通常在野外溪边岩石上成片生长，也容易被人全部挖起当煲汤食材售卖。

石仙桃

第十八章 相思

DISHIBAZHANG XIANGSI

相思，是人类最美好而深沉的情愫，从先秦《诗经·采葛》"彼采艾兮，一日不见，如三岁兮"，到骆宾王"明日相思处，应对菊花丛"、李清照"帘卷西风，人比黄花瘦"，再到纳兰性德"不见合欢花，空倚相思树"。虽然跨越2500年，人们却不约而同地选择用植物传递相思之意，也让我们感受到植物世界的温暖和情感力量。

一、长林遍是相思树

"红豆生南国，春来发几枝。愿君多采撷，此物最相思。"唐代著名诗人王维的一首《相思》流传久远，在千百年前，就将相思和红豆紧密地联系起来，时至今日提到相思二字，多数人在脑海中仍然会浮现出红豆和长着红豆的树之类的意象。然而，从植物学分类的角度，名字带有相思的树却是跟红豆没有直接关系的另外一些树木。它们属于豆科含羞草亚科（Mimosaceae）相思树属（Acacia），整个大家庭里有约800种乔木或灌木，原产于世界热带及亚热带地区，特别是澳大利亚和非洲。

（一）植物先锋

在广东，相思树为引种而来，常见的品种包括台湾相思、大叶相思和马占相思等。它们在土壤贫瘠或者并不肥沃的区域作为先锋树种被广泛种植，成为荒山野地率先绿起来的标杆。20世纪80~90年代，深圳曾经大量种植先锋树种，深圳梧桐山国家级自然风景区的南路山坡成片的相思树也在此期间种下，起到了很好的绿化和水土保持作用。先锋树种，生长较快，提升了吸收二氧化碳的速率，因此对碳汇贡献很大。和很多豆科成员一样，相思树种拥有固氮的本领，根部的根瘤菌可以将空气中的氮吸收并转化为有机物，为其自身生长提供养分；而生长速度快，意味着更新落叶的速度也快，片片落叶就这样化为了土壤的养分，滋养和改善着土壤。

深圳有一条自然博物研习径，叫作江岭相思步道，它位于坪山和大鹏的交界处，从马峦山郊野公园赤坳入口到溪涌后山。在起点，就可以遇到台湾相思、大叶相思和马占相思混合而成的相思树林。相思步道长约8千米，漫步其中，既有人类的相思蜜语，还有自然界动物与昆虫的告白秘语，等待着被发现。

（二）相思树与思乡情

相思树属学名 *Acacia*，代表尖和刺的意思，不过属内植物并不都带利刺，比如常见的先锋树种台湾相思、大叶相思、马占相思以及园艺常用的珍珠相思都是无刺的。

001　台湾相思　*Acacia cofusa*　　豆科 相思树属

原产中国台湾。叶状柄细长带弯，看起来有点像柳叶，只是并不下垂，因此又被称为台湾柳。花开时节，满树都是金黄色的小绒球。令人惊叹的是，这些纤细的蓬松的茸毛不是花瓣，而是雄蕊。淡绿色的花瓣，在含苞待放之前很容易被观察到，一旦盛开，受到茸毛一般雄蕊的遮挡，难觅其踪。作为豆科植物，台湾相思结荚果，扁平的豆荚里一般有2~8枚种子，成熟后果荚自动开裂，种子落下。

余光中在《思台北，念台北》中写道："香港有一种常绿的树，黄花长叶……据说是移植自台湾，叫台湾相思。那样美的名字，似乎是为我而取。"余光中是台湾著名学者，祖籍闽南。写这篇文章时，他正在香港中文大学任教。后文又云："曾在那岛上，浅浅的淡水河边，遥听嘉陵江滔滔的水声，曾在芝加哥的楼影下，没遮没拦的密西根湖岸，念江南的草长莺飞，花发蝶忙。"虽说这篇文章的题目是思念台北，借着台湾相思树的名字表达出这一情感，但是字里行间对祖国山河与春景的回忆，同样透露出浓浓的大陆情怀。而余光中最为熟知的作品《乡愁》，对祖国的相思之情，更可谓一览无余。"而现在，乡愁是一湾浅浅的海峡，我在这头，大陆在那头。"这淡然一句，恰好击中了游子内心思乡的柔软之处。于是，台湾相思树唤起了写诗的人和读诗的人的相思与思乡，将那些血浓于水、难以割舍的两岸三地家国情感，印在纸上，刻在心上。

台湾相思

002 大叶相思 *Acacia auriculiformis*　　豆科 相思树属

原产澳大利亚和新西兰。"大叶"二字是相对台湾相思纤细的、带着弯曲柳叶气质的叶状柄而言的。所谓大叶，宽度可达到台湾相思宽度的3~4倍，像一把圆润的小镰刀。和台湾相思的绒球不同，大叶相思拥有的是穗状花序，像金黄色的小刷子从枝头或者叶状柄基部伸展开来。荚果初始是平直的，随着成熟会逐渐扭成圆盘形，形成类似螺旋卷的造型，看起来像耳朵，所以又被称为耳叶相思。其学名的种加词 *auriculiformis* 的意思是耳状的，可见中外起名都把握住了它的这个特点。种子黑色，围以折叠的珠柄。珠柄是指植物的胚珠基部的小柄，它可以帮助胚珠着生于胎座上，也是向胚珠供应养料的通道。部分植物的珠柄甚至可发育成假种皮，可食用，比如荔枝、龙眼等。大叶相思的荚果成熟开裂后，金黄色的珠柄一端连着荚果，另外一端连着成熟的种子，如弹簧负重旋转垂落，微风吹过，又如悬挂的金色丝带，牵着种子在半空摇晃，甚是可爱。这条丝带，一朝断开，除了扬帆远航的自由，还有代代相传的牵挂与相思之情会随之而来。

A—C：大叶相思的叶状柄和荚果；D：大叶相思叶状柄筑成的蚂蚁巢，已废弃

003 马占相思 *Acacia mangium*　　豆科 相思树属

原产澳大利亚、巴布亚新几内亚和印度尼西亚等湿润热带地区。叶状柄比大叶相思更加宽大，像不对称的纺锤状。穗状花序偏乳白色或淡黄色。成熟的果荚同样会呈现螺旋卷曲状，但是身形比大叶

马占相思的叶状柄和荚果

大叶相思、马占相思、台湾相思叶状柄（自上而下）

相思苗条许多。种子黑色有光泽，和大叶相思一样具有黄色珠柄，从成熟的果荚上扭转悬挂下来，长度是种子的好几倍。据说这类珠柄是蚂蚁的美食诱惑，蚂蚁搬走美食的同时，也会将马占相思的种子传播开来。

在马来西亚的婆罗洲，马占相思作为一种蜜源植物，发展出了成熟的蜂蜜产业。蜂蜜是指蜜蜂采集花蜜、花外蜜腺分泌的蜜露、蚜虫等排泄的甘露，经自然发酵而成的黄白色黏稠液体。当地通过引进中国培育的意大利蜜蜂，采集马占相思的蜜露，来酿造蜂蜜。据说马占相思长成大树以后，只要有新芽发出，太阳一晒，在叶柄处的腺体就有含糖液体流出，供培育的蜜蜂采集，从而产生蜂蜜。古往今来，细品相思或许五味杂陈，但是如蜜一般的甜，总是其中不可或缺的一味。

004 珍珠相思 *Acacia podalyriifolia* 豆科 相思树属

又名银叶金合欢，原产澳大利亚昆士兰，因观赏性强被世界多地引种。叶状柄的两面各有一层毛，颜色呈灰绿至银白色，就像被抹上一层霜粉，手感毛茸茸的，十分治愈。围绕着一个球心，小花聚在一起扎堆开放，密集的雄蕊四散开来，花丝和花药都是金黄色，呈现出金色烟花绽放的效果，又如暖色珍珠挂在树梢，因而得名。

果荚表面同样有一层灰白色茸毛，未成熟时，和叶状柄的颜色比较相近，也许此时的类银色条状物，就是它的英文俗名 Queensland silver wattle 的来源，中文翻译过来叫昆士兰银条。而成熟之后，如同前面的三种相思树一般，珍珠相思的果荚转为褐色，裂开，一颗颗种子就此各奔天涯。月是故乡明，相思无从寄。

珍珠相思

（三）叶状柄和特化叶

相思树的叶子背后是非常独特的植物器官进化史。无论台湾相思、大叶相思，还是马占相思，那挂满树枝的一片片绿色，如大大小小的镰刀或纺锤一般的"叶子"，其实是叶柄特化成的假叶子，也就是叶状柄。而真正的叶子是成对的羽状复叶，只有在植物很小的时候才会出现，长大之后就消失不见了。《中国植物志》中提到金合欢属植物的叶片，这样记述："二回羽状复叶；小叶通常小而多对，或叶片退化，叶柄变为叶片状，称为叶状柄（phyllodium），总叶柄及叶轴上常有腺体"。

叶柄是叶片与茎的联系部分，其上端与叶片相连，下端着生在茎上，通常叶柄位于叶片的基部，主要功能是叶和茎之间水分和物质传输的通道，也起着支持叶片的作用。相思树的叶片退化可能是为了应对原生地的干旱气候，叶子消失，意味着可以减少水分蒸发，而后叶柄扩展成为片状进行光合作用，成为叶状柄。

台湾相思幼苗，左为其复叶，右为叶状柄

在植物界，除了有叶状柄这样似叶非叶的存在，还有一些相反的情况：看上去并不像叶子，实际却是叶子，被称为叶的变态。比如，叶卷须，由叶的一部分变成卷须状，以适应攀缘生长的需求，豌豆的卷须是由小叶变化而来，而菝葜的卷须则是由托叶变化而来。鳞叶，叶子变态为鳞片状，剥开洋葱的过程，就是在一层一层剥开鳞叶。叶刺，由叶或叶的某些部分变态为刺，仙人掌和仙人球上面的刺如此坚硬，很难将它们和柔软的叶子联系起来。捕虫叶，叶子变态为笼子，实现抓捕和为自己提供营养的功能，猪笼草的小笼子可以捉虫子，绝对称得上功能强大的叶子。

二、万斛相思红豆子

王维的《相思》又名《江上赠李龟年》，据记载，王维在诗中思念的这位叫作李龟年的好友，在天宝末年安史之乱时流落江南，并曾演唱此诗，回应这来自友人的遥遥的相思之情。而唐代温庭筠的《南歌子》结尾"玲珑骰子安红豆，入骨相思知不知"同样令人印象深刻。当时贵族可能会使用象牙骰子，民间则主要使用兽骨的材质，所以"相思入骨"一语双关地表达了对于爱人深切入骨、无法斩断的情思。实际上，古诗文中的相思有着丰富的内涵，对亲人、友人、爱人、故乡、过去的思念之情，尽在其中。而红豆，正是相思种种的通用信物。

（一）离相思最近的红豆

文学作品与植物学著作不同，较注重情感，不注重植物科学描述，加上年代久远，古人笔下的相思红豆，具体是哪一种植物，难以准确考证。不过今人眼里的相思红豆，大致包括了南方常见的海南红豆、海红豆和相思子等。它们都属于豆科（Fabaceae），分在了三个不同的属：红豆属（Ormosia）、海红豆属（Adenanthera）、相思子属（Abrus）。对这些植物的"豆"进行比对，古人笔下的相思红豆是相思子的可能性最大。

001 海南红豆 *Ormosia pinnata*　　　　　　　　豆科 红豆属

海南红豆所在的红豆属，并不包含餐桌上常见的红豆。红豆粥和红豆沙的主要原料真名为赤豆，红豆、红小豆什么的都算是别称。赤豆所在的豇豆属，有许多常见栽培的粮食和蔬菜，比如豇豆、绿豆等，种子富含淀粉。红豆属植物的特点是乔木，比豇豆属的草本或者灌木要高大许多；奇数羽状复叶，小叶在叶轴的两侧排列成羽毛状，顶生一片小叶，海南红豆也不例外。

作为常见园林植物，海南红豆独特的魅力从春天开始展现。它的嫩叶萌发时，颜色为柠檬黄或粉红色，再转成淡黄色，持续时间2～3个月。和鲜艳的种子形成鲜明对比的是，海南红豆的花自带淡雅气质。粉红色又掺杂有黄白色的花朵在枝头淡然开放，优雅地舒展着蝶形花冠。荚果的果皮比较厚，成熟时由绿色转为黄褐色，有点像成熟的多胞胎杏子，带着鹰嘴，成串垂下。种子水分较多，偏肉质，鲜红饱满，而随着时间推移，红色的种皮逐渐皱缩，看上去和枸杞的气质类似，最终会颜色变深，光泽尽失。而这种多汁并不硬朗的特性，注定了海南红豆的种子保鲜期并不长久。从果荚裂开的那一刻，海南红豆对于相思的承载，就进入了倒计时。

002 海红豆 *Adenanthera microsperma*　　　　　　　　豆科 海红豆属

又叫相思豆。任谁看一眼海红豆的种子，都会不自觉地被吸引。那点点纯红的小豆子，可不就是胸口的朱砂痣，缠绵悱恻，久久难消。作为海红豆属植物，它同样具有二回羽状复叶，也就是总叶柄两侧有羽状分枝，分枝两侧再着生羽状复叶。花很小，五片白色或淡黄色花瓣，十枚雄蕊顶着淡黄色的花药，有清雅的香气。荚果狭长圆形，盘旋，未成熟之前像甜甜圈版抹茶巧克力。成熟后，果瓣开裂旋卷，露出红珊瑚一般色泽的种子。这明艳坚固的小豆子，古今中外都被人们所喜爱，也成为一些装饰品或者首饰的组成部分。

海红豆是植物染料的重要来源。在印度的一些地方，婆罗门教徒会用海红豆树干中提取的红色染料，在前额画宗教符号，继而进行一些重要的宗教仪式。南美的传统服饰彭丘，类似套头披风的式样，制作原料是羊驼毛，而上面的图腾花纹或者时尚图案所用的红色染料，亦来自海红豆的提取物。通过植物染料的形式，散落在世界各地的海红豆融入虔诚教徒的宗教信仰之中，融入重获新生的传统服饰之中，也融入古老文化的沉沉相思之中。

在新加坡，据说孩子们有收集海红豆的习惯。樟宜机场摆放着一个海红豆种子的巨大雕塑。它出自新加坡的一位知名艺术家之手，整体用青铜制

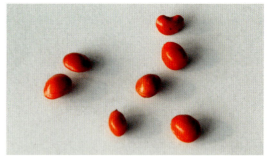

海红豆种子

成，装饰着鲜红的色泽。在三号航站楼内，办理入境手续，进入到达大厅之前就可以遇上。据说是为了庆祝新加坡现存的近200棵海红豆树。

海红豆也是马来西亚常见的植物，在马来西亚语中，叫saga，这个单词还表示黄金的重量单位。海红豆和黄金的关系自古有之，据一些文献记述，海红豆每粒种子大小和重量相近，4粒种子大约1克重，在古代印度曾经作为砝码来称金银的重量。马来西亚本土汽车品牌宝腾，1985年发布的第一款国产车就用SAGA命名，2017年，中国汽车品牌吉利成功控股宝腾，而SAGA车型，从一代升级至二代，历经40年依然在市场上保持着勃勃生机，恰如它的名字，海红豆，不老长红。

凭借着鲜活的颜色，即使落入泥土，也不会被湮没的耀眼光泽，一颗又一颗的海红豆跃然心间，

诉说着永远年轻、永不褪色的情谊。如果说甜蜜细腻的红豆沙是用火熬出的一碗浓浓暖意，那么不能食用、坚定如许的海红豆，却是用时间熬出的那段千古相思。

003　相思子　*Abrus precatorius*　　豆科　相思子属

相思子属家族成员基本都是藤本植物，比如两广地区煲汤和制作凉茶的原料之一鸡骨草，就是相思子属植物——广州相思子的干燥全株，属于攀缘灌木。大名鼎鼎的相思子，原来不是一棵树，而是一株藤，靠攀缘在其他树的树干上获取阳光雨露的滋润。相思子属的植物具有偶数羽状复叶，小叶在叶轴的两侧排列成羽毛状，没有顶生小叶。

相思子的蝶形花冠初时淡紫色，逐渐变为紫红色。最特别的当然是种子，相对规整的椭圆形，平滑又有光泽，上部约2/3为鲜红色，下部1/3为黑色。这种配色看起来像动物的眼睛，在广东、福建、台湾等地，被称为鸡目珠，又称鸡母珠；而在广西一带，被称为猴子眼。美艳如斯的种子，内里却藏有"相思子毒素"的剧毒物质，有研究表明其毒性约为蓖麻毒蛋白的70倍。也许相思子暗藏毒素的初心只是为了抵御小虫子的啃食，时有人类误食后果严重的新闻报道，恰恰说明植物的力量不容小觑。都说相思有毒，但求如何解开？人生若只如

相思子

初见，又何须感伤离别。

文献对王维的《相思》中的"红豆"，有"红豆产于南方，结实鲜红浑圆，晶莹如珊瑚，南方人常用以镶嵌饰物"这样的描述。比较以上几种植物，相思子的种子颜值最高，其质地也最具镶嵌饰物的可能性，加上其名字自古就是"相思子"。所以王维的《相思》中的"红豆"，应该就是相思子。

（二）蝶形花冠

红豆属和相思子属，都属于豆科下面的蝶形花亚科。蝶形花，只听名字，就可以想象此花如蝴蝶翩翩起舞之灵动。蝶形花冠的美，于观者是艺术享受，于其本身却是自我保护与繁衍生息智慧的体现。这种花冠是由五个分离的花瓣构成左右对称的花冠，最上一瓣较大，称为旗瓣，一般通过特殊的色彩或者蜜标吸引昆虫；两侧瓣较小，称为翼瓣，通过向左右两边伸展，方便昆虫停驻；最下两瓣联合成龙骨状，称为龙骨瓣，将雌蕊和雄蕊包裹住，起到保护的作用。蝶形花的蜜腺一般在雄蕊合生而成的管状物里面，只有蜜蜂一类的昆虫可以采到花蜜，同时带走花粉。这些昆虫到达下一朵花时，通过体重的压力使得龙骨瓣打开，柱头伸出来，即可完成最终传粉。

三、相思只在，丁香枝上，豆蔻梢头

仙湖栽培品种繁多的秋海棠、山野和小院可见的枇杷树、梅林山下梅园的梅花、梧桐山秋日的枫树——不经意在深圳山海之间就会遇上的它们，都曾经是相思故事的见证。问世间情为何物，才下眉头却上心头，唯有相思。借助不同的植物化身，经历纷纷扰扰，遇见又错过的有情人，终将在相思这条路上找到心灵的寄托与慰藉。

001　秋海棠　*Begonia* sp. 　　　　秋海棠科 秋海棠属

秋海棠是唐婉和陆游的相思。又名相思草、断肠草。其中有一种竹节秋海棠，白点斑斑印在肥大的叶片上，据说是唐婉与丈夫陆游离别时相赠之物，也是唐婉的伤心泪痕。十年再聚，南宋诗人陆游用一曲《钗头凤·红酥手》表达对唐婉的不思量自难忘，"一怀愁绪，几年离索。错、错、错。""山盟虽在，锦书难托。莫、莫、莫！"

秋海棠

002　枇杷　*Eriobotrya japonica* 　　　　蔷薇科 枇杷属

枇杷树是归有光的相思。归有光是明代文学家，他在《项脊轩志》写道："庭有枇杷树，吾妻死之年所手植也，今已亭亭如盖矣。"妻子离开了多久，他并没有直接写出来。一棵树长到树荫如亭如盖需要多久呢？五年还是十年，未可知。只见那思念如种子一般长成参天大树，实现一生的期许和等待。

秋海棠

003 梅 *Armeniaca mume* 蔷薇科 杏属

梅花是卢仝的相思。唐代诗人卢仝的《有所思》里有一句话:"相思一夜梅花发,忽到窗前疑是君。"如此相思,以至于满树的梅花绽放,让人产生幻觉,这是思念的那位来了吧?水榭歌台,风流总被雨打风吹去。

梅

004 枫香树 *Liquidambar formosana* 蕈树科 枫香树属

枫香树是李煜的相思。这位南唐后主精通诗文,《长相思》:"一重山,两重山。山远天高烟水寒,相思枫叶丹。"眺望远方的视线被群山阻隔,烟水带来的心中的寒意甚浓,然而相思的火焰却不会就此熄灭,反而像秋天鲜艳的枫叶一样,愈加浓烈,备受煎熬。据资料释义诗中的枫树落叶乔木,春天开花,叶掌状三裂,秋天变红,应该是枫香树。

相思是,名字里带有相思的树,有情人手中的红豆,古诗文中的花与叶。相思是沉默古树的年轮与枝丫,相思是寂寞花朵的盛放与凋落,相思是悠悠红豆的温柔与倔强,相思是尘世中的不期而遇和默默守候。

枫香树

第十九章 榕树

一、榕属植物概述

榕树是桑科榕属植物的统称，桑科的学名Moraceae由模式属桑属学名 *Morus* 的复合形式Mor-加上表示科的等级后缀-aceae构成。榕属的属名 *Ficus* 是拉丁文对无花果的称呼，榕属也称无花果属，无花果（*Ficus carica*）正是榕属的模式种。

榕属包含约1000种的乔木、灌木及藤本植物等。原为热带雨林的原生品种，但也有部分延伸至暖温带，常被统称为榕树。榕属在生态圈中包含乔木、灌木和藤本，是形态变化比较大的一属。大部分为常绿，但有些落叶品种会攀附在乔木高处以得到阳光。榕属植物因其特殊的隐头花序和与榕小蜂形成的特殊授粉系统而容易辨认。

榕树分属于榕属植物6个不同亚属，白肉榕亚属、榕亚属、无花果亚属、糙叶榕亚属、聚果榕亚属和薜荔榕亚属。其中，白肉榕亚属和榕亚属均为雌雄同株，无性别之分。同时，榕亚属的380多个物种均可以产生繁茂的气生根，以"绞杀"著称。其他四个亚属榕树大多数属于（功能性）雌雄异株，其雌树榕果内雄花败育，只有长花柱雌花，最终生成种子；而雄树榕果内具有雄花和短花柱雌花，雌花可供榕小蜂寄生，最终产生花粉和花粉运输载体——榕小蜂。另外，大部分雌雄异株榕树均无气生根之茂（斜叶榕等除外）。

榕树花开于果内，又称隐头花序。每一种榕树都需要一种特定的榕小蜂进入果子传粉。这种专性共生关系形成了独特的榕蜂共演化系统。

二、榕属植物的传粉

榕属植物也被称为无花果树，它们并不是没有花，我们所见到的"榕果"或"无花果"，实际上是榕树的花序，花隐藏其中，这种花序被称为隐头花序。这种花序早在白垩纪时期就已经出现，可能有利于保护花朵不被当时已经繁盛的甲虫等咬噬，同时又促进了与授粉昆虫结成密切的互利共生关系。

榕属植物特别的花也依赖特殊的传粉昆虫，那就是榕小蜂。榕小蜂体形纤细微小，能够钻入"榕果"内。在隐头花序里，有一些特别为榕小蜂准备的瘿花，这些瘿花实际上是花柱较短的雌花，不会繁殖，但刚好合适榕小蜂在其子房中产卵，为榕小蜂的卵和幼虫提供食物和庇护，榕小蜂的幼虫就在瘿花中发育成长。当隐头花序中的雄花开放的那天，羽化为成虫的雌性榕小蜂也带着花粉飞出榕果，去寻找其他榕果产卵，并在这个过程中为榕属植物传粉。

榕树和榕小蜂结成的这种特别的传粉关系非常紧密、精准，往往是一一对应的，通常每一种榕树有专门的一种或几种榕小蜂为它传粉。

榕属植物中有一些是雌雄同株的，也有一些是雌雄异株。雌雄同株榕树的隐头花序内，同时包含着正常的雌花、瘿花和雄花三种；而雌雄异株的榕树，雄树的隐头花序内具有瘿花和雄花，而雌树的隐头花序内部雄花退化，只拥有雌花。

榕小蜂与榕属植物的共生关系是一个精妙而复

杂的生态系统。榕属植物通过吸引榕小蜂来进行授粉，确保了自身的繁衍和繁殖成功。而榕小蜂则通过榕属植物提供的资源和繁殖场所获益。

总体来说，榕属植物为榕小蜂提供婚房、产房，而榕小蜂为榕属植物传粉，帮助它们完成繁殖大业。此外，往常授粉成熟后的榕果，还吸引其他动物前来取食，并通过它们的帮助传播种子，这进一步加强了榕属植物与周围生态环境之间的互动关系。

三、榕属植物的几大特征

（一）绞杀

绞杀现象是热带雨林特有的一道奇特景观，绞杀榕，就是具备绞杀能力的榕树。

在热带雨林中，小动物把榕树的种子带到其他树木上后，如条件合适，种子便会萌发，长出不定根。随着榕树不断生长，不定根互相交叉、融合，并和枝条一起逐渐将寄主树木包裹勒紧，并借助后者来支撑自己的躯体。当榕树长成大树后，其茎干和支根会将寄主树包得严严实实。寄主树最终由于输导组织被卡死，营养亏缺而枯死。年长日久，寄主树竟然消失得无影无踪，只剩下榕树的茎干和支根编织成的"空洞"网套。这就是热带雨林中的"绞杀现象"，榕树成了绞杀凶手。

（二）独木成林

热带雨林地区常年处于高温高湿环境，因此土壤中水分处于饱和状态。但氧气的含量又比较少，榕树为了满足自身呼吸的需求，会在茎和枝条上长出气生根。成熟的气生根根尖是由多层死细胞组成的鞘状结构，被称作根被，能够起到机械保护作用，还能避免气生根皮层中水分过多地散失。

气生根可以在空气中获取氧气和水分，当气生根接触土壤后就会变得粗壮，成为榕树的支柱根，而支柱根又可以支撑树枝不断地往外生长，最终形成"独木成林"的现象。

（三）板根

榕树不仅拥有气根，还能演化出板根。板根，亦称板状根、支柱基板根，是热带雨林植物支柱根的一种形式。植物一般是把根系扎进土壤，执行吸收水分、养分、供应地上部分茎干、枝叶生长的功能，也起着承受地上部分重力的支撑作用。为了更好地执行上述的功能，根系总是向深度和广度两个方面发展，并与附近的植物展开了空间与资源的激烈竞争。

板根是乔木的侧根外向异常的次生生长所形成，是高大乔木的一种附加的支撑结构，树干与沿地面走向的侧根之间构成一个至数个多少扁平的三角形的板状根，有时可高达3~4米。通常辐射生出，以3~5条为多，并以最为负重的一侧发达，在土壤浅薄的地方板根更易形成。区别于其他的根，板根是一部分裸露在外的，而且呈板块状，似火箭的尾翼。

（四）老茎生花

"老茎生花"主要体现在热带雨林下层乔木或藤本，成束的花和果生长在老树干或大枝丫上。"老茎生花"的现象与植物生长的热带雨林的环境有关。

热带雨林的树木，根据它们树冠所占据的垂直空间一般可以分为上、中、下三个层次。上层乔木通常高30米以上，竞争较小，树冠可以自由伸展；中层乔木一般较多，二三十米高，树冠密集且深厚；而下层乔木一般在10米以下，它们的树冠往往紧靠着中层乔木树冠的下面。几乎所有热带植物都需要昆虫为其授粉才能结成种子，完成繁衍的任务。如果它们的花朵开在一二年生的枝条上，就容易被叶子遮挡，吸引不到昆虫传粉（如蚂蚁），因为在下层的树冠层不方便昆虫的活动。于是这些"聪明"的植物把花朵开在老枝和树干上，那里离地面的草本、灌木层有较大的距离，比较空旷，花朵容易被在此空间活动的昆虫发现和光顾，获得授粉的机会就较多。

"老茎生花"是一些树木或藤本植物在热带雨林环境条件下的一种优秀的适应对策，是大自然的杰作。

四、榕属植物

001 无花果 *Ficus carica*　　　　　　　　　　桑科 榕属

落叶灌木或小乔木。它的植株多分枝，叶片为小裂片卵形，边缘有不规则的钝齿；果实生长在叶腋间，形状为梨形，成熟时为紫红色或黄色。之所以叫无花果，就是因为我们看不到花。新疆称之糖包子，它还被叫作阿驲、阿驿、映日果、优昙钵、蜜果、文仙果、奶浆果等。英文名common fig，意思就是普通的无花果，当然是指整个榕属植物而言。

它分布于地中海沿岸，从土耳其至阿富汗。我国南北方均有栽培，新疆南部尤多。

无花果是人类种植历史最早的农作物之一。2006年，《探索》杂志公布当年6个重大考古发现，其中之一便是在巴勒斯坦耶利哥古城中发现了距今11400年的无花果。这些果实种子已退化，只有依靠人工栽培才能繁殖，说明当时无花果栽培已有相当长的历史。此外，古埃及金字塔中也发现有尼罗河沿岸居民灌溉无花果树的浮雕图案，《圣经》与古希伯来文献中也多次提到无花果。据考证，无花果的原产地是西亚和中东地区，在唐朝，无花果由波斯商人沿丝绸之路带入我国，从此便扎下根来并广泛种植。现今，种植历史悠久的新疆依然是我国规模最大的无花果产区，山东、上海、浙江、江苏、福建、四川、陕西、广东等地也均有栽培。

李时珍在《本草纲目》中对无花果是这样描述的："无花果出扬州及云南，枝柯如枇杷树，三月发叶如花构叶。五月内不花而实，实出枝间，状如木馒头，其内虚软。熟则紫色，软烂甘味如柿而无核也"，对无花果的生长过程与果实特征做了细致的阐述。

无花果的果实含有20%左右的果糖和葡萄糖，极易为人体所吸收利用。它还含有重要的维生素A和C等，蛋白质及氨基酸也较丰富。无花果的果实中还含有枸橼酸、醋酸等有机酸以及酵素(酶)。因此，不仅对消化有利，还兼有清热润肠、止泻痢等功能。

中医认为无花果味甘，性凉，可以清肺、润燥、益胃、下乳，是老少咸宜的果实。与甜杏仁、桔梗、甘草一起煎水喝治疗燥热伤肺、咽干作痛、声音嘶哑。生食具有健胃消食之功，可以治疗胃纳呆滞、消化不良。

无花果

002　薜荔　*Ficus pumila*　　　　桑科　榕属

木质攀缘或匍匐灌木，有乳汁。叶两型，革质，不结果枝节上生不定根，叶卵状心形，较小；结果枝上无不定根，叶卵状椭圆形，较大。

薜字古时专指山芹，荔字意为叶似韭菜而挺立的野草。薜荔之名，原指具有山芹清香之草，从形态到气味，极似生于山石之上的石菖蒲。屈原在《九歌·山鬼》之中有诗句言道："若有人兮山之阿，被薜荔兮带女萝。"将薜荔当作貌美山鬼的绮丽外衣。由于薜荔常见于萧索破败的断壁残垣之上，与孤魂野鬼为伴，木馒头之名也被换作了"鬼馒头"。古时医家将薜荔的果实或种子当作滋补强壮之药，亦是当作有鬼神之力暗中相助。宋代梅尧臣在《和王景彝咏薜荔》诗中写道："植物有薜荔，足物有蜥蜴。固知不同类，亦各善缘壁。根随枝蔓生，叶侵苔藓碧。后凋虽可嘉，劲挺异松柏。"这可能是古人对薜荔最形象的描述。

薜荔在南方民间也被称为凉粉子、凉粉果，这是源于其雌花果内的瘦果能加工成被称为"木莲豆腐"或"木莲羹"的凉粉，浇糖水食用，是南方民间传统的消暑佳品。

"千村薜荔人遗矢，万户萧疏鬼唱歌。"在动荡年代，南方农村遇到战乱或天灾，人去楼空，房子无人打理，墙壁上会爬满薜荔，营造出一种阴森、萧条的景象；所以，薜荔也常被文人用来代指萧条、凄楚，或抒发心中的忧愁。柳宗元被贬柳州时写到"惊风乱飐芙蓉水，密雨斜侵薜荔墙"，晚唐诗人沈彬亦有诗云："薜荔惹烟笼蟋蟀，芰荷翻雨泼鸳鸯"。

薜荔除了可以吃，还可以做药。唐代时，薜荔不但已入药，而且其叶还作为抗衰老药物而应用于世。明代以后，人们对薜荔的认识及开发利用尤为深入。《本草纲目》载："薜荔、络石极相似……八月后，则满腹细子，大如稗子，一子一须。其味微涩，其壳虚轻，乌鸟童儿皆食之。"并认为木莲主治"壮阳道，尤胜。固精消肿，散毒止血，下乳，治久痢肠痔"等症。

薜荔

003　粗叶榕　*Ficus hirta*　　　　桑科　榕属

落叶灌木或小乔木，由于叶子的形状特别，看起来经常是分为五片叶子，植株所结出来的果子也比较像毛桃，故名五指毛桃。它还叫广东人参，是广东人常用的煲汤材料，炖鸡、炖排骨都味道鲜美。爱养生的广东人对它情有独钟，也是再熟悉不过了，广东有大量种植。

它又称猫卵子果、马草果、佛掌榕等，分布于福建、江西、广东、广西、海南、贵州、云南等地。

粗叶榕的药用记录始见于清代生草药学家何克谏的《生草药性备要》："粗叶榕，取其根药用之，其味辛甘、性平、微温，其功能具有益气补虚、行气解郁、壮筋活络等，功效近似于黄芪、五加皮，故又名土五加皮、土黄芪。"

粗叶榕入药的部位是它的根，其味道以甘甜为主，药用时也会带点辛辣味，它的药性平和，因为药性与黄芪、五加皮相似，在药用时也常常会混用，所以也有部分人称呼其为土黄芪、土五加皮。广东常用它做五指毛桃鸡爪、五指毛桃鸡等。

榕果成对地生长于茎上，满满一串果青的、黄的、红的都有，演示着它成熟的过程，有的还如同一排红绿灯一般，甚是可爱。当果色鲜红时，便是可以吃了，甜软香糯，十分可口。

在广东客家地区，集市上、马路边、风景区，随处可以看到大叔大妈摆卖的一捆捆粗叶榕的根，那是他们从山野采来，晒干后售卖。客家人自古以来，有采挖粗叶榕的根用来煲鸡、煲猪骨、猪脚汤作为保健汤饮用的习惯，其营养丰富具有很好的保健作用，特别是对支气管炎、气虚、食欲不振、贫血、胃痛、慢性胃炎及产后少乳等病症都有一定的作用。

粗叶榕

004 大果榕 *Ficus auriculata* 桑科 榕属

乔木或小乔木，在榕属植物中，它因果实硕大而得名，还被叫作木瓜榕、馒头果、大无花果等。

株高可达10米；幼枝被柔毛；叶互生，宽卵状心形或近圆形；雄花无梗、匙形、花丝长，雌花生于雌株榕果内，子房白色；榕果簇生于树干基部或老茎短枝上，扁球形或陀螺形，幼时被白色柔毛。大果榕分布于印度、越南、巴基斯坦。中国分布于海南、广西、云南、贵州（罗甸）、四川（西南部）等。

据说，我国最早记载大果榕"不花而实"现象的是萧统《文选》引西晋左思《吴都赋》云："……松、梓、古度、楠、榴之木……"。刘成注曰："古度，树也，不花而实，子皆从支中出，大如安石榴，正赤，初时可煮食也，广州有之"。大果榕是雌雄异株，两种树都会结果子，只不过雌树主要是接受花粉、发育果实，而雄树主要是提供花粉和形成瘿花，给榕小蜂提供住房和食物。雄株一般会比雌株结果更早，而雄株里的瘿花一般会比雄果更早成熟。雄果外观变红成熟，脱落，因内有虫瘿或干燥不可食；雌果外观红褐色时，果实成熟，雌果可食，清香微甜。

大果榕的果实、花序托、嫩茎尖和嫩叶均可食用，在原产地已有悠久历史。《中国野菜图谱》和现代报道中均有大果榕食用的描述。不但可食部位多，且营养价值也很高，含有丰富的维生素、无机盐等成分。大约在春季，大果榕带红色的嫩叶和嫩

大果榕

芽可食用。其食法多样，先入沸水中焯一下，然后可调味凉拌、炒食、作汤等，荤素皆宜，均清香味美，别具特色。夏季则可采摘其花序托食用，可作汤菜、点心、小吃的甜馅料，也可切碎后拌入面粉中蒸食等，均清香味美，营养丰富。成熟的果实更不用说了，味道甜香，可生食，可制果酱、饮料，亦可酿酒等。

大果榕无论形态还是味道都跟无花果近似，它们也的确亲缘关系很近，都同在榕属下面的无花果亚属。不过还是有明显区别的，无花果是灌木或小乔木，叶多开裂，稀具老茎生花；雄花大部具花柄，花丝分离，果较小，单生叶腋。大果榕是乔木至小乔木，叶全缘，多数老茎生花；雄花无柄，花丝稍联合，果较大，簇生于树干基部或老茎短枝上。大果榕的果实直接结在大枝丫或树干上，甚至树干的基部，果实和无花果比较，除了形状有点不一样，木瓜榕形似扁球，其他都是非常相似的：大小如拳，初生绿色，成熟时变为红褐色，微甜多汁，味美可食。

005 高山榕 *Ficus altissima* 桑科 榕属

高大乔木，在不同地区名字也有差异，如又称阔叶榕、大青树、高榕、鸡榕等。

高山榕生于海拔100～1600米山地或平原，产自云南、广东、广西、海南、四川等地，尼泊尔、不丹、印度、缅甸、老挝、越南、泰国、马来西亚、印度尼西亚、菲律宾也有分布。

高山榕发达的支柱根起到强大的稳定作用，可扎根于没有土壤的岩石裂隙，所以才能立足于纯石质山坡，身材高大那是众人皆知的。

高山榕名气很大，它跟同科同属的菩提树都是佛教中的"五树六花"之一，在这里，它的大名叫大青树。"五树六花"是南传佛教植物与傣族文化结合的产物，是南传佛教在西双版纳本土化的显现。"五树六花"大都是生长在热带的植物。

在西双版纳，高山榕是神灵的居所。几乎所有寺院、村寨周围都有高大挺拔的高山榕，不同地方的村民都有同样的描述：建寨之初，祖先选定寨址

的其中一个条件就是这片土地上生长有高山榕。从树形上看来,高山榕高大挺拔,是西双版纳平均胸围最大的树,无论树形或秀美或遒劲,它都是村寨、山林中最显眼的一棵。

高山榕除了树形高大挺拔,枝叶繁茂、果实众多也是它显著的特点,也难怪少数民族同胞将族群在榕树下立命安身、祈求族群人丁兴旺、开枝散叶的美好愿望寄托在它身上。

高山榕的果是隐花果,近球形,淡黄色或深红色。盛夏时节,高山榕的果实如小小西红柿般大,由青绿慢慢变黄,成熟后变为红色的浆果。

1992年的1月22日上午,南巡的邓小平同志来到深圳仙湖植物园的仙湖湖畔,在绿草如茵的草地种下一棵常青树。三十多年过去了,如今这棵树已长得枝繁叶茂、高大茁壮,每年都有很多市民慕名前来观赏。小平同志所做的伟大贡献,人民都缅怀感恩于心。邓小平同志种的这株高山榕,也象征着深圳特区的建设事业像高山榕一样具有强大的生

高山榕

命力，无论遇到什么样的艰难险阻都能勇往直前，蓬勃发展。

高山榕是典型的阳性树种，阳性树种也叫喜光树种、不耐阴树种，指在充分的直射阳光下才能生长良好的树种。它具有枝叶稀疏、整枝良好、生长较快、林内明亮等特点。

006 垂叶榕 *Ficus benjamina* 桑科 榕属

大乔木，也叫垂榕、垂枝榕、柳叶榕、马尾榕、米碎常、小叶常、白榕、吊丝榕等。最大的特点是垂叶，除此，垂叶榕的可塑性也让它在绿化植物中得到广泛的应用。

原产我国广东、海南、广西、云南、贵州等地。在云南生于海拔500～800米湿润的杂木林中。尼泊尔、不丹、印度、缅甸、泰国、越南、马来西亚、菲律宾、巴布亚新几内亚、所罗门群岛、澳大利亚北部有分布。

榕属的高深莫测在于它的花藏着不给看，大家只能看叶片和果实去判断，垂叶榕的"垂叶"非常明显，其实它垂的不仅仅是叶，更有它的枝。

在榕属家族中，垂叶榕还有个特异功能，它既能长成高大威猛的乔木，也能做成高矮随意、形态各异的绿篱，还是绿化带的常客。因为它身姿的柔韧性强，园艺师喜欢按自己的想法摆弄它，做成各种造型，假如你在城市绿化中看到别样造型的榕属物种时，那大半就是垂叶榕了。

只是，每每看它被摆弄，挺替它心疼的，你说它会感谢人类为它梳妆打扮呢？还是厌烦人类对它的摆布，让它不能自由的生长呢？

垂叶榕几乎具备榕属植物的所有特征，比如它的气生根很多，可以独木成林，它也是热带雨林著名的绞杀榕之一，还有，它的根系也是特别发达等。

它的榕果成对或单生叶腋，基部缢缩成柄，球形或扁球形，光滑，成熟时红色至黄色，直径8～15毫米。雄花、瘿花、雌花同生于一榕果内。未成熟的榕果还是青色的，成熟后就变成金黄色了。

垂叶榕的果实成熟后，小鸟等食果动物就会来吃它，果实里面的种子就会随着粪便排出体外。但种子外面还有一层淡黄色的内果皮，妨碍了种子的自然萌发。这时候蚂蚁就承担起第二次搬运任务。蚂蚁们（主要是菱结大头蚁）把种子搬进蚁巢，把内果皮吃掉，然后把种子抛弃在巢里或搬到巢外的垃圾堆，这样子蚂蚁既填饱了自己的肚子，又帮助垂叶榕种子提高了萌发率，双方达成了互惠的关系。

垂叶榕主要的作用当然是它无可替代的绿化价值，此外，它还有药用价值，它的气根、树皮、叶芽、果实有清热解毒、祛风、凉血、滋阴润肺、发表透疹、催乳等功效。用于治风湿麻木、鼻出血。

垂叶榕还是十分有效的空气净化器。它可以提高房间的湿度，有益于皮肤和呼吸。同时它还可以吸收甲醛、甲苯、二甲苯及氨气并净化浑浊的空气。

垂叶榕

007　菩提榕　*Ficus religiosa*　　　桑科 榕属

菩提为梵语bodhi的音译，意思是觉悟，系指人豁然开悟真理，从此超凡脱俗。菩提榕是印度教三大主神之一毗湿奴的一种化身，它具有特别重要的宗教色彩。

因为佛陀是在菩提树下获得觉悟，又被人称为觉树、思维树，在世界多地，佛光照拂之处，菩提树总是倍受尊崇。此外，它还叫沙罗双树、阿摩洛珈、阿里多罗、印度菩提树、黄桷树、毕钵罗树。

菩提榕

菩提榕在中国广东沿海岛屿、广西、云南北至景东，多有栽培。日本、马来西亚、泰国、越南、巴基斯坦及印度也有分布，多属栽培种，但喜马拉雅山区，从巴基斯坦拉瓦尔品第至不丹均有野生。

禅宗六祖慧能有句著名的偈语："菩提本无树，明镜亦非台，本来无一物，何处惹尘埃。"玄奘对菩提树形态和物候有这样的描述："茎干黄白，枝叶青翠。冬夏不凋，光鲜无变。每至如来涅槃之日，叶皆凋落。顷之复故。"

和其他榕树相比，菩提榕有革质三角状卵形的叶片，叶片深绿色并有光亮，叶片的先端有极为狭长飘逸的尾尖，这个令人印象深刻的"小尾巴"称为"滴水叶尖"，菩提榕叶片上的小尾巴能使叶片表面的水膜集聚成水滴顺着叶尖滴落，使叶面很快变干，这也是热带植物适应多雨环境的策略。若雨水滞留在叶片上，则会滋生真菌。而排走雨水可以帮助叶片调节温度或避免水滴反射阳光妨碍光合作用。

菩提榕还有和叶片差不多长的纤细叶柄，就算在没有风的时候，长叶柄和宽叶的结构也能让叶片不停地晃动摇摆。

008 黄葛树 *Ficus virens* 桑科 榕属

落叶乔木，又名绿黄葛树、大叶榕、黄桷树、黄葛榕。

黄葛一词，最早见于郦道元《水经注》："江水又东，右迳黄葛峡，山高险，全无人居。"这个地方"在江州巴郡东四百里"，也就是今天的长寿到涪陵江段。宋人乐史的《太平寰宇记》首次生动地描述了黄葛树生长的状况："罗目县（今峨眉山市）东南三十里，双树对植，围各两三尺，上引横枝亘二丈，相接连理，庇荫百丈，其名为黄葛，号嘉树。"实际上，长江流域自宜宾开始，到宜昌出三峡为止，包括大半个四川盆地，都是黄葛树的适宜生境。这一带的城镇乡村，大都能见到黄葛树伴着石阶、老屋和古渡生长的景象。历史上关于这种景象的最著名的记载，即是来自重庆。

黄葛树身上还有一个有趣的现象：它是春天落叶的。秋叶飘零之时，黄葛树无动于衷；直到翌年四五月，别的树新叶都长得差不多了，黄葛树这才开始大批落叶；旧叶落后，新叶随即萌发，浅粉红色的新生托叶配上嫩绿的新叶，也是仲春一景。

黄葛树是重庆的市树，黄葛树之于重庆，大概就如同梧桐之于巴黎，是无数生活在重庆的人们，习以为常的存在，也是重庆难以磨灭的符号印记。黄葛树的历史也是重庆的历史，它钻进城市的肌理，守护着山城人民的生活，也见证着这座城市的岁月变迁，历史更迭。

在重庆，黄葛树也叫黄桷树，黄桷树纯粹是地地道道的"重庆制造"。据说，重庆地方话中"角"与"葛"读音一样，重庆人想当然地认为树木名称都应加个"木"旁，像铜、锰、锌加"金"，鳝鱼、鲤鱼、鲫鱼加"鱼"一样。于是，有了"黄桷

黄葛树

树"的叫法、写法，久而久之成了习惯，叫"黄桷"的地名在重庆也比比皆是，比如黄桷垭、黄桷坪等诸多因黄葛树而得名的地方。

黄葛树很容易跟高山榕相混淆，不妨区分一下：黄葛树叶薄革质或皮纸质，卵状披针形至椭圆状卵形；背面突起，网脉稍明显；叶柄长2～5厘米；托叶披针状卵形，先端急尖。

高山榕叶厚革质，广卵形至广卵状椭圆形，两面光滑；托叶厚革质，长2～3厘米，外面被灰色绢丝状毛。

009 笔管榕 *Ficus subpisocarpa* 桑科 榕属

落叶乔木。笔管榕在落叶后，其如笔管般粗细的枝条头部长着红色的叶苞，如蘸着朱丹的毛笔，因此而得名。笔管榕因其叶是治疗油漆和漆树汁过敏症的良药，又故名漆娘舅。它又被叫作雀榕，是因为它结出的果子很吸引鸟类。除此之外，它还被称作笔管树、鸟榕、赤榕、山榕、绿柄榕等。

笔管榕常见于海拔140～1400米平原或村庄的沿海岸处。它耐热、耐湿、耐瘠，树性强健。原产海南、台湾、福建、云南南部、缅甸、泰国、中南半岛诸国、马来西亚至日本也有分布。

它的最大特点是叶片，叶苞像笔管，而打开后的嫩叶刚刚开在枝头，娇嫩欲滴，美美的。叶近纸质，互生或簇生于小枝顶端；椭圆形至长圆形，先端短渐尖，基部圆形或心形；侧脉明显，并于边缘网结成边脉。注意，笔管榕不结果的时候，它的叶片也跟很多榕属植物不一样，第一，叶片常于小枝顶端簇生；第二，它的叶梗比较长。

第二个特色是它满树的果实，典型的老茎生花。正因为笔管榕结果量大，果实酸甜可口，还为附近林区内的鸟类等小型野生动物提供了优质的食物来源，因而，笔管榕成为维护当地生态系统平衡的一个关键树种。

它的果实有很漂亮的斑点，每个果实像个小糖果。

笔管榕还有一个特点就是它的生命力特别顽强，果实被鸟儿吞食后，树籽随粪便排出，落在山崖石缝里，便能生根发芽，极耐贫瘠，而且生长迅速，因此笔管榕得以生生不息。在华南地区，只要你去山野里，在悬崖峭壁里，不经意就会发现它的身影，在象头山国家级自然保护区，无论溪水旁还是峭壁上，都是它的家。峭壁上的它更是风姿绰约，神态自若。

笔管榕的木材纹理细致美观，可供雕刻，也是城市道路绿化、沿海防护林营建的优良的观赏树种。其老树皮、根皮、叶可入药，具有一定的药用价值。

笔管榕

010　对叶榕　*Ficus hispida*　　桑科　榕属

灌木或小乔木，它的叶椭圆形，叶表被毛，叶子常常是对生的，故称为对叶榕，又由于其树皮割开后，会流出色味很像牛奶的乳液，所以又叫它牛奶树、牛奶子、多糯树、稔水冬瓜、乳汁麻木等。

对叶榕喜生于海拔120～1600米的沟谷潮湿地带、溪边疏林、低山次生林中。分布于亚洲东南部和澳大利亚等地。在中国分布于广东、海南、广西、云南和贵州。

对叶榕在乡下常见，有以下几个特点：

第一，它的叶片对生，这在榕属植物中并不多见，于是用它命名，它属于交互对生。也因为它们叶片对生，叶片脱落后，仍然保留着一节节均匀分布在茎上，而且叶片脱落的痕迹依稀可见，它的样子跟竹子、甘蔗等类似。

第二，它白色乳液特别多。乡下人叫它香糯树，它还有一个更有名的名字——牛奶树或牛奶子。当对叶榕的枝条折断时，会流出白色如牛奶般的乳汁。据说，对叶榕原产于巴西的亚马孙森林，当地人都称它为木牛，因为能像奶牛一样产"奶"。人们会将树液用水煮开了，当牛奶来喝。每一棵树一次可流出汁液3～4升，据说每一小时就能流出1升的量，而且树皮被切开处的伤口很快就会愈合，对树并不会造成太大的损伤。

第三，它的果量特别大。榕果腋生或生于落叶枝上，或老茎发出的下垂枝上，陀螺形，成熟黄色，是树林中雀鸟及其他野生动物的食粮，对发展多样化的动植物森林有很大的帮助。

第四，它的药用价值特别高、根、叶入药，具有清热利湿、消积化痰、行气散瘀的功效，可治疗感冒发热、支气管炎、消化不良、痢疾、跌打肿痛等。

对叶榕

011　印度榕　*Ficus elastica*　　桑科　榕属

多年生常绿乔木。因其原产印度，因此得名，又因其分泌的乳汁可制弹性橡胶，故别名橡皮树或印度橡胶树。它还叫巴西橡胶，神奇吧？印度与巴西离得挺远的。

印度榕原产不丹、尼泊尔、印度东北部、缅甸、马来西亚北部和印度尼西亚苏门答腊及爪哇，我国云南有野生。

印度榕有几大特点：第一，叶片很大，很厚，

165

椭圆形，很圆润，表面深绿光亮，侧脉多而平行展开，是大型的耐阴观叶植物，在南方城市随处可见，常栽种在小区的建筑物前、花坛中心和道路两侧。公园里的印度榕常常独居一方，因为它具有独木成林的潜力，千丝万缕的气生根接触泥土便能横向占据新的空间。在北方，它可以做成盆栽，无论是普通家庭中摆放在厅堂走廊，还是在宾馆酒店中装饰大堂，都是十分好的装饰材料。

第二，它还有一个与叶片有关的辨识点，就是枝顶端有个大头芽，尖锐圆锥形，新叶起初包裹在托叶内，托叶深红色，可达10厘米以上，芽分化出的新叶受到托叶的保护。

第三，乳汁特别多，如果把印度榕的枝条拗断，你会发现断面流出很多白色乳汁，这个现象大部分榕属植物都会有，可在印度榕身上乳汁更多，这种白色乳汁可用来作橡胶，因此它也叫橡胶榕或橡皮榕，不过，请注意了，它和橡胶树是完全两种植物，别弄混了。

印度榕是雌雄同株植物，雌雄花同生于榕果内壁，跟其他榕属植物一样。它们的花是隐头花序，需要特定的榕小蜂为它们传粉，繁衍后代。

随着栽培技术的发展，印度榕生出了很多"小孩"，培育出各种品种，其中最常见的是黑叶印度橡胶榕和花叶印度橡胶榕了。黑叶印度橡胶榕（*Ficus elastica* 'Decora Burgunly'），它的叶片呈墨绿色的，在阳光特别充足的时候，顶部的嫩叶会变紫红色，叶脉是红色的，叶面很有光泽，远远看去就像黑色叶子的叶片，叶片特别大，市场名叫黑金刚橡皮树，是特别皮实的一个品种。还有一个园艺圈常见的品种，叫花叶印度橡胶榕（*Ficus elastica* 'Doescheri'），叶面带有黄色、浅绿色和红色斑纹，叶子斑斓靓丽，叶脉整体呈米白色。

印度榕

012 雅榕 *Ficus concinna*

桑科 榕属

乔木，也称小叶榕、万年青。

大家都叫它小叶榕，反而雅榕的名字大都存在于学术文章里，一直很困惑这名字的由来，直到查了它的学名，顿悟。雅榕的学名是 *Ficus concinna*，种加词 *concinna* 居然是优雅的、整洁的之意，难怪就取名雅榕了。

雅榕通常生于海拔900~1600米密林中或村寨附近，分布于不丹、印度、中南半岛各国、泰国西北部、马来西亚、菲律宾、北加里曼丹和中国。在我国分布于广东、广西、贵州、云南、浙江南部和江西南部。

雅榕的果实

我国的很多城市把雅榕作为市树，比如柳州、乐山、北海等。

最难分的两个榕树，一个是细叶榕，一个是小叶榕，在中国植物标本馆，细叶榕叫榕树（*F. microcarpa*），小叶榕叫雅榕（*F. concinna*）。榕树的种加词 *microcarpa* 由 *micro*（小）+*carpa*（果）组成，是小果的意思，而雅榕的种加词 *concinna* 是优雅的、整洁的意思。它们的特征也不一样，比如叶片、果实，一个比较浅显的分辨方法就是有没有气生根。细叶榕的气生根非常多，不进行修剪的话，到了地上可以长成一根新的树干，独木成林说的就是这个特点，雅榕跟它最大的区别是几乎没有气生根，一副清秀的样子。

福州这座被称为榕城的城市，以榕树多而闻名遐迩。在福州的森林公园有一株"千年古榕"，其树冠遮天蔽日，盖地十多亩，树冠为福州十大古榕之首，故称"榕树王"。它就是一株雅榕。相传这株雅榕是北宋治平年间福州太守张伯玉编户植榕时种下的，距今已有900多年的历史了。该树围9米多，高50多米，冠幅1330多平方米，可谓"榕荫遮半天"。因其位于湖边，烈日下，波光映着古榕枝繁叶茂、苍劲挺拔的英姿，煞是壮观，现已成为森林公园内的一大著名景点。其优雅的树姿、光滑的树干是细叶榕所不具有的特性。

雅榕

第二十章 竹子

竹子属于被子植物中单子叶植物的禾本科竹亚科，常见为乔木或灌木状，稀为藤本状，也有草本。竹子在分类学上与小麦、水稻、玉米、粟等同属于禾本科。竹亚科与禾本科其他亚科的区分，是竹叶有短叶柄，竹叶脱落时短叶柄一起脱落，而其他禾本科植物的叶由叶片和叶鞘组成，叶片无短叶柄。

从世界范围来看，竹类在地理分布上看可分为亚太竹区、美洲竹区、非洲竹区3大区域，有70～80属1200余种。一般生长在热带和亚热带，尤以季风盛行的地区。中国是世界上竹类资源最丰富的国家。根据《中国竹类图志》（2008）及《中国竹类图志（续）》（2017）记载为43属约751种56变种134变型4杂交种，合计945种及种下分类群。自然分布于长江流域及其以南各地，少数种类还可向北延伸至秦岭、汉水及黄河流域各处。

常见的竹子为茎木质化的木本竹，这里我们介绍木本竹的特点。

一、竹子植株特点

（一）茎

分竹秆和根状茎，后者又称为竹鞭。

竹秆多年生，从上而下分为秆茎、秆基、秆柄3个部分。

秆茎向上生长，木质，为竹秆在地面的直立部分，呈现节节相连的外观，具有明显的节和节间。节具两环，上环叫秆环，是竹子居间分生组织停止生长后遗留的痕迹，下环叫箨环，是秆箨掉落后的痕迹，秆箨为茎生叶，后面叙述。两环之间部分称为节内，节内内部具一木质横隔称节隔，把上下两节隔开，其外着生芽或枝。两节之间称节间，通常中空，多为圆柱形，有时在分枝一侧扁平或具沟槽，不同属种竹子节间的形状与长度变化较大。

秆基为秆茎的下部，通常位于地下，且常较秆茎为粗，由数节至十数节组成，其节间极度短缩粗

竹子的茎

竹鞭

壮，节上长芽（称芽眼）、生根。

秆柄为秆基部逐渐变细且无芽无根的部分，与竹鞭或母竹相连。一般由10余节构成。

竹节壁从外至内分为竹青、竹肉、竹黄、竹衣和竹髓腔。

竹鞭地下横向生长，是竹类孕笋成竹、扩大自身数量和生长范围的主要结构。中间稍空，有节且多、密，节上长须根和芽，一些芽发育成竹笋钻出地面长成竹子，一些地下横着生长，发育成新的地下茎，一些竹芽因自然条件不许可未能长出地面。秋冬时节的竹芽尚未长出地面，叫冬笋；春天，竹芽长出地面，叫春笋。

秆茎节内一侧长出分枝，竹类分枝类型各异，不同竹种常常具有固定的分枝类型，因此分枝类型成为竹种鉴定的重要依据之一。一般将其分为下列4种类型：

一枝型　每节1分枝，有时上部几节可具3分枝或3分枝以上。

二枝型　每节具差别不大的、一粗一细的2分枝。

三枝型　每节具粗细相近的3个分枝，有时竹秆上部各节可成为5～7分枝。

多枝型　每节具多数分枝，可分为无主枝型、一主枝型、三主枝型。

（二）根

竹子的根与禾本科植物相似，没有主根，为须根。秆基上长有密集的须根，竹鞭的节上长的也是须根，主要起吸收水分和营养、固定植株的作用，单根竹子须根的固定作用并不强，竹子的固定植株和固土作用是地下竹鞭网及须根的共同作用。

（三）叶

竹子叶二型，有茎生叶与营养叶之分。茎生叶单生在秆的各节，称为秆箨即笋壳，是一种变态叶，由箨鞘、箨舌、箨耳和箨片组成，无柄，纵行脉，无明显中脉，箨鞘扩大而硬，保护笋和幼秆破土及生长，成竹后秆箨脱落。小枝也有秆箨。同一植株的秆箨形态并不一致，一般以秆茎基部的秆箨特点作为竹子分类的依据之一。

营养叶2行排列，剑形，互生于小枝各节，形成类似复叶形式的同一面，由叶鞘、叶舌、叶耳、叶柄和叶片组成，平行脉，主脉及次脉明显，小横脉易见或否，叶鞘常彼此重叠覆盖，相互包卷，叶

竹箨

竹子的花

片及叶柄脱落后叶鞘在枝条存留较久。营养叶冬季并不脱落，常青。

（四）花

竹子花的形态构造与其他禾本植物花基本一致，大多数木本竹类为多年生一次开花植物，花期常可延续数月之久。多数竹子开花前竹叶凋落，竹秆褪去青色，花期不定，一般相隔甚长（数年、数十年乃至百年以上），某些种终生只有一次花期。花两性，花序分两型，有限花序和无限花序，主要通过风媒传粉。

（五）果与种子

颖果，果皮与种皮融合，果实不开裂，俗称竹实、竹米。

二、竹子的生长特点

竹子地上茎初期生长速度超快，有些竹子一天内可长1米多。最矮小的竹种，高10～15厘米，最高大的高40米以上。竹子地上茎的快速生长除了通过每一节基部的分生组织细胞分裂外，主要还通过细胞吸水膨胀而增长，避免细胞分裂所需的能量和时间，实现快速生长。茎的木质化增加竹秆的硬度和韧性。这是竹子适应环境的进化特征，快速生长可以吸收充足的阳光进行光合作用，提供植株营养。

笋形成之初的节数确定成竹后竹秆的节数。竹子从出土开始就基本不再增粗，主秆会继续长高，待完全木质化后主秆也不再长高。竹子是四季常青植物，竹叶在翌年春天集体换叶。

竹子的生长周期分营养生长期和花果期。营养生长期是指竹子从出笋到开花前的阶段，又分为竹秆生长期和枝叶生长期。竹秆生长期是指竹笋形成之初至地上茎达最高高度后开始分枝和长叶的阶段，这个阶段可以持续数月至数年不等。

花果期一般持续数月至一年左右，大部分竹子开花结果后死亡，而且同一片竹林可能来源于同一植株，会出现一整片竹林同时开花结果死亡的现象。

三、竹子的繁殖

竹子的育苗技术：种子育苗、分箨移栽、埋节育苗、扦插育苗、埋鞭育苗技术、空中诱根技术、组织培养技术。

竹子自然林的繁殖主要通过竹鞭在地底下扩张，出芽，长笋，成林。

四、竹子植株群落分型

根据地上茎特点分散生竹、丛生竹或混生竹，根据根状茎特点分合轴型、单轴型、复轴型。秆的生长习性因竹种而异，一般可分为直立型、斜依型、攀缘型和禾草型。

散生竹　　丛生竹

五、中国竹子的历史文化

中国是世界公认的"竹子之乡"，是世界上认识和利用竹子最早的国家，也是与竹子有着最密切关系的国家。7000年前的浙江余姚河姆渡原始社会遗址就发现竹子的实物。中国对竹子的确切记载源于距今6000年左右的仰韶文化。竹在中国文学、绘画艺术、工艺美术、园林艺术、音乐、宗教、民俗上有着极其重要的地位。

古代用来写字的竹片称为竹简，殷商时期用竹简写的书叫竹书，竹简写的信叫竹信。

一篇文章的所有竹片编连一起称为简牍。竹简是造纸发明之前以及纸普及之前的主要书写工具，简牍起源于商代，是我国历史上使用时间最长的书籍形式，对中国文化的保存和传播起到至关重要的作用。早在9世纪我国已开始用竹造纸，比欧洲约早1000年。关于用竹造纸，明代《天工开物》中做了详细记载，并附有竹纸制造图。实际上在竹纸出现以前，制纸工具也离不开竹子。

古人把"不刚不柔，非草非木，小艺空实，大同节目"的植物称为竹。在中国，文人墨客把竹子空心挺直、四季常青、傲雪凌霜等生长特点赋予人格化的高雅、纯洁、虚心、清廉、虚怀若谷、有节、刚直等精神文化象征，誉为君子的化身，有魏晋的竹林七贤，唐朝的竹溪六逸，宋代的苏门六君，清朝的扬州八怪。

据《太平御览》记载，晋代大书法家王子猷（王羲之之子）曾"暂寄人空宅住，使令种竹。或问暂住何烦尔？王啸咏良外，直指竹曰：何可一日无此君！"他平生爱竹，可算竹子的好知音。苏东坡诗画俱全，才华横溢，在《于潜僧绿筠轩》中，他爱竹达到"宁可食无肉，不可居无竹；无肉令人瘦，无竹令人俗。人瘦尚可肥，士俗不可医；旁人笑此言，似高还似痴"的境地。

在我国源远流长的文化史上，松、竹、梅被誉为"岁寒三友"，竹和梅、兰、菊并称为"四君子"。它不但是人们日常生产生活中用途最广泛的植物，也是居家和庭院常见的观赏植物，更是中国古典风格的园林中不可缺少的组成部分。在我国历代文献中数以万计的竹子诗词书画以及竹子和人民生活的息息相关的关系形成了中国独特的竹文化。

毛笔是传统的书写和绘画工具，是中国文房四宝之一，大多数毛笔的笔管以竹制成。

中国与竹子相关的字和成语浩如烟海。1979年版《辞海》收录竹部文字209个，如笔、筒、簿、简、篇、筷、笼、笛、笙、筱、篮等。"竹报平安""衰丝豪竹""青梅竹马""日上三竿"一类的成语也都包含着与竹子有关的有趣典故。这些竹部首文字和成语涉及社会和生活的各个领域，反映了竹子日益为人类所认识和利用，在工农业生产、文化艺术、日常生活等多方面起着重要作用。

竹也是制作乐器的重要材料，中国传统的吹奏乐器和弹拨乐器基本上是用竹制造的。竹是中国音乐文化中不可替代的物质载体，对中国音律的起源产生了重要的影响，自周朝以后，历代即使用定音律，晋代就有以"丝竹"为音乐的名称，有"丝不如竹"之说，唐代演奏乐器的艺人称为"竹人"。与竹子相关的乐器还有横笛、洞箫、笙、排箫、竹哨、竹板儿等。

六、竹子用途

竹子之所以受到人们的偏爱，除了它具有生态适应性强、与人们衣食住行面面相关、经济价值较高外，更因其富有特殊的观赏和审美价值。劳动人民在长期的生产实践和文化活动中，把竹子的特性总结升华为做人的美德和品格，成为一种高尚精神的象征。

（一）饮食

嫩的竹鞭和竹笋可以食用，竹笋是家常美食。竹米是竹子的果实和种子，也可以食用。竹子开花结实是较为罕见的现象，传说凤凰"非梧桐不栖，非竹实不食"。广东梅州钟章美历经40余年，利用青竹开花和水稻开花相互授粉，得到一个新品种，命名为中华竹稻。竹稻抗倒伏、抗旱、抗寒、抗病能力增强，营养价值高。

竹子特有的清香，可以赋予食物特有的香味，如竹筒饭、竹酿酒。

竹子的附生菌类竹荪也是美食。竹荪是竹林的清洁工，负责将死亡的竹子化为土地的养料重回大地。

（二）衣

从自然生长的竹子中提取的纤维，具有良好的透气性、瞬间吸水性、较强的耐磨性和良好的染色

竹笋

性、抗菌、耐磨、防臭，还有化学竹纤维可编织各类型纺织物，如衣物、凉席、窗帘。

（三）住

利用竹子的硬度牢固性、韧性，可直接构建楼房及庭院建筑，如竹楼、竹亭。我国傣族的传统建筑就是竹楼。竹子是人们日常生产生活中用途最广泛的植物，生活用品如竹床、竹椅、竹席、竹筒、竹碗、竹筷、室内装饰和竹地板，近年还有竹纤维纸巾。竹子秆挺拔秀丽、叶潇洒多姿、形多种多样，它四季常青、姿态优美、情趣盎然、独具韵味。

（四）行

因竹子管壁木质化和节内有横隔，造就竹子坚固、韧性和轻便的特点。中国古代制造竹筏作为水上交通工具，竹子在造车、扁担、竹桥，以及多种生产工具上都有应用。

（五）生态

相对于其他植物，竹子的生长异常迅速和生命力强大，因而具有强大的吸收二氧化碳和固碳能力，竹子是碳封存体，固定的碳基本不再释放，因而也是适合生态修复的植物。竹子须根虽浅，但与地下茎能形成网络，固土作用超强，成片的竹林，为众多动物提供栖息环境和食物，中国国宝熊猫就以竹子为食。

竹子快速成材，应用广泛，2022年6月24日中国发起"以竹代塑"倡议，用竹替代塑料制品，减少塑料污染。

（六）其他

因竹子的可塑性超强，应用涉及方方面面。从古代发明的利用杠杆提水的竹制工具"桔槔"以及用竹筒提水灌溉的"高转筒车"，到现代我们日常使用的簸箕、竹篮子、竹扁担等生活用品，大到楼房、小到牙签，还有竹工艺品，数不胜数。甚至是武器，从原始的竹弓射箭到春秋时期的抛石机、宋代的火药箭和竹管火枪等都是竹制武器，其中，竹枪、竹箭、竹弓、竹刺古代及现代均有使用。

中国草木的使用也离不开药用价值，竹子的药用价值广泛，具有清热利尿、止咳化痰、润肠通便等功效。

最后引用我国"竹先生"熊文愈教授对竹子的精辟概括总结：华夏竹文化，上下五千年；衣食住行用，处处竹相连！

七、常见竹子

001　筱竹　*Phyllostachys nidularia*　　　竹亚科 刚竹属

分布于陕西、河南、浙江、江西、广东、广西、湖北和云南。

秆挺直，高达8米，直径约4厘米；节间长约30厘米，被白粉；秆环明显隆起，与箨痕等高或稍高于箨痕；箨痕发亮，初时被棕色刺毛。秆箨绿色，无斑点，上部有乳白色纵条纹，中下部则为紫色纵条纹；箨鞘薄革质，背面新鲜的绿色，无斑点，上部有白粉及乳白色条纹，中下部有紫色条纹；箨耳大，由箨片基部向外延伸而成，三角形或末端延伸成镰形，鞘口刚毛缺或稀少，放射状；箨舌紫褐色，边缘密被白色纤毛；箨片直立，阔三角形，呈舟状。末级小枝通常具1叶，下垂；叶耳及鞘口刚毛微弱或缺；叶舌低，不伸出。花枝呈紧密头状，佛焰苞状苞片1~6片，每片苞片腋内具2~8枚假小穗。笋期4~5月。秆可作篱笆，笋可食用。

篌竹

002　青皮竹　*Bambusa textilis*　　　竹亚科 簕竹属

分布于安徽、广东和广西；西南、华南、华中和华东有引种栽培。

秆高8~10米，直径3~5厘米，下部挺直，尾梢弯垂；节间绿色，幼时被白蜡粉；节处平坦，无毛。箨鞘早落；箨耳小，不相等；箨舌边缘齿裂或有条裂，被短纤毛；箨片直立，易脱落，其长度约为箨鞘长的2/3或过之。叶鞘无毛；叶耳发达，通常呈镰刀形；叶舌极低矮。叶片条状披针形至狭披针形，正面无毛，背面密生短柔毛。假小穗单生或数枚乃至多枚簇生于花枝各节。竹材为著名编制用材。竹篾用作建筑工程脚手架的绑扎篾。中药"天竺黄"产自此竹的节间中。

青皮竹

003　粉单竹　*Bambusa chungii*　　　竹亚科 簕竹属

华南特产，分布于湖南南部、福建（厦门）、广东、广西。模式标本采自广西宜山。

秆直立，顶端微弯曲。节间幼时被白色蜡粉，无毛；秆环平坦；箨环稍隆起；箨鞘早落，脱落后在箨环留存一圈窄的木栓环；叶片质地较厚，披针形至线状披针形，大小有变化。竹材韧性强，节间长，节平，是广东、广西主要篾用竹种；可造纸，也可作庭院绿化。

粉单竹

173

004 佛肚竹 *Bambusa ventricosa* 　　　　竹亚科 簕竹属

分布于广东。现我国南方各地以及亚洲马来西亚和美洲均有引种栽培。

秆二型：正常秆高8~10米，直径3~5厘米，下部稍呈"之"字形曲折；节间下部略微肿胀。畸形秆通常高25~50厘米，直径1~2厘米，节间短缩而基部肿胀，呈瓶状。箨鞘早落；箨耳不相等，边缘具弯曲继毛；箨片直立或外展，易脱落。叶舌极矮；叶片线状披针形至披针形，正面无毛，背面密生短柔毛。本种常作盆栽，人工截顶培植形成畸形植株以供观赏；地面种植则形成高大竹丛，偶尔在正常秆中也长出少数畸形秆。

深圳园林中常见有大佛肚竹（*Bambusa vulgaris* 'Wamin'），其节间更短，更"胖"，更像弥勒佛肚子，深受人们的喜爱。

佛肚竹

大佛肚竹

005 黄金间碧竹 *Bambusa vulgaris* 'Vittata' 　　　　竹亚科 簕竹属

分布于浙江、福建和台湾，华南地区均有栽培。全世界热带和亚热带地区广泛栽培。

秆黄色，节间正常，但具宽窄不等的绿色纵条纹；箨鞘在新鲜时为绿色并具宽窄不等的黄色纵条纹。主要用作观赏。

黄金间碧竹

006 毛竹 *Phyllostachys edulis* 竹亚科 刚竹属

分布自秦岭、汉水流域至长江流域以南和台湾，黄河流域也有多处栽培。

秆高达20米，直径可达20厘米；节间初时密被细柔毛及厚白粉，后变无毛；竿环不明显；箨痕被小刺毛。箨鞘背面黄褐色或紫褐色，具黑褐色斑点，密被棕色刺毛；箨耳微小；箨舌弧拱至尖拱；箨片初时直立，后变外翻。末级小枝具2～4叶；叶耳不明显；叶舌隆起；叶片较小、薄，披针形。笋期4月。毛竹是我国栽培历史悠久、面积最广、经济价值也最重要的竹种。秆型粗大，供建筑用；篾性优良，供编织各种粗细的用具及工艺品；笋分为冬笋和春笋，冬笋鲜食，春笋可鲜食，也可加工成笋干。

毛竹

第二十一章 红树植物

一、红树林的概念

红树林是指生长在热带、亚热带海岸潮间带（即潮涨潮落之间的滩涂地带），受周期性海水浸淹，以红树植物为主体的木本植物群落。它为近海生物提供了极其重要的栖息、繁殖和庇护场所，是海洋生态与生物多样性保护的重要对象，是三大典型海洋生态系统之一，有"海岸森林"之美誉。

多数红树植物体内含有大量单宁，单宁遇到空气会被氧化变红，其木材常呈红色，从树皮中提炼出的单宁可用作红色染料，"红树"之名由此而来。

红树林景观

二、红树植物的分类

红树植物可以分为真红树植物和半红树植物。

真红树植物（true mangrove）是指专一性生长在潮间带的木本植物，它们只能在潮间带环境生长繁殖，在陆地环境不能够繁殖。其特征是胎生、呼吸根与支柱根、泌盐组织和高渗透压。

半红树植物（semi-mangrove）是指既能在潮间带生存，并可在海滩上成为优势种，又能在陆地环境中自然繁殖的两栖木本植物。它们在陆地和潮间带上均可生长和繁殖后代，一般在大潮时才偶然浸到陆缘潮带，无适应潮间带生活的专一性形态特征，具两栖性。

中国原产的真红树26种，半红树植物11种。中国的红树林自然分布于海南、广东、广西、福建、浙江和台湾等地。其中海南26种，广东12种，广西11种，福建7种，台湾11种。

三、红树植物的特征

（一）红树植物的根系

红树植物生长的地方多是淤泥较多的滩涂，土壤环境细腻而缺氧，同时还受到周期性潮汐海水的浸渍和冲击，这就要求根系不仅要为植物争取呼吸空间，还要具备抵抗风浪冲击的固着作用。

红树植物很少会生长一心往地下深扎的直根，而是生长靠近地表耐泥埋的水平缆状根和表面根，以及扩大固着能力的板状根和拱状支柱根，部分植物也有皮孔可用于呼吸。

在海水淹没时间较长的区域，红树植物则分化出了从枝上向下垂的气根和在地面横走的膝状或垂直向上的笋状、指状呼吸根。

（二）红树植物的胎生现象

一般植物在种子成熟后就脱离母树，经过休眠期在适宜的条件下萌发。而真红树植物则不同，红树林所处环境复杂，潮起潮落间，如果种子一熟即落，便会被海浪冲走，难以繁殖，于是，它们发明了特别的繁殖方式，红树林最奇妙的特征——胎生，胎生分成显胎生和隐胎生两类。

红树林中的很多植物的种子还没有离开母体的时候就已经在果实中开始萌发，长成棒状的胚轴。胚轴发育到一定程度后脱离母树，掉落到海滩的淤泥中，几小时后就能在淤泥中扎根生长而成为新的植株，未能及时扎根在淤泥中的胚轴则可随着海流在大海上漂流数个月，在几千里外的海岸扎根生长。这就是红树植物的显胎生现象。

呼吸根

板状根

秋茄树

还有一些红树植物的种子虽然也在树上萌发，但并不会刺出果实来，这种胎生叫隐胎生。

（三）红树植物的避盐和泌盐

红树植物所在的高盐环境对种子来说可是致命的。为了让自己别那么咸，红树植物"练就"了一系列避盐和泌盐的"绝技"，一方面通过控制细胞内盐度在阈值之下来保护细胞免受高盐的影响，另一方面，红树的叶片对排盐起着重要作用。被吸收进植株的多余盐分可以通过叶片的盐腺分泌出去。蒸发后结晶为盐粒。有些红树还会将植株内的少量盐分转到即将脱落的枝叶上，当枝叶脱落时便可排走多余的盐分。

（四）红树植物的价值

一是具有经济价值。红树植物中有可作蜜源的蜡烛果，有种子富含淀粉可食用、可榨油的银叶树，有可抗菌消炎治疗烧伤的木榄，还有可治疗肝炎的老鼠簕等。

二是具有社会价值。红树林还具有很高的科研、生态旅游、自然教育等社会价值。

三是具有生态价值。红树林是生物的理想家园，候鸟的重要中转站和越冬地；天然的海岸卫士，防风消浪、护堤固滩；净化海水，吸收污染物等。

四、真红树植物

001 木榄 *Bruguiera gymnorhiza* 红树科 木榄属

乔木或灌木。又叫包罗剪定、鸡爪浪、剪定、柳定、大头榄、鸡爪榄、五脚里、五梨蛟。分布在我国的广东、广西、福建、台湾等地，非洲东南部、印度、斯里兰卡、马来西亚、泰国、越南等国家亦有分布。

木榄的叶子是碧绿中带点红色。叶椭圆状矩圆形，顶端短尖，基部楔形；叶柄暗绿色、淡红色。木榄的花朵单生，我们看到暗黄红色的是它的花萼，它的花萼很特别，有10多个裂片。花瓣中部以下密被长毛，上部无毛或几无毛，2裂，雄蕊略短于花瓣。

木榄最大的特点是胎生。木榄的果实会吸收母树原有的养分，形成长15~25厘米的胚轴。当胚轴的笔尖有点黄绿色，那就意味着它成熟了，即将要离开母体了。在退潮的时候，胚轴可能会掉落在母树边上，如果被海水推走了，涨潮之时，胚轴会随着海水漂流。胚轴内富含营养物质，保证长途海漂的消耗所需。胚轴内还富含单宁酸，可避免漂浮时被海水腐蚀或动物啃食。

能在红树林这样恶劣的环境中生存，红树林物种都身怀绝技，比如木榄的绝技在于它有强大的根。木榄的根先是往上长，伸出地面后再往下长，重新扎入泥中。如此反复多次，地面上就多了一个个如膝盖状的拱起，称为"膝根"。木榄有许多根，每条根都像上述过程一般生长，并不断反复。所以，我们在木榄林里看到奇特的"膝状"根景观正是许多的木榄共同生长的结果。

木榄的胚轴搅碎煮水可治疗腹泻、糖尿病和痢疾等疾病，树皮可提取单宁入药，具有清热解毒、收敛止泻、止血止痛等功效。胚轴淀粉含量丰富，可食用或酿酒。木榄是中国红树林的优势树种之一，因花果奇特，所以观赏价值高，木材还可当作薪炭用材。

木榄

002　秋茄树　*Kandelia obovata*　　　红树科　秋茄树属

灌木或小乔木。台湾人称之水笔仔、茄行树，也叫红浪、浪柴。产广东、广西、福建、台湾；生于浅海和河流出口冲积带的盐滩。分布于印度、缅甸、泰国、越南、马来西亚、日本等地。模式标本采自马来西亚。

秋茄树高达10米，具板状根；单叶对生，椭圆形或近倒卵形，全缘；叶柄粗，具托叶，早落。二歧聚伞花序，花萼裂片革质，花瓣白色、膜质，短于花萼裂片；雄蕊无定数，长短不一，花柱丝状，与雄蕊等长。

秋茄也有真红树植物的胎生现象。每年春天，秋茄树上就开始挂满粉红的小花蕾，然后，小花蕾慢慢地盛开。不久，小秋茄已经在妈妈的身上萌发了，它细长的身材显得非常苗条，大家都说它像小茄子，很多人以为那是果实，其实专业叫"胚轴"，神奇的是，它的头上永远戴着一顶造型奇特的"小高帽"，那是花萼，还可以看到它脚尖的白点，就像它的"脚丫"。它慢慢长大，身躯愈加健壮，终有一天，小秋茄要离开它的妈妈，扎根在了母亲林荫下的淤泥里。成熟的胚轴长度可以超过20厘米，质量却不足20克，密度小于海水，可随海水漂流。

能在红树林如此"恶劣"环境中占有一席之地，单单一样技能还不行，秋茄树还有一个特别的特性就是它的支柱根。虽名曰树，其实它并不是想象中那么魁梧，长得普遍不高。按道理，如此瘦弱的身躯怎么能抵挡海浪每天的冲击呢？它能。秋茄树的根系极其发达。退潮时，可以看到每一棵秋茄树的根部，都像个高脚楼一般，数条粗大的根高高耸起，形成个笼子般，扎进泥泞的海水之中。秋茄的这种发达的根叫作支柱根，它们成为秋茄树抵御风浪的稳固支架。这样，秋茄树才可以在海浪的冲击下屹立不动。它们不仅仅保护了秋茄树本身，还保护了海岸免受风浪的侵蚀。这也是为什么红树林又被称为"海岸卫士"的原因。

所有的红树植物都有"拒盐"的本领，它们通过构建特殊的"半透膜"体系将盐分过滤，秋茄树当然也不例外。秋茄树的盐分过滤效率可达99%以上，因此它也被称为"拒盐植物"。被吸入植株的多余盐分可以通过秋茄树的叶片的盐腺分泌出去，同时它还会将植株内的少量盐分转运到衰老的枝条或叶片上，脱落时便可排走多余盐分。

秋茄树是全世界分布最广的红树植物，在我国，只要有红树分布的区域都能找到它的身影。它的树皮可入药，味苦、涩，性平，有止血敛伤的功效，主要用于治疗金创刀伤、水火烫伤等。可水煎

秋茄树

内服，也可揭敷外用。其木材坚硬，可供建筑用，也可作车轴、把柄等小件用材。因树皮富含鞣质，可作染料或鞣料。亦是改造海涂、海滩组成红树林的主要树种之一。

003 老鼠簕 *Acanthus ilicifolius*   爵床科 老鼠簕属

红树林特有物种。老鼠簕的名字来自它的果实，椭圆形的果实后面拖着长长的花柱，恰似老鼠的身体和尾巴。加上叶边被称为"簕"的尖锐锯齿。因其叶边有尖锐锯齿，容易刺伤人，故有些地方也叫海刺。老鼠簕天然生长于我国福建、广东、广西、香港、台湾和海南的海岸及潮汐能至的滨海地带；全球范围内，在印度、印度尼西亚、澳大利亚（北部）及中南半岛也有分布。

老鼠簕的托叶呈刺状，叶片长圆形至长圆状披针形，先端急尖，基部楔形，边缘4～5羽状浅裂，近革质。

老鼠簕大概三四月开花，待它们开花的季节，整个红树林的低端处，都是白色带紫的一抹，非常壮观。它的穗状花序顶生，花只有半边花瓣，白色带紫色条纹。

由于生活在潮汐能至的滨海地带，老鼠簕有它独特的生存智慧。老鼠簕的叶片具有盐腺体，能够将体内多余的盐分排出体外，仔细观察就能看到叶片上有大量的白色盐粒，这就是红树植物的"泌盐现象"。

同时，老鼠簕还有支柱根和呼吸根。

与其他许多红树植物相比，它的耐寒能力也是非常强的。作为海上森林的重要成员，老鼠簕除了为鸟类提供栖息地、食物资源外，另一重要生态效益是它的防风消浪、促淤保滩、固岸护堤的功能。此外，据记载老鼠簕的根是一种很好的药材，具有凉血清热、散瘀积、解毒止痛功效。

老鼠簕

004 卤蕨 *Acrostichum aureum* — 凤尾蕨科 卤蕨属

蕨类植物。因长期泡在盐水环境中而得名卤蕨；因为它的孢子为金色，也称金色革蕨、黄金齿朵、金蕨；因为它的生活环境，它也被称作沼泽蕨、红树林蕨等。它的英文名叫 golden leather fern。

卤蕨分布于亚洲热带地区、琉球群岛、非洲、美洲热带和中国。在中国分布于广东、广西、海南、云南和香港，为东南沿海特有，通常只生长在红树林林下或边缘、海岸边泥滩或河岸边。

卤蕨属于中小型蕨类植物，植株高可达2米。根状茎直立，顶端密被褐棕色的阔披针形鳞片。它广布于红树林，一部分时间是泡在海水里，涨潮时只是露出尾端的叶子，它们在海水的浸泡中依然生机盎然，在海水的涨与退中随着漂动，也是一道不错的风景线。

最特别的是它的叶片，叶簇生，基部褐色，被钻状披针形鳞片，向上为枯禾秆色，光滑；上面纵沟，在中部以上沟的隆脊上有2～4对互生的、由羽片退化来的刺状突起；叶片长60～140厘米，奇数一回羽状，羽片多达30对。

卤蕨的叶子分为上下两部分，上部繁殖叶负责产生孢子进行繁殖，下部营养叶负责进行光合作用提供营养。我们看到的红棕色叶片乍看像是坏掉的叶片，其实是卤蕨的繁殖叶到了成熟期啦，此时叶片上的孢子很容易随着风的到来而飘落，叶片上的粉末便是脱落后的孢子。

原产地的当地土著会把它们当作蔬菜来食用，吃的是它拳卷的嫩叶，过热水并用凉水浸泡后，可凉拌或者炒食。卤蕨具有良好的抗菌能力。在中国民间卤蕨作为治疗创伤、止血、风湿、蠕虫感染、便秘、象皮病等的传统草药。卤蕨在园林景观中多用于灌木层，但仅能在南方近热带气候区栽培，可用于海岸绿化，卤蕨也是室内水族箱重要水景植物之一，在鱼缸和草缸的植物造景中有重要作用。

卤蕨

005 无瓣海桑 *Sonneratia apetala* 千屈菜科 海桑属

它天然分布于印度、孟加拉国、马来西亚、斯里兰卡等国，中国广东、海南等地有引进栽培。

无瓣海桑是常绿乔木，高可达15～20米，主干圆柱形，茎干灰色，幼时浅绿色，小枝纤细下垂，有隆起的节。它能在海边恶劣的环境下长势良好，其中有一点就是它有笋状呼吸根伸出水面。叶对生，厚革质，椭圆形至长椭圆形，叶柄淡绿色至粉红色。它的花最大的特征在名字里已经说了——无瓣，大家看到保护花蕊的花被是萼片。无瓣海桑的花甚是奇特，没有花瓣，不过绿色的花萼充当了花瓣的角色。它的果实特别可爱，圆圆的，头上还顶着四枚厚实的绿色萼片，很像柿子。虽然没有花瓣，但无瓣海桑的结果率是很高的。每一棵树的小枝上，总是带着一串绿色的果实。

无瓣海桑最初是1985年从孟加拉国引入我国海南东寨港红树林区的。2001年珠海开始在互花米草滋生地进行人工种植无瓣海桑，因为它具有生长迅速的特点，引进后效果非常明显，在短期内无瓣海桑生长超过互花米草的高度并较快郁闭，从而抑制互花米草的生长，并可恢复红树林生态系统。淇澳红树林面积由1998年32公顷增至现678公顷，互花米草覆盖面积由260公顷减至不足2公顷，淇澳红树林成为国内人工种植连片面积最大的一片红树林。

然而，让人始料未及的是，抑制互花米草的无瓣海桑，由于生长太快，它可以自由地越过林线生长，不出几年，就轮到它称王称霸了，抑制了本土红树林植物的生长，严重影响了生态环境，制约了生物多样性。于是，又开始进行无瓣海桑的砍伐与控制。正所谓，万里江山万里尘，一朝天子一朝臣。

有研究证明，无瓣海桑林中底栖动物生物多样性明显低于同龄本土红树，其中重要的原因在于无瓣海桑凋落物营养水平和单宁含量明显不同于乡土红树。虽然对无瓣海桑是否为入侵植物没定性，但其生长迅速、适应性强、扩散快的特性已形成共识。

一言以蔽之，为了红树林的生物多样性，慎重考量无瓣海桑是否扩繁是重中之重。

无瓣海桑

006 对叶榄李 *Laguncularia racemosa* 使君子科 对叶榄李属

常绿乔木。通常叫作拉关木或者拉贡木，这都是来自属名的音译。它还被叫作假红树，英文名 white mangrove，其中 mangrove 就是红树林，直译过来就是白红树，又白又红的，这名字感觉也是挺矛盾的。

天然分布于美洲东岸和非洲西岸的沿海滩涂，我国 20 世纪 90 年代从墨西哥引入栽培，如今在广东、海南、广西、福建等红树林或者湿地公园广为栽培。

对叶榄李属于速生常绿乔木，其高度可达 15～25 米，胸径可达 30～70 厘米。叶对生，厚革质，叶片基部有一对腺体，叶柄为粉红色，幼茎四棱形。它的花白色，很小，很难拍好，从它不同花型看，应有植株单性雄花，有植株两性花。它的果实稍肉质，扁平，倒卵球形，内有一个种子。种子外面有一层海绵状的果皮，果成熟掉落之后，能浮在海面上，借助海水把它送到远方。对叶榄李结实量大，繁殖能力强。

1999 年，海南东寨港保护区从墨西哥成功引种对叶榄李，2002 年开花结果后再次引种到广东电白、福建莆田等地，且长势良好，均已开花结果。与我国现有红树植物相比，抗寒能力仅次于秋茄树，与桐花树和白骨壤相当。对叶榄李是红树林造林先锋树种和速生树种之一，可生长在盐度为 45‰ 的海滩上，具有良好的抗盐性。种子能在高盐

对叶榄李

度条件下发芽并正常生长，对我国东南沿海裸滩造林具有较高的推广价值。

但是，对叶榄李适应能力强，沙滩、泥滩都能生长；有较高的繁殖体扩散能力，果实一成熟就随波逐流四处飘散并落地生根，而且生长速度极其惊人，攻城略地往往就在一举手一投足间。引进几年后，它的入侵性原形毕露，危害度也在逐年增加。

它的树皮和树叶能产生一种质量很好的单宁，可做一种棕色染料。树皮被用来处理渔网以延长保存时间。另外，它的心材为黄褐色，边材为浅棕色。木头很重，很硬，很结实，纹理很紧密，有时被用来做建筑和木制器皿。木材主要用于燃料，也可制木炭。

对叶榄李

007　海榄雌　*Avicennia marina*　　爵床科 海榄雌属

灌木或乔木。因为其树皮呈灰白色而得名白骨壤，初听让人毛骨悚然，慢慢也就习惯了。广西人叫它榄钱树，台湾人称之海茄冬，海南人称之海豆。

海榄雌生长于海边和盐沼地带，通常为组成海岸红树林的植物种类之一。分布于非洲东部至印度、马来西亚、澳大利亚、新西兰和我国的福建、台湾、广西、广东、海南等地。

海榄雌科植物多为灌木，也有的品种为乔木，有气根。叶对生，全缘，常呈灰白色。花小，花萼5裂；花冠4裂。果实为肉质蒴果，近球形，表面有一层摸起来很舒服的细茸毛。把一层薄薄的表皮剥开，可以看见里面的胚芽。

通常红树林植物的果实都不能吃，甚至有毒，比如海杧果、海刀豆等都是剧毒的典型，偏偏有例外，就是海榄雌了，海榄雌的果实富含淀粉，直径1～2厘米，无毒，可作为人类食物或猪的饲料，是红树林植被中被作为食物利用得最多最广的一种植物。它是红树植物中含单宁较少的，但直接食用仍有苦涩味，故民间采取一些方法加工处理：先用小刀切开果皮，用清水煮沸，去掉黑褐色含单宁的汤汁，再浸泡在清水中，放置半天到一天，捞取后再用水煮，这样可以消除苦涩味。

海榄雌的果实在20世纪60年代曾遭大量采摘，主要用于配制各类菜肴，如加油盐炒制肉类，具独特风味。广西把海榄雌果实叫作"榄钱"，已作为宴会上的珍肴。福建厦门海沧镇居民，曾采摘果实，去涩后，盐浸作早菜配稀饭用。

在海南，它被亲切地叫作海豆，或者红树林果豆。有些渔村选用当地特色食材——红树林果豆，烹制出海岛风情的水鲜菜品。

海榄雌跟很多红树植物一样，具有泌盐现象，其叶肉内有泌盐细胞，能把叶内的含盐水液排出叶面，因此其叶背常可见到闪亮的白色的盐晶体。而且，海榄雌在繁殖方面也非常有智慧，它选择隐胎生繁殖来保证其在海岸生存，其种子在果实内萌发，形成具有幼苗雏形的胚体，果实掉落后，一旦随着海潮漂流到或被海潮冲击到合适的泥滩，胚体就能萌发生根，开始生长发育。

海榄雌主要自然分布在低潮带，即离海水最近的地方；仅有少数可分布到高潮带。在大潮时仅露出树冠顶端甚至全部淹没，常被称为"海底森林"或"海底绿岛"，对土壤适应性较好，可在河口湾泥滩、半泥沙至沙质海滩生长。

总之，海榄雌是种优秀的真红树植物，海榄雌红树林群落在防风防浪、促淤固岸、防护海岸堤坝、调控海岸生态平衡等方面发挥重要作用。

海榄雌

008 海漆 *Excoecaria agallocha* 大戟科 海漆属

常绿乔木。属名*Excoecaria*指其汁液擦在眼上，可使眼盲，种加词*agallocha*是"像沉香的"的意思，据说是因其木材烧起来有香味，因此作为沉香代用品俗称"土沉香"，进而海漆属也叫土沉香属。

海漆通常生于滨海潮湿处，分布于中国、印度、斯里兰卡、泰国、柬埔寨、越南、菲律宾及大洋洲；在我国分布于广西（东兴）、广东（南部及沿海各岛屿）和台湾（基隆、高雄、屏东）。

海漆为中国植物图谱数据库收录的有毒植物，它全株有白色乳液，乳汁有毒，具腐蚀性，触及皮肤会发炎，入眼可引起暂时失明，严重的可导致永久失明，因此又名牛奶树（milky mangrove）或弄盲你的眼（blind your eye）。也因为它的毒性，马来西亚的沙捞越用它作箭毒或毒鱼。

处于红树林的植物，它的高度自然会受环境影响而长不到太高，通常见到的海漆也就2～3米。

海漆的基部分枝较多，呈灌丛状，植株的各个分枝都向地面匍匐生长。它的叶深绿色，有乳汁。互生，厚，近革质，叶片椭圆形或阔椭圆形，全缘或有不明显的疏细齿，干时略背卷，两面均无毛，腹面光滑；中脉粗壮，在腹面凹入，背面显著凸起。

最特别的是海漆的花，它的花不显眼，也不好看，单性，雌雄异株。聚集成腋生、单生或双生的总状花序。它的雄花就是一只只毛毛虫。

雌花顶端是分成三叉的柱头而不是花粉。结果后，雌株上会长出圆圆的绿色的果实。头顶还残留着三叉柱头。海漆的果实就是大戟科的标配了。它的蒴果球形，具3沟槽，分果爿尖卵形，顶端具喙。

海漆具有速生、抗逆性强等特点，对防风固岸有显著效果，是海滨高潮位地带和河道的护岸树。是中国东南沿海大面积营造红树林的重要树种，可用于沿海生态景观林种植。

海漆

五、半红树植物

001 海杧果 *Cerbera manghas* 夹竹桃科 海杧果属

常绿乔木。海杧果因为叶片及果实貌似杧果,及主要生长地为热带沿海的砂地上或近海的河流两岸,因而得名。也称海檬果、猴欢喜、牛荔枝、黄金茄、山杧果等,属于多分枝,枝轮生;叶互生,卵状披针形;花白、芳香且美丽。

海杧果喜生于海边,是一种较好的防潮树种。它既能生长在潮间带,有时成为优势种,也能在陆地上生长,是妥妥的半红树植物。

不过海杧果最特别的地方是有毒!它全株皆有毒、茎、叶、果均有剧毒的白色乳汁,内含一种被称作"海杧果毒素"的剧毒物质,会阻断钙离子在心肌中的传输通道,在食用后的3~6小时内便会毒

海杧果

性发作，致人死亡。

但由于它的外形非常漂亮，并且具有强韧的生命力，故被广泛栽植为行道园景树。海杧果大花多，姿态优美，像展翅高飞的小鸟，花朵清纯，盛开时白白的花朵一团团簇拥在树枝间，而中间的粉红起到画龙点睛的奇效。

生长在海边的植物，它们的妈妈特别有办法，它们的孩子成熟后掉在海上，可以随着海水漂浮，这是海岸林植物传播的特殊方式。海杧果也是如此，它的果皮光滑，内为木质纤维层，使之能于海中保存一段时间而借助海流散布。

因为海杧果的木材质非常轻软，可以用来制作箱子或者柜子，很结实耐用，用来做一些小型的器具也是很好的。它的树皮、叶子和汁液能够提取出催吐和下泻的药物，它的根部和本身含有的汁液，可以很好地祛除风湿，还能起到很好的强心作用。

002　银叶树　*Heritiera littoralis*　　锦葵科 银叶树属

阔叶常绿乔木。因其叶具革质，底有银白色鳞片并被毛而得名，也叫银叶板根、大白叶仔。它的叶面绿色，叶背白色，还有非常明显的板根以及非常有趣的果实，让人见一面就永远忘不了。

银叶树分布于中国、印度、越南、柬埔寨、斯里兰卡、菲律宾和东南亚各地以及非洲东部、大洋洲；在中国主要分布于广东、广西防城和台湾。

银叶树是常绿乔木，高约10米，幼枝被白色鳞秕；叶长圆状披针形、椭圆形或卵形，上面无毛或几无毛，下面密被银白色鳞秕，圆锥花序腋生，花红褐色，花萼钟状；果木质，坚果状，近椭圆形，光滑，干时黄褐色，长约6厘米，背有龙骨状突起。

作为半红树植物的银叶树，它具有两大技能：海漂和板根。

成熟的银叶树果实非常有趣。它的果实龙骨状突起木质化，果外皮具有充满空气的海绵组织，使之能漂浮海面，种子随水流漂泊传播，故称海漂植物。银叶树果实由青色变红褐色后意味着它的成熟，从树上掉下来，随着海水漂流到达一个适合它生长的地方，生根发芽。

同时，银叶树为了适应红树林环境，为了扎根淤泥中，成就了它的板根树称谓。板根，亦称板状根、支柱基板根，是植物支柱根的一种形式。植物一般是把根系扎进土壤，执行吸收水分、养分、供应地上部分茎干、枝叶生长的功能，也起着承受地上部分重力的支撑作用。银叶树的板状根是一种强有力的根系，能够帮助银叶树有效地增强并支撑了地上部分，也可以抵抗大风暴雨的袭击，更有保持水分的作用。

银叶树具抗风、耐盐碱、耐水浸的特性，是防风护堤的能手。此外，银叶树木材坚硬，为建筑、造船和制家具的良材。很难得的是，它还具有药用价值，据说它的树皮可熬汁治血尿症、腹泻和赤痢等。

银叶树

003 玉蕊 *Barringtonia racemosa* 玉蕊科 玉蕊属

常绿小乔木或中等大乔木。也叫水茄苳、穗花棋盘脚。

玉蕊生滨海地区林中，原产非洲、亚洲和大洋洲的热带和亚热带地区。在我国天然分布于海南、台湾、云南、广东和广西等地。

玉蕊在我国常和红树植物混生在一起，因此有人称之为半红树植物，具有很强的耐盐性，在潮水经常浸没的地方也能正常生长。玉蕊喜土层深厚富含腐殖质的砂质土壤，但也具较高的耐旱和耐涝能力。

一串一串垂吊下来的"烟花"般的花朵摇曳在微风中，花香沁人，如摇曳着一帘幽梦。它的花期很长，起码有1个月，每朵花开放的时间也就一个晚上，可它们就像接力棒，每天都安排一些伙计轮番上场。

玉蕊的花好看，结构就四样：雄蕊、雌蕊、花瓣、花萼。位于花瓣中心的是一根雌蕊，独有的一根，而围在它四周的都是雄蕊，雄蕊极多枚，天亮完成传粉后，雄蕊随花瓣掉落，而雌蕊依托花萼留在花序上，繁衍后代。雄蕊辐射状向各个方向散开，花丝极为纤长，白色而基部略带粉色，看起来就像夜空中绽开的烟花。玉蕊的雄蕊大致分为6轮，最内部的雄蕊会产生不育花粉，专门为传粉昆虫提供食物，让昆虫主要取食不能发育的花粉，同时把身上蹭到的可以发育的花粉带到下一朵花上。

每个夜晚，可见长长的花序轴上多朵花几乎同时次第开放，长长的花蕊突然从一个个珍珠般的花苞中炸裂，纷纷探出虬曲的浅粉花丝，弯弯曲曲的花丝渐渐延展伸直，展开成一朵朵粉雕玉琢的琼蕊瑶花。

玉蕊的果皮主要是木栓组织，和树干外层的组织比较类似，木栓组织中的细胞木栓化以后难以通气和透水，同时木栓组织的总体密度比海水低，使得玉蕊可以不依靠气室就能浮在水面上。玉蕊果实的木栓组织非常结实，耐海水腐蚀同时又耐太阳暴晒，可以保护着种子漂浮多年，到达遥远的另一个海岸生根发芽。

玉蕊树形美观，树姿优雅，枝叶婆娑，四季常绿，花期长，在热带地区几乎全年开放，且花多，几乎每个枝条都有一枝或一枝以上的花序。其花常于傍晚开放，至凌晨飘落；玉蕊还是续花树种——在开花结果后还会在果序顶端再生长形成新的花序再开花，是优良的园林景观树种。

玉蕊

004 黄槿 *Hibiscus tiliaceus* 　　　　　　　　　　　　　锦葵科 木槿属

　　常绿灌木或乔木。黄槿，顾名思义，黄色的木槿，有人直呼其黄木槿。也叫糕仔树、桐花、盐水面夹果、朴仔、榄麻、海麻、海罗树、弓背树。

　　黄槿树又高又大，枝叶茂密，树冠宽广，在盛夏里，那片绿荫总让路过的人停下脚步，驻足休息，在海岛，路边是一排排井然有序的黄槿，一年四季，每次经过总能在绿叶间看见一个个金黄色的铃铛，在海风中摇动，在阳光中绽放。

　　黄槿树的花钟形，黄色，喉部暗红。虽说它是四季开花，可夏天是黄槿花盛开最灿烂的时节。清晨，黄槿花迎着晨曦悄悄绽开花苞，随着太阳冉冉升起，那些黄色花朵便在灿烂的阳光里尽情绽放。

　　它的花朝开暮落，过了中午，花儿便渐渐合拢，低下了它高昂的头，黄色也变成橙色。到了傍晚，便凋落了，一朵朵橙色的花掉落在地上，忍不住来个"英年早逝"的哀叹。

　　黄槿的花瓣很好玩，它可不像木槿、朱槿那样狂妄地张开，而是羞涩地半张开着，让你感觉它还会继续打开。细看，它们的花瓣像是在旋转着的风车，五片花瓣重叠着。往里看，你可以看到花心深处有深红褐色的凸起，正中央一支长长的雄蕊伸了

黄槿

出来，满是金黄色的花粉。它的雌蕊与雄蕊合生在一起，花柱被雄蕊管包裹着。剥开两片花瓣后，可以看到雄蕊与雌蕊的结构。它的花苞榄核状，不少人会误以为是它的果实。

成熟后的果实。蒴果卵圆形，长约2厘米，被茸毛，果片5，木质；种子光滑，肾形。

黄槿的叶革质，呈大大的心形，表面光亮，背面被星状疏柔毛。全缘或具不明显细圆齿。黄槿的叶片不但大而且清香，最适合用来包裹点心。如同对粽叶的使用一样，福建以及台湾地区的人们喜欢用黄槿叶来包裹米制品蒸食。这些米制品统统被叫作粿，所以黄槿叶也是粿叶的一种。台湾人因此又叫它糕仔树。

黄槿可为行道树及海岸绿化美化植栽，多生于滨海地区，为海岸防沙、防潮、防风之优良树种。而且，黄槿树皮纤维供制绳索，嫩枝叶供蔬食；木材坚硬致密，耐朽力强，适于做建筑、造船及家具等用。它还是一枚中草药，药用功效：清热止咳、解毒消肿；治外感风热、咳嗽、痰火郁结、咯痰黄稠、肺热咳嗽、痈疮肿毒、支气管炎。

005 阔苞菊 *Pluchea indica*   菊科 阔苞菊属

灌木。海口称之格杂树，《岭南采药库》称之栾樨。在台湾被称为鲫鱼胆，在广西被称为五香香，而在广东中山被称为烟樨。民间还有很多叫法，芫茜、芫荽、萱茜，甚至栾茜。

阔苞菊生于海滨沙地或近潮水的空旷地，主要分布我国台湾和南部各地沿海一带及其一些岛屿；印度、中南半岛、印度尼西亚及菲律宾也有分布。

阔苞菊看起来有点像草本植物，长得不高，有的可高达3米；幼枝被柔毛，后脱毛。它的叶片上下有别，下部叶倒卵形或宽倒卵形，稀椭圆形，上面稍被粉状柔毛或脱毛，边缘有较密细齿或锯齿，两面被卷柔毛。总花苞卵形或钟状，外层有缘毛，花冠丝状。果呈瘦果圆柱形，被疏毛。瘦果圆柱形，

阔苞菊及阔苞菊制成的糕点

有4棱，长1.2～1.8毫米，被疏毛。

在广东的中山，用阔苞菊做的糕点——栾樨饼，是中山人餐桌上必不可少的应节食品。在农历四月，路边的阔苞菊枝叶茂盛，香气四溢，正是最香甜的时候，人们会采摘鲜嫩的阔苞菊叶做饼吃。《中国植物志》写道："鲜叶与米共磨烂，做成糍粑，称栾樨饼，有暖胃去积效能。"

关于阔苞菊，至迟可追溯至19世纪，在我国近代开始有使用和记载。其最早记载于萧步丹所著的《岭南采药录》"治板病，取茎叶捣取自然汁，加入牛皮胶、海带，炖溶服之。"《海洋中药学》中记载，栾樨为消食类中草药，具有温胃化积、软坚散结、祛风除湿的作用。在岭南地区，阔苞菊叶作为一种药食同源的食材则已被广泛应用。阔苞菊不仅叶子有食用价值，其根也具有药用价值，在《香港中草药》中记载：栾樨根，水煎服，可治风湿骨痛、腰痛。

006 水黄皮 *Pongamia pinnata*　　豆科 水黄皮属

中型快速生长的乔木，它是水黄皮属内唯一一种植物。因为它的叶片和身姿与芸香科的黄皮很像，而且多在水里长，于是呼之水黄皮。水黄皮还叫水流豆、水罗豆、水刀豆、野豆、九重吹、挂钱树、臭腥子、鸟树等，相对而言，这些外号更切合它多一点。

水黄皮广泛分布于东南亚到北澳大利亚的太平洋沿岸地区。春天，水黄皮嫩绿的叶子非常妖娆，夏日花开季节，碧绿的叶子之间，粉红色的小花一簇簇拥在一起，煞是美观，并不用很久，一串串的果荚挂在枝头，成就一道不可多得的风景线。

看它的叶片，跟黄皮的叶子还真的像呢。羽状复叶，互生，革质，小叶5～7，对生，卵形至宽椭圆形，托叶早落。它的蝶形花暴露了它的豆科身份，其总状花序腋生，花常2朵簇生于花序总轴的节上，萼宽钟状，萼齿极不明显，有锈色疏柔毛。花冠白色或粉红色，各瓣均具柄，旗瓣背面被丝毛，边缘内卷，龙骨瓣略弯曲。

在水黄皮果实累累的季节，它的荚果木质，矩形，两端尖略呈刀状，扁平无毛，种子1粒，扁球形，黑色，富含油脂。跟海刀豆一样，它也是海漂植物。因为水黄皮的果皮呈木质化，故能在水面上漂浮，因此也叫水流豆。在热带地区，水黄皮就是靠着海流的传送迁移至沿海地区以繁殖下一代。

水黄皮既可用于营造沿海防护林，又适用于沿海陆地的园林绿化。同时，它的木材可制作各种器具，种子油可作燃料。本种的所有部位都有毒，如果误食豆荚或种子、种子油会引起恶心和呕吐，但被当作催吐剂使用。植物的汁液以及油，对害虫有抗菌和抗药性。

水黄皮

007 海滨猫尾木 *Dolichandrone spathacea* 紫葳科 猫尾木属

常绿乔木。也叫南亚猫尾木、新加坡红树等，英文名 mangrove trumpet tree，mangrove 是红树林植物，trumpet 是喇叭花，直译过来就是红树林喇叭花树。猫尾木之名来自它的蒴果，蒴果圆柱状，悬垂且长，密被褐黄色茸毛，像猫尾巴，故名，也叫猫尾。本文的主角常见于海边而被称为海滨猫尾木，只是，它的蒴果与其他猫尾木不一样，光溜溜的，是用了"脱毛剂"的猫尾巴。

海滨猫尾木生长于海岸内滩和河口的积水地，也可在完全不受潮汐影响的陆地生长，分布于自印度马拉巴尔海岸经中南半岛至新几内亚、所罗门群岛、新赫布里底群岛、新喀多尼亚岛和中国，在中国分布于海南东海岸和广东湛江。

海滨猫尾木一年四季都是满树的绿色，它的叶片非常好看，奇数羽状复叶对生，小叶卵形至卵状披针形。它的花就是紫葳科的典型标志了，总状花序具 2~6（~8）花，花梗粗壮，花萼绿色，筒状，长 4~8 厘米，开花时近轴的一方分裂近达基部，呈佛焰苞状，先端钝，具反折的短尖头，尖端外面具有紫色的腺体；花冠初时绿色，开放时白色，喇叭状，冠筒上部外面有腺体。

它的蒴果相对柔软的猫尾木蒴果而言，略为坚硬，蒴果筒状而稍扁，下垂，通常稍弧曲。刚刚结果时通常为绿色。蒴果慢慢由绿色变成灰色，通常能够一直挂在枝间。

海滨猫尾木是优良的半红树树种，应用到红树林消浪林带体系建设中，为中国华南的生态环境建设发挥作用。海滨猫尾木不仅是优良的海岸防护林树种，而且树姿挺拔，花大而美丽，蒴果形似猫尾，可作为一种园林绿化树种在公园、景区和道路上广泛应用。

海滨猫尾木

第二十二章 滨海植物

　　滨海湿地位于海陆交汇区域，受潮水或咸淡水周期性的淹没作用，以及受入海径流、潮汐和波浪的影响，具有开放性、复杂性及复合生态性等特点。潮间带的潮滩上多生长耐盐植被，这些植被是湿地最重要的组成部分，它们能通过生境维护、消减波浪、固土保湿和固存蓝碳等多种方式最大化地发挥湿地的生态功能，并反映湿地生态环境的基本特征。

　　大多数滨海植物要承受海风和台风的吹袭；要忍受烈日的暴晒和高温；要忍耐营养的缺乏、高盐分的折磨；还要面对礁石的坚硬、沙地的松软、海浪的扑打。

　　有的滨海植物，为了更多地汲取养分，抵御风浪，在枝干上长出不定根，处处扎根，如沙滩上的马鞍藤；有的长出气根，既可以吸收地下的水分又可以吸收空气中的水分，如俗称为假菠萝的露兜树；有的滨海植物长出巨大的板根，抵御台风，汲取营养，如银叶树，长出的板根有2米高、好几米长。

　　滨海植物的第一素质就是能承受强风甚至台风的吹袭，它们躯干低矮，有的甚至伏地而生，用放低身段消减了海风的吹袭。烈日暴晒下的海岸边空气干燥，有的植物就长出肥厚的叶子，用来储存水分，有的甚至叶子是革质的，就像打了一层反光的蜡，像我们用的遮阳伞一样，遮挡一些烈日，减少水分的流失。

001　海滨木巴戟　*Morinda citrifolia*　茜草科 巴戟天属

　　灌木至小乔木，也称檄[xí]树、橘叶巴戟、海巴戟、海巴戟天、诺丽果。

　　它生于海滨平地或疏林下，主产地是大溪地群岛，也产于赤道附近的热带地区，比如夏威夷、斐济、印度尼西亚、马来西亚等地。在我国原产于西沙群岛，近年来南方的海滨城市有大量的种植。

　　海滨木巴戟的颜值不算很高，可它那大片大片常绿的叶片非常惹眼，最特别的是它的花序与聚花果，说到聚花果，得从它的花序说起，它是头状花序，相当于一个球，在球面上密密麻麻长满了白色的小花，当花谢之后果实就会膨大，起初这些果实很小，就像是球面上的一个个小颗粒，这些颗粒不断膨大，颗粒之间的空隙就会越来越小，直到最后它们长在了一起，成了一颗果实。因这些点点很像鸡眼，海滨木巴戟又有鸡眼果之称。

　　海滨木巴戟高可达5米；茎直，枝近四棱柱形。叶片交互对生，两端渐尖或急尖，光泽，无毛，叶脉两面凸起，下面脉腋密被短束毛；托叶生叶柄间，无毛。头状花序每隔一节一个，与叶对生，花多数，无梗；萼管彼此间多少黏合，萼檐近截平；花冠白色，漏斗形，裂片卵状披针形，着生花冠喉部，花丝长约3毫米，花药内向，花柱约与冠管等长，子房有时有不育，每室胚珠1颗，胚珠略扁。随时都有小嫩花芽长出，渐渐长成鸡蛋形状、5厘

自然教育实务：植物 ZIRAN JIAOYU SHIWU ZHIWU

海滨木巴戟

米大小的果实，果实上有圆形锯齿或凹凸不平，当它成熟时，黄白色的果子变成透明状，白色的果肉变得很难闻，很难吃的半液体状的东西随时都可能流出来。果实中有许多棕红色的籽，像气囊一样在水中能漂浮。

它的果实可以吃，但它的糟糕气味和味道使多数人只在饥荒的时候吃。很早以前的夏威夷人只在没有其他食物吃时才吃它，但也有很多人以它为食，在索马亚和斐济，人们就把它当饭来生吃或熟吃；澳大利亚人很喜欢吃；在缅甸，人们用咖喱粉来烹饪未成熟的果实，成熟后的果实用盐腌制后生吃，缅甸人甚至烤其籽吃。

海滨木巴戟的果实含有相当高的生物碱和多种维生素。临床药理研究结果表明，其能维护人体细胞组织的正常功能，增强人体免疫力，提高消化道的机能，帮助睡眠及缓解精神压力，减肥和养颜美容。据说在波利尼西亚，将本品的不同部位入药已有2000多年的历史，主要用于抗感染和治疗慢性疾病。在夏威夷传统治疗者长期应用它促进重病患者的康复。

从用作药物到用作食物，到用作染料，海滨木巴戟真是无所不能呀。

002　苦郎树　*Volkameria inermis*　　　唇形科 大青属

攀缘状灌木。也叫苦蓝盘、许树、假茉莉、海常山，它的英文名叫garden quinine、embrert、sorcerers bush等。

苦郎树常生长于海岸沙滩和潮汐能至的地方，产福建、台湾、广东、广西。印度、东南亚至大洋洲北部也有分布。

苦郎树直立或平卧，虽说不是树，可它的木材可作火柴杆。《南方有毒植物》记载它的枝叶有毒。叶对生、薄革质，卵形、椭圆形或椭圆状披针形、卵状披针形，顶端钝尖，基部楔形或宽楔形，全缘，常略反卷，表面深绿色，背面淡绿色。聚伞花序通常由3朵花组成，着生于叶腋或枝顶叶腋。花萼钟状，花冠白色。

苦郎树初看像龙吐珠，又像紫茉莉，虽说名字挂了"树"，可它真不是树，只是一丛小灌木，还带着蔓性，茎长达几米。

作为红树，它可作为我国南部沿海防沙造林树种，为坚固海堤发挥作用。

苦郎树是一种药用植物，有很高的药用价值。中药名水胡满，源自苦郎树的嫩枝叶。据记载，苦郎树是一种广泛应用于印度阿育吠陀医学和悉达医学中的药用植物，常被用来治疗多种不同的疾病，如炎症性疾病、糖尿病、神经精神疾病、哮喘、风湿病、消化系统疾病、泌尿系统疾病等。此外，它也是一种常用的苦味补药。从该种植物中提取出多种化合物，这些水溶性或醇溶性化合物具有止痛、止泻、抗疟、降血糖、镇静、平喘、抗真菌、抗寄生虫及抗关节炎等多种作用和疗效。

苦郎树

003　单叶蔓荆　*Vitex rotundifolia*　　　唇形科 牡荆属

落叶小灌木。也叫白背木耳、蔓荆子叶、白背五指柑等。

单叶蔓荆的植株或高或低，高的可达2米。全株被灰白色柔毛。主茎匍匐地面，节上常生不定根，幼枝四棱形，老枝近圆形。花淡淡的蓝紫色给人一种清凉的感觉。花在花序轴上交错对生，形成一个较长的圆锥花序。花冠二唇形。上唇二裂；下唇三裂，中央的裂瓣上有白色斑纹和细毛；四雄蕊和一雌蕊清晰可辨。说到它的叶片，顾名思义，单叶是毋庸置疑的，这也是它跟其他牡荆属植物最大的区别了。叶片呈倒卵形或圆形，对生在茎上，排列得很整齐，像一朵朵小木耳，叶的表面绿色，叶背是白色，有地方给它一个很形象的名字，白背木耳。

单叶蔓荆会结小黄果子，它的果子就是著名的中药蔓荆子了，蔓荆子在《神农本草经》中列为上品，具有疏散风热、清利头目、止痛的功效。

安徽省太湖县是全国中药材蔓荆子五大产区

单叶蔓荆

之一,据考究具有600多年的生产历史,而且太湖县生产的蔓荆子在省内外都颇有名气。

它是典型的沙滩物种,具有生长快、抗逆性强、繁殖容易的特点,是优良的地被植物,特别适用于沙地和碱性土壤地区绿化,可作为海滨防沙造林树种。

004 银毛树 *Heliotropium arboreum* 紫草科 天芥菜属

小乔木或灌木。由于绿色的叶子上长满了白色的茸毛,故名银毛树。生长的地方绝大多数是看得到海水的地方,所以也有"白水木"之称。还叫白水草、水草等。

银毛树分布于美国东南部沿海地区、中美、欧洲及温带地区、太平洋及印度洋岛屿,我国主要产于海南、西沙群岛及台湾。

银毛树是我国亚热带、热带沿海地带特有的植物。小枝粗壮,密生锈色或白色柔毛;在西沙群岛的鸭公岛上,最醒目的就是银毛树了,它的树冠庞大,枝繁叶茂,生命力顽强。据说岛上最初只有一棵银毛树,由于能在这种"土壤"中生存并长大,岛上的渔民把它称为"树神",每次出海都要祭拜。后来,人们从外地运土过来,又陆续栽种了一些树,才使得岛上出现更多绿色的生机。

在西沙群岛的最南端,有个由台礁发育成的沙岛,由于1946年,中国派军舰"中建号"去接收该岛而改名中建岛。岛上有一株银毛树,被誉为"中建第一树",这是老一辈中建人第一批栽种的890棵15类植物中唯一存活的一棵,其历经37年极端恶劣环境和超强台风破坏,如今树内中空,却仍然屹立不倒,扎根海岛,枝叶繁茂,生机勃勃。

银毛树非常奇特,叶片上被满银丝一样的柔毛,看上去毛茸茸的。银毛树的花密集地开在树的顶端,花朵、花蕾和果实拥挤在一起,精致而又热情。叶片们像摊开的手掌,层层簇拥着花序。

银毛树木质部密度低,枝干脆弱易折,可防止被大台风连根拔起,同时枝干含水丰富,有利于其抵抗台风及树冠的快速恢复。因此,银毛树能较好适应干旱、强光和瘠薄的滨海沙滩环境,在热带珊瑚岛(礁)或滨海地区防风固沙及植被恢复方面有较好的应用前景。

银毛树具有重要的生态价值、观赏价值和食用价值。叶子可以作为食物和香料,也是一种重要的猪饲料。其木材可以用来建造房屋和小渔船,小枝用作柴薪。在斐济,银毛树根的提取物用来治疗风湿病,叶片煮水的蒸汽浴用来治疗女性产后虚弱;在瑙鲁,当地人会把树干和根的分生组织捣碎,用以治疗儿童皮疹、腹泻和因吃变质鱼类导致的中毒。它还可以生长在盐碱地带,抗风能力强,起到了防风固沙的作用。

银毛树

005 厚藤 *Ipomoea pes-caprae* 旋花科 虎掌藤属

多年生匍匐蔓生草本植物。它的叶子像马鞍，称之马鞍藤，还叫沙灯心、马蹄草、鲎藤、海薯等。

厚藤这个名字也因为厚实叶片而得名，叶片先端明显凹陷或是接近两裂，叶肉质，干后厚纸质，卵形、椭圆形、圆形、肾形或长圆形。

厚藤常年开花不断，但以夏季最为繁盛。这个季节，你去到海岸边，看到那一个个粉红或紫红的喇叭，就像一个庞大的交响乐队。单单看它的花，很难将它从其他旋花科植物分辨，旋花科的花可以用九字概括：聚伞花序腋生，花冠漏斗状。

虽然厚藤的花很美，不过它也有旋花科中花的特性，就是早间盛开，午后萎蔫，这也是植物自身的"防晒"机制。厚厚的叶片又有革质的薄膜可以防晒，而娇嫩的花朵则要脆弱得多，为了防止午后阳光的暴晒，机智的花朵选择了收缩花冠来减少直射面积，也可防止过多的水分蒸发。蒴果球形，4瓣裂。

厚藤有着非常强的生命力，也是来自其发达的根茎。它是典型的沙砾海滩植物，在海边盐碱地及高温下，都可以很好地生长，甚至灌溉了海水也可存活，而它的地下根茎有时看似已经枯萎，到第二年雨季来临时，又可冒出新芽来。因此，它也是砂砾不毛之地防风定沙第一线植物，可改变沙地微环境以利其他植物生长。

厚藤茎、叶可作猪饲料；全草入药，有祛风除湿、拔毒消肿之效，治风湿性腰腿痛、腰肌劳损、疮疖肿痛等。

厚藤

006 草海桐 *Scaevola taccada*   草海桐科 草海桐属

多年生常绿亚灌木植物，是典型的滨海植物、半红树植物。叶片很像海桐，因故得名，还叫羊角树、水草仔、细叶水草。

草海桐原产于日本、太平洋岛群、马达加斯加等地，在我国南部海岸至台湾都有分布，主要分布于滨海地区，生长于砂岸或珊瑚礁岩岸，是西沙群岛珊瑚岛植被中的主要建群种。

在南国的海边，也许你会遇到郁郁葱葱、蓬勃生长的绿色长廊，那一定是草海桐，在草海桐肥硕的叶茎间，开着星星点点的白色小花。当你细心查看时，会发现长得不起眼的小花，竟生得花型别致、色彩淡雅，让人不禁感叹大自然的鬼斧神工、百般造化。

它们总是喜欢倚在珊瑚礁岸或是与其他滨海植物聚生于海岸边，迎着大海生长，被人们形容为滨海的草根阶层。

草海桐

因是半红树植物，它们在陆地和潮间带上均可生长和繁殖后代，一般在大潮时才偶然浸到陆缘潮带，无适应潮间带生活的专一性形态特征，具两栖性。很多城市绿化中不时也会用到它。要是你在城市里看见大丛大丛的草海桐，一定不要怀疑你的眼睛，只是城市里的草海桐跟长在海边的草海桐气质完全不一样，海边的它，迎着海风绽放，那种野性，那种粗犷，令人陶醉。

小小的聚伞花序着生于鲜翠欲滴的叶片基部，白中带粉的花朵似乎只有半边，半圆形的花冠向外张开，五裂花瓣排列如扇子，花冠筒状，一边分裂至基部，花柱从深裂处伸出，5枚裂片全部偏斜在一边，边缘有不规则缘毛。

草海桐花朵这种撕裂到一边的特殊造型也是为了生存，迫不得已而为之，它只是为了适应滨海的环境而演化出来的。因为裂开后暴露着的花柱从生理角度来说比较便于接受异花授粉，从而更好地繁育后代，更能适应贫瘠的环境。

花开始是白色的，慢慢变黄，然后凋谢。花凋谢不久就结果了。果实像一粒粒白色的珍珠，镶嵌在一片翠绿之中，不大，萌萌的，很可爱。果为核果，卵球状，白色而无毛或有柔毛，直径7~10毫米，有两条径向沟槽，将果分为两片，每片有4条棱，2室，每室有一颗种子。

草海桐的叶丛生于顶，一枝一丛，丛丛蔓延。叶的正面蜡质光滑，反射着海岸骄阳，叶背及腋间却密生茸毛，以减少蒸发、留住珍贵的水分。平滑的茎干和油亮的叶子所披覆的蜡质，也是它耐贫瘠耐旱的秘密武器。

为了适应高盐的海滩环境，其叶片有一个特殊的结构——盐腺，有泌盐的功能，叶子上白色的晶体就是盐腺分泌物。

草海桐对防风固沙、恢复退化的热带海岛生态系统具有重要的作用，是热带海岛植物的优势树种之一。草海桐也是观赏型植物。草海桐还具有重要的药用价值，其叶片含有丰富的化学成分，具抑菌的作用，同时对刀伤、动物咬伤等也具有一定作用。

007 木麻黄 *Casuarina equisetifolia* 木麻黄科 木麻黄属

常绿乔木，也称马毛树、短枝木麻黄、驳骨树、马尾树。麻黄是一种药材，指的是草麻黄和木贼麻黄的干燥茎，呼之木麻黄，说的是它的枝条形态跟麻黄的枝条很相似，木麻黄就是"乔木状的麻黄"之意了。外国人给它起了很多名，比如 Australian pine tree、horsetail tree、South Sea ironwood、common ironwood、whispering pine，大都因其形态而起。

木麻黄喜高温多湿气候，耐干旱也耐潮湿，适生于海岸的疏松沙地。它原产澳大利亚东北部、北部及太平洋各岛靠近海的沙滩和沙丘上。我国台湾、福建、广东、广西等沿海和南海诸岛屿，均有栽培。

木麻黄根系具根瘤菌，是在瘦瘠沙土上能速生的主要原因。由于它的根系深广，具有耐干旱、抗风沙和耐盐碱的特性，因此成为热带海岸防风固沙的优良先锋树种。

木麻黄高大魁梧，枝繁叶茂，成活率高、生长快速。新中国成立以前，我国基本上没有海防林，沿海城市常受风沙侵袭，损失惨重。为了防风固沙，保持水土，20世纪50年代从大洋洲引进木麻黄树种，经过几十年的努力，我国漫长的海岸线基本上被茂密的海防林所围拢，成为一道迷人的风景线，这条"绿色长城"有效阻挡了台风海潮的侵袭，保护着沿海城市、村庄、农田，为我国海边的生态环境做出了贡献。木麻黄树已经成为我国海边最常见的物种。

木麻黄是被子植物，其树干通直，树冠狭长圆锥状，枝像一根根松针一样，纤细而带节，常柔软下垂。在幼苗阶段为摆脱光胁迫，枝条上举，便于迅速向上生长，幼树阶段，为增大总分枝，降低风胁迫，枝条水平向下生长，以适应海风。它的"叶"看起来是一节一节的，其实那是它的叶柄，叶片是鳞片状的，轮状着生，每轮大概7枚。

木麻黄最大的特点是花单性，雌雄同株或异株。雄花序常生于小枝顶端，呈穗状花序，棒状圆柱形，初紫白色，成熟黄褐色，伸长的花丝将花被片推开而散粉。雌花序常顶生于近枝顶的侧生短枝

自然教育实务：植物 ZIRAN JIAOYU SHIWU ZHIWU

木麻黄

上，呈头状花序，每花有2枚红色柱头。

木麻黄的果序成熟时球果状，亦称假球果。种子散播，为小坚果带薄翅，扁平于假球果上纵列密集排列，从小苞片的开口处随风而去，是实打实的被子植物。

008　海岛藤　*Gymnanthera oblonga*　　　夹竹桃科　海岛藤属

木质藤本植物，俗称假络石。

它的特征有"具乳汁"三字，那是切合夹竹桃科了，只是这个"乳汁"通常有毒，慎重！它是海边的特有种。只是海岛上的藤本植物一眼扫过去就是大堆，如匙羹藤、牛筋藤、牛白藤……将海岛二字冠于它，只能说明它在海岛植物中的地位。它的种子靠海风或海水传播，通常生于海边沙地或水边岩石上。产于广东南部及沿海岛屿，分布于越南、印度尼西亚和澳大利亚等。模式标本采自澳大利亚。

它的叶片很美，油亮光滑，叶对生，纸质，矩圆形，顶端钝，具细尖头，基部圆形或宽楔形；侧脉两面扁平。花不大，黄绿色的花冠，呈高脚碟状，聚伞花序腋生，跟很多萝藦科的物种相类似。

海岛藤与别的夹竹桃科植物的最大区别在于副花冠5裂，肉质，生于花冠筒的喉部之下，与花丝合生。它的果实专业上叫蓇葖，叉生，长披针形，幼时呈绿色，再长大后淡灰色。成熟后，会爆开，带着种毛的种子就暴露在阳光下，这跟我们常见的羊角拗是一样的道理。种子长圆形，棕色，顶端紧缩，具白色绢质种毛；种毛长2厘米。

第二十二章 滨海植物

海岛藤

009 榄仁树 *Terminalia catappa* 使君子科 榄仁属

高大乔木，因果实的形状貌似橄榄的核，故而得名，还称大叶榄仁树、凉扇树、枇杷树、山枇杷树、法国枇杷、楠仁树、雨伞树、岛朴及古巴梯斯树等，外国人称之 Indian almond。

榄仁树原产于马达加斯加、印度东部和安达曼群岛及马来半岛。垂直分布于海岸高地和沿海冲积土上，中国海南、广东、广西、云南、台湾、福建有栽培。

榄仁树长得高大粗壮，一层层环绕平衡分布的树冠，主干笔挺光滑，远看像一把张开的油绿色大伞。叶片紧密互生，单片叶子像极了西游记铁扇公主的芭蕉扇，风吹过，芭蕉扇在空中摇曳生风。到春秋季节，榄仁树的叶片会变得红绿缤纷，在常绿居多、季节并不分明的南方，也是难得的一景了。

因树形太过宽大，榄仁树并不适合种在马路边，在人行道上种植为人遮阴还是不错的选择。果实外壳是一层木质结构，坚硬又疏松，可以浮在水面随波逐流。因此，生长在海边的榄仁树可以借助海浪把后代传播出去，这让榄仁树的足迹遍布热带各地的海边。海边的榄仁树气质非凡，它魁梧的身材与海水构成别样的风景。

海边野生的榄仁树长得并不算大，可是幅面很宽，就像一把大型的太阳伞，阳光下，它们的叶片有序地层层叠叠地向四方展开，树枝顶端那一颗颗青涩的"榄仁"显得那么诱人与可爱。偶尔，从枝叶间伸出的穗状花序，那一朵朵小花是那么的迷人。

榄仁树是大乔木，高15米或更高，树皮褐黑色，纵裂而剥落状；枝平展，近顶部密被棕黄色的茸毛，具密而明显的叶痕。榄仁树最受人青睐的除了它美丽的树形，那就是它的叶片了，叶片常密集于枝顶，榄仁属的属名 *Terminalia* 正是由这个特性

201

而来。叶片宽大，倒卵形，非常美。因为叶子形状有点像枇杷树所以又被人称为"法国枇杷"。榄仁叶能够迅速安全地使鱼缸水的酸碱度降低到pH值6左右，并保持水质维持在弱酸性环境，这种便捷调整鱼缸水质酸碱性的效果被全世界的水族爱好者们知晓并广泛应用，所以榄仁叶又被称作"懒人叶"。水族圈里何时开始使用榄仁叶已无从查证，但最早是从东南亚地区流传开来的。

相对于叶子和果，它的花一直很低调，穗状花序长而纤细，腋生，长15～20厘米，雄花生于上部，两性花生于下部。苞片小，早落；花多数，绿色或白色。

它的果椭圆形，常稍压扁，具2棱，棱上具翅状的狭边，两端稍渐尖，果皮木质，坚硬，成熟时青黑色；种子一颗，含油质。

榄仁树的树皮性味苦、性凉，有收敛之效，对解毒止瘀、化痰止咳、痢疾、痰热咳嗽及疮疡有治疗功效。叶及嫩叶对疝痛、头痛、发热、风湿关节炎有治疗功效。叶汁对皮肤病、麻风及疥癣有治疗功效。种子性味苦、涩、性凉，可清热解毒，对咽喉肿痛、痢疾及肿毒有治疗功效。

榄仁树的种子含油分，油分芳香含杏仁味，可供制成食品添加调味料及药用；果皮含鞣质，可制成黑色染料；果皮、成叶及落叶均可染出黄褐与绿褐色系；而树皮亦含有单宁成分，可制成黑色染料；木材可作船只及家具等的用材。

榄仁树

010 苦槛蓝 *Pentacoelium bontioides* 玄参科 苦槛蓝属

常绿灌木。又叫叉蓝盘、苦蓝盘、塘霸。

苦槛蓝生于海滨潮汐带以上沙地或多石地灌丛中，分布于日本（九州、本州）、越南（北部沿海地区）和中国。

苦槛蓝是半红树植物，它的标签是海岸防护观赏植物，在海边潮界上呈野生状态，广泛分布在我国广东、福建、台湾、浙江等地，具有防护、观赏和药用价值，是沿海防护林建设和景观建设良好树种。

关于苦槛蓝这个名字，"蓝"说的当然是它的蓝紫色花瓣了，带"苦"的植物，通常都会有药用价值，的确是，在中药上，苦槛蓝的根及干均可利用。全年采集后晒干，根可治疗肺病及湿病；茎叶煎服，可为解毒剂，有解诸毒之效。可对于"槛"，大家首先会想到"门槛"，门槛的"槛"读成kǎn，除此，"槛"还读成jiàn，指"1.栏杆。2.关禽兽的木笼；囚笼。"查阅资料时看到这句话："本科一些种可植作绿篱、花灌木，或作海滨及河岸多石地带的绿化材料。"不难理解，在这里，"槛"在这里读成jiàn，说的是它的用途。

苦槛蓝通常为灌木，在特别适生的环境可以长成乔木。它的叶互生，稀对生，全缘或有齿缺，有透明的腺点。苦槛蓝的花腋生，常成束，蓝紫色；

苦槛蓝

萼5裂或分裂；花冠辐射对称，管短而钟状或长而漏斗状；雄蕊4；子房2~10室，每室有胚珠1~2颗；果为一多少透明的小核果。

苦槛蓝喜温暖湿润气候，可在均温5℃下正常生长。对土壤要求不严，对黏土和盐土的适应性都很强，且耐积水，在pH值为5.5~8的黏质土壤上能正常生长发育。

苦槛蓝不仅具有较高的观赏价值，还具有良好的防风、固沙、护堤功能，在海岸生态环境修复中发挥重要的作用。苦槛蓝还可与真红树植物配置组合成高效的消浪红树林带，提高防护功效。

苦槛蓝

第二十三章 藤本植物

藤本植物是指那些茎干细长，自身不能直立生长，必须依附他物而向上攀缘的植物。

按它们茎的质地分为草质藤本（如扁豆、牵牛花、芸豆等）和木质藤本。按照它们的攀附方式，则有缠绕藤本（如紫藤、金银花、何首乌）、吸附藤本（如凌霄、爬山虎、五叶地锦）和卷须藤本（如丝瓜、葫芦、葡萄）、蔓生藤本（如蔷薇、木香、藤本月季）。

藤本植物一直是造园中常用的植物材料，如今可用于园林绿化的面积愈来愈小，充分利用攀缘植物进行垂直绿化是拓展绿化空间、增加城市绿量、提高整体绿化水平、改善生态环境的重要途径。

001 使君子 *Combretum indicum*   使君子科 使君子属

攀缘灌木，也称留求子、仰光藤。

它的名字来自一个人，因为它的药用价值。传说三国以前，使君子的药用价值还没有被发现，有一次，刘备的儿子刘禅肚子肿胀，不思饮食，各方医生束手无策，刘禅在野外的时候无意间吃了使君子的果实治好了疳积病，人们为了纪念它，遂将这种植物叫做使君子。使君是古代对州牧的尊称，刘备曾被曹操举荐为豫州牧，所以被称为"刘豫州"或"刘使君"。刘禅是刘备的儿子，人们因此将这种可以驱除蛔虫的植物称为使君子。

《南方草木状》中记载，使君子原名留求子，云："形如栀子，棱瓣深而两头尖，似诃梨勒而轻，及半黄已熟，中有肉白色，甘如枣，核大。治婴孺之疾。南海交趾俱有之。"

它的种子为中药中最有效的驱蛔药之一，对小儿寄生蛔虫症疗效尤著。小时候我们吃的一种圆锥形的宝塔糖，就是用一种叫作使君子的中药为原料

使君子

做的,用来驱除蛔虫。

远看,满架繁茂的绿叶之间,簇簇红花映衬,煞是悦目。近看,藤蔓交缠,一簇簇一排排地开在藤蔓上,红红白白的铺满了墙角,好像一群群美丽的小彩蝶在藤上翩翩起舞。走近前去,居然闻到花下传来的郁郁芬芳。

为了不同的时间吸引不同的昆虫为它传粉,它一天到晚马不停蹄地更换新衣服,一早的时候它穿的是白色衣服,渐渐地就换成粉红色衣服,最后就换成深红色的衣服了。

它的花分五瓣,花梗细长,像朵朵娇柔的美人低垂着头。叶对生或近对生,叶片膜质,卵形或椭圆形,先端短渐尖,基部钝圆,表面无毛,背面有时疏被棕色柔毛,幼时密生锈色柔毛。

宋代佚名诗人所作的《使君子》一诗曰:"竹篱茅舍趁溪斜,白白红红墙外花。浪得佳名使君子,初无君子到君家",此诗赞扬了使君子花的高洁与尽职,暗讽达官贵人是伪君子。

002 白花油麻藤 *Mucuna birdwoodiana* 豆科 油麻藤属

常绿木质大型藤本植物。簇串状花穗直接长在藤蔓上,花盛开时如小鸟振翅欲飞,因其形似禾雀鸟而俗称禾雀花。中药名叫大血藤或者牛马藤。

生于海拔800~2500米的山地阳处、路旁、溪边,常攀缘在乔灌木上。产中国江西、福建、广东、广西、贵州、四川等地。模式标本采自香港。

禾雀花是一类植物的统称,这类植物为油麻藤属,它们大部分的物种花形都像奇特的鸟。其中,形态相似,颜色多样的白花油麻藤、大果油麻藤和常春油麻藤这三款几乎就是禾雀花的代名词了。其花期不短也不长,从花苞到凋谢大概是1个月,错过了就明年了,现在华南地区很多山里都有原生态的禾雀花,公园更是以它们招揽游客。

每年的3月,白花油麻藤的藤蔓不断攀爬延伸,花越开越多,绵延方圆上千平方米范围,每年开花时,甚是壮观。盛放之时,一串串的禾雀花聚到一起,像花帘、像瀑布,让你仿佛置身花海中。其花序悬挂于悠长盘曲的老茎上,吊挂成串,每串二三十朵,串串下垂,酷似无数白中带翠、如玉温润的小鸟栖息在枝头。禾雀花为下垂花序,每一朵花就像一只小鸟,有毛绒绒的小脑袋,翼瓣如双翅,有调皮而尖翘着的小尾巴,似欲展翅飞翔的小鸟,玲珑可爱,活灵活现。

民间就有俗语称禾雀花是"一藤成景,千腾闹

白花油麻藤

春、百鸟归巢、万鸟栖枝"。

白花油麻藤的鲜花味道甘甜可口，可作蔬菜炒食，还可伴肉类煮汤，煎炒均美味可口；晒干的禾雀花可以药用，是一种降火清热气的佳品。

白花油麻藤中药名也叫大血藤或者牛马藤，是生活中一种常见中药材，它来源于野生植物油麻藤，是这种植物的干燥藤茎，有通经络、强筋骨、补血功效，常用于贫血、白细胞减少症、腰腿痛等症状。白细胞减少是地中海贫血症的一个重要指标，白花油麻藤的藤茎既然能补血，治疗或者改善白细胞减少，是否对地中海贫血症也有一定的治疗作用呢？有待临床考证。

白花油麻藤四季常青，吊挂成串犹如禾雀花飞舞，颇具观赏价值，因此最适宜作公园、庭院等处的大型棚架、绿廊、绿亭、露地餐厅等的顶面绿化；也适于墙垣、假山阳台等处的垂直绿化或作护坡花木；也可用于山岩、叠石、林间配置，颇具自然野趣。

003 紫藤 *Wisteria sinensis* 豆科 紫藤属

落叶攀缘缠绕性大藤本植物。别名藤萝、朱藤、黄环。

在春季，如果说有一种紫能直入人心的话，那该是它了吧。

紫藤茎杆缠绕在人工定制的铁架上，一串串蝴蝶形状的花朵垂直向下，犹如一串串成熟的葡萄，又犹如禾雀花，它染就了一树迷人紫色，灿若霓虹。那点缀着的紫色小花，在春阳的照射下闪耀，犹若慵懒的少女沉睡在清晨最美的时光中。看到如此盛景，不由想起李白的诗："紫藤挂云木，花蔓

紫藤

宜阳春。密叶隐歌鸟，香风留美人。"

紫藤属于木质藤本，它的花序大而美丽，色彩丰富，部分种类还具有芳香怡人的气息，有很高的观赏价值和园林应用前景。目前，紫藤在国内园林绿化工程中应用较多。

紫藤为长寿树种，民间极喜种植，成年的植株茎蔓蜿蜒屈曲，开花繁多，串串花序悬挂于绿叶藤蔓之间，瘦长的荚果迎风摇曳，自古以来中国文人皆爱以其为题材咏诗作画、写意抒情。如虞炎的《玉阶怨》：

　　紫藤拂花树，黄鸟度青枝。
　　思君一叹息，苦泪应言垂。

在河南、山东、河北一带，人们常采紫藤花蒸食，清香味美。北京的"紫萝饼"和一些地方的"紫藤糕""紫藤粥"及"炸紫藤鱼""凉拌葛花""炒葛花菜"等，都是加入了紫藤花做成的。

除了观赏、食用，它还能入药。紫藤以茎皮、花及种子入药。花可以提炼芳香油，并可以解毒、止吐泻。种子有小毒，含有氰化物，可以治疗筋骨疼，还能防止酒腐变质。皮可以杀虫、止痛，还可以治风痹痛、蛲虫病等。

004　凌霄　*Campsis grandiflora*　　　　紫葳科　凌霄属

攀缘藤本植物，也叫五爪龙、红花倒水莲、倒挂金钟、上树龙、堕胎花、藤萝花。

清代吴其濬《植物名实图考》记载，紫葳即凌霄花。凌者，逾越也；霄者，云天也。凌霄借气根攀附于他物生长，高达数丈，故曰凌霄。凌霄花之名始见于《唐本草》，该书在"紫葳"项下曰："此即凌霄花也，及茎、叶具用。"而在春秋时期的《诗经》里就有凌霄的记载，当时人们称之为陵苕，"苕之华，芸其贵矣"说的就是凌霄。

凌霄属于攀缘植物，远看，条条芊蔓倾泻而下，垂花朵朵，花序轴极度伸展，挂着一串串美丽的花朵。近看，顶生圆锥花序，花萼钟状，花冠唇状，内面鲜红色有条纹，外面橙黄色。裂至1/2处，裂片披针形，雄蕊着生于花冠筒近基部。还有那浓淡相宜的绿叶，在藤间有序排列着，为凌霄花做好最美丽的背景。凌霄的叶片是奇数羽状复叶，小叶7～9枚，卵形至卵状披针形，边缘具粗锯齿。一根根尖尖的小豆角好可爱，不过它不是豆科植物，跟豆荚结构肯定不一样，它们的蒴果形似豆角，但结构和开裂方式与豆角不同。

凌霄花的花语是"敬佩、声誉"，寓意着慈母之爱。凌霄花经常与冬青、樱草放在一起，结成花束赠送给母亲，以表达对母亲的热爱之情。

宋代贾昌期赋诗赞曰："披云似有凌云志，向日宁无捧日心。珍重青松好依托，直从平地起千寻"。

唐代欧阳炯诗云："凌霄多半绕棕榈，深染栀黄色不如。满对微风吹细叶，一条龙甲入清虚。"描绘了凌霄具龙之姿，花、叶在微风下的动势……

凌霄为著名的园林花卉之一，是庭院中绿化的优良植物，用细竹支架可以编成各种图案，非常实用美观。也可通过整修制成悬垂盆景，或供装饰窗台晾台等用。

凌霄

凌霄花有个别名居然叫堕胎花，有一定的理论依据：第一，性寒。第二，作为妇科用药有行血之功，孕妇服用容易动胎气。第三，《履巉岩本草》中提到此花有毒。

虽然凌霄花有毒，但是与很多有毒的中草药一样，也能以毒攻毒，可行血散瘀，凉血祛风，用于经闭、产后乳肿、风疹发红、皮肤瘙痒、痤疮等。

005　珊瑚藤　*Antigonon leptopus*　　　蓼科 珊瑚藤属

常绿木质藤本植物。别名凤冠、凤宝石。因其花开时形似珊瑚而得名。

珊瑚原产于中美洲地区，现我国南方地区广泛栽培。

珊瑚藤有着粉白相间的花儿，心形的叶子，须也是弯弯绕绕，就像是在拨动着心弦。如此看来，珊瑚藤简直是极具少女心的一种藤本花卉。

珊瑚藤是总状花序，就是一根花轴上不会再长出分枝，但它会不断长高，且一边长个一边开花，这样的好处是可以在一个花序上看见花朵的不同发育状态，有的刚刚打出花苞，有的已经在凋零，整个生长过程都会在这个花序上完整体现。珊瑚藤是没有花瓣的，出现在我们眼前的粉红，是它的五枚花萼，花都藏在了苞片里边，在它们中间，是数根黄色的雄蕊和一根雌蕊。苞片未张开时，那一个个花蕾就像一个个晶莹剔透的宝石。

日本人叫珊瑚藤为朝日葛，葛的意思是藤蔓，朝日的含义可能是因为这种植物根本不怕太阳晒，越是猛烈的阳光，它长得越好。因为它本就来自阳光灿烂的墨西哥地区。瘦果卵形，具3棱或扁平，通常包于宿存的花被内。珊瑚藤的花像一条项链一样串在一起，也被称为爱的锁链，其义来自它的浪漫英文名——love's chain。

珊瑚藤花形娇柔，花期极长，色彩艳丽，繁

珊瑚藤

花满枝，美丽异常，花繁且具微香，是夏季难得的名花。

珊瑚藤被称为"藤蔓植物之后"，既可栽植于花坛，又是盆栽布置宾馆、会堂窗内两侧花池的良好材料。适合花架、绿荫棚架栽植，是垂直绿化的好材料，有重瓣园艺品种。还可作切花。块根可食。

006 匙羹藤　*Gymnema sylvestre*　　夹竹桃科　匙羹藤属

多年生热带木本藤蔓植物。也是一款中草药，叫作武靴藤、金刚藤、蛇天角、饭杓藤。

匙羹，读作 chí gēng，这是典型的广东话叫法，粤语中的"匙羹"跟普通话里的调羹、勺子、汤匙一个意思。粤语读作匙 ci 羹 gāng。匙羹藤最特别的就是它的果实，果实爆开后，就是一个如假包换的汤匙，于是匙羹藤就这样叫开了。

它原产于印度，现在我国浙江、福建、台湾、广东、海南、广西、云南等地都有分布。

跟其他萝摩科兄弟一样，菁葖（gū tū）果是匙羹藤的标志，未成熟时通体碧绿，挂在藤蔓上玲珑可爱，植物分类学上的描述为卵状披针形。果实成熟后，匙羹藤的果皮由青转褐，沿着侧边裂开，露出整齐排列于内的种子，而裂开的果壳则像一把顶端圆润的调羹或汤匙。种子带着长长的羽毛尾巴，随风飘扬到它喜欢的地方，然后生根发芽。

相对于它的果实，花就小得微不足道了，可是也不能看不起它，没有花哪来的果，而且那么小不点的花能结出那么大的果实，那要敬佩它的"妈妈"了。聚伞花序伞形状，腋生，比叶短，花小，绿白色，花冠绿白色，钟状，裂片卵圆形，钝头，略向右覆盖。

植物世界很神奇，有一些植物会玩一些舌尖上的小把戏，比如神秘果和匙羹藤就是它们中的一对死对头，神秘果可以使任何酸味的食物尝起来有种甜甜的味道，而匙羹藤反其道而行之，吃了它的叶子，一切有甜味的东西也不觉得有甜味了，那时你会体验到什么叫索然无味。

匙羹藤是一种印度传统草药，2000多年前就用来治疗"消渴症（糖尿病）"。古印度《阿育吠陀医经》（*Ayurveda Medicine*）就记载咀嚼该植物的叶子可以破坏糖的甜味，砂糖在口中就像砂砾一样，只是缓慢熔化，感觉不到其甜味，匙羹藤在印度被称为 Gurmar，意思就是"糖的破坏者"。

匙羹藤叶抑制甜味的有效成分为匙羹藤酸，匙羹藤酸是由35个氨基酸残基组成的多肽，可引起味觉减退，对果糖、蔗糖、甜菊苷、木糖醇等8种甜味剂的抑制率为77%，它通过阻断味觉细胞表面甜味感受器官而抑制甜味反应。同时，通过刺激胰岛释放胰岛素进而降低血糖。

随着时代的发展，人们不再那么粗暴地嚼树叶了，在印度，人们把匙羹藤制成茶叶，用来泡水喝，起名吉姆奈玛茶。

匙羹藤全株可药用，民间用以治风湿痹痛、脉管炎、毒蛇咬伤，外用可治痔疮、消肿、枪弹创伤，也可杀虱。但植株有小毒，孕妇慎用。

匙羹藤

007 龙吐珠 *Clerodendrum thomsoniae*　　　　马鞭草科 大青属

藤本植物。开花时深红色的花冠由白色的萼内伸出，状如吐珠，因而得名。龙吐珠的花瓣中间伸出长长的花蕊，就仿佛是另一种吉祥的神兽麒麟一样，所以它有个别名叫麒麟吐珠。

龙也好，麒麟也罢，都带着满满的中国风情。其实它并非国货，原产热带西非，经过英国人传到欧洲，然后来到中国。显然这个名字是中国人赋予它的。除此之外，它还被叫作珍珠宝莲、白萼赪桐、珍珠宝草、臭牡丹藤、白花蛇舌草等。

在18世纪中叶，英旅行家科斯·汤姆森去非洲游历，无意中看到许多黑肤姑娘，用龙吐珠花串成颈链，饰挂在胸前，一黑一白，反差强烈，引起莫大兴趣，于是采得种苗带回试种。

当时植物学家认为他是第一个发现者，遂以他的名字命名。到19世纪末期，马里开始经营这种花草，自行将其改名为珍珠宝塔，到了20世纪初，龙吐珠进入荷兰的国际花市，初时销售量极少，有个华侨工人方福林针对花客喜爱吉祥的心理，建议改用"龙吐珠"来招徕顾客，立即得到老板的采纳。结果生意非常兴隆，几乎远销世界各地。此后，龙吐珠之名就流行全球了。

要是你见到绿叶丛中，那纯白的花色间再来一抹红，你也会被它惊艳，这就是龙吐珠。它几乎全面都在绽放，尤其夏日最盛，它没有杜鹃的艳丽，没有牡丹的妖媚，却在烈日下绽放，吐出一颗颗红珠，那生命之火。

龙吐珠花朵白色部分是它的苞片，呈棱形，像一个个奶白色的"杨桃仔"，在它尖端的裂口间，吐出五根绛红的花儿，疏密匀称地布满在叶片之上。叶片纸质，狭卵形或卵状长圆形，顶端渐尖，基部近圆形，全缘。果实属于核果，近球形，径约1.4厘米，内有2～4分核，外果皮光亮，棕黑色；宿存萼不增大，红紫色。

龙吐珠在中国的栽培史并不长，大家喜欢把它制成盆栽点缀着窗台和庭院。由于龙吐珠的枝条能有一丈之长甚至更长，很多公园拿它制作花篮、拱门或是凉亭等造型，颇有滋味。

龙吐珠

008 绒苞藤 *Congea tomentosa*　　　　唇形科 绒苞藤属

攀缘状灌木，它的茎、叶、花序尤其苞片都被茸毛，其又为藤本，故名绒苞藤，也叫康吉木、白糊木。

绒苞藤产中国云南西双版纳、镇康、耿马、瑞丽、屏边等地；泰国、缅甸等国也有分布，一般生长在海拔600～1200米的疏、密林或灌丛中。

绒苞藤

初听绒苞藤之名，按学名起名的套路会以为是进口货，然而，它却是地道的国货，在云南的西南部有野生的绒苞藤分布，后来首先由西双版纳热带植物园引种、开发，栽培在植物园里，才有机会让大家欣赏到耳目一新的它。目前已经有不少植物园或公园栽培，比如厦门市园林植物园、广西青秀山植物园等。

走进西双版纳热带植物园藤本园，老远就能看见它的身影，低调素雅的花色一度让人怀疑它是花还是叶，远远望去，那紫红色的苞片挂满整个藤蔓，它们繁花锦簇，开得那样盛，开得那样欢。

近看，每朵花的主体由三枚苞片构成，犹如家里的吊扇叶片，而一个个紫红色"叶片"的小吊扇密密层层挂满整个植株，在周边常绿植物的衬映下，花朵显得更加淡雅，更加俏丽。

绒苞藤的花犹如绿叶丛上铺着毛绒绒的毯子，非常温暖。若你忍不住摸上去，手感是非常舒服的。花开时像是开了一树的蝴蝶。春天，如期盛放的绒苞藤总能引人注目，枝条上挂满了紫红色的毛茸茸的苞片，繁盛淡雅又俏皮，绒苞藤真正的花很小，藏在像蝴蝶翅膀一样的苞片中间。

绒苞藤小枝近圆柱形，幼时密被污黄色茸毛，以后变灰白色，具环状节。叶对生，叶片坚纸质，椭圆形、卵圆形或阔椭圆形，全缘。聚伞花序，有无柄花，紫红色，密生白色长柔毛，常再排成长12～30厘米的圆锥花序，总苞片3～4枚，长圆形、宽椭圆形或倒卵状长圆形，顶端圆或微凹，青紫色。花开放时，花朵吐出5枚细长花蕊。

绒苞藤可以生长为攀缘藤，或作为灌木修剪。在霜冻多发的气候，应当在温室中种植。用土基盆栽堆肥，提供强光照，但避免阳光直晒，为茎提供支撑并常修剪以防蔓延。在户外种植时保持土壤水分和日照充足。因具有良好的攀缘效果，可运用在围墙、花架、构筑物等立体空间布置。

009 络石 *Trachelospermum jasminoides* 夹竹桃科 络石属

常绿木质藤本植物。民间的外号很多，如石龙藤、白花藤、软筋藤、悬石、云花、云英、云丹、云珠、耐冬等。

关于它的名字，《唐本草注》有这样的解释："其蔓茎延绕树石侧，以其苞络石木而生，故名络石"。络石花香浓烈，犹如茉莉的香味，也因为它的花形旋转的方式与古写的"卐"字十分相似，又像小风车，故得名万字茉莉、风车茉莉。

络石在我国大部分省区都有分布，生于山野、溪边、路旁、林缘或杂木林中，常缠绕于树上或攀缘于墙壁上、岩石上，亦有移栽于园圃供观赏。日本、朝鲜和越南也有。

入夏之后，华东不断传来络石的花讯，无非就是：野外的络石开爆了。而在广东，野外见到的机会不多，倒是不少园林绿化会用到它。相对而言，华南的它们要收敛很多，委婉很多。柔韧的身子，缠缠绵绵，那不多不少的"风车"，不浓不淡的香味，在初夏的风中旋转，仿佛带来丝丝凉意和淡淡的茉莉花香。

络石的枝条灰褐色或者赤褐色。值得注意的是络石属于夹竹桃科，因此茎叶均具乳汁，但乳汁对心脏有毒害作用。

络石四季常绿，对生的革质叶片油亮碧绿，长久以来就被人们当作理想的装饰墙面的植物，正如古人诗云："古墙行络石，乔木上凌霄"。

络石的叶片很特别，革质或近革质，质感像纸，比较脆，叶面光滑，叶片的形态比较多变：椭圆形至卵状椭圆形或宽倒卵形；叶顶端锐尖至渐尖或钝，有时微凹或有小凸尖，叶片基部渐狭至钝。

最有特色的当然是络石的花瓣了，共5枚，每一枚都有一个角翻卷起来，形状像是小小的白色风车，动感十足。花纯白色，花冠筒圆筒形，中部膨大，外面无毛，内面在喉部及雄蕊着生处被短柔毛，花瓣完全打开后常呈右螺旋形排列，无毛，雄蕊着生在花冠筒中部，花药箭头状，凑近了闻，有淡淡的香味。

没打开的花苞呈圆锥形，花瓣裂片也是螺旋紧抱，顶端钝。在花瓣底部有细长萼片，5深裂，裂片线状披针形，顶部反卷。此外，整朵花具有一个较长的花柄，形成复聚伞形花序，常顶生在枝头。

络石果子神似一次性筷子，刚长出来时，两边并得紧紧的，快成熟时，两条腿慢慢打开。蓇葖果双生，长圆状披针形；种子线状长圆形，顶端具种毛，种毛白色绢质。种子成熟后，种荚裂开，细长的褐色的种子，头顶着天鹅绒般细嫩、光滑、洁白的种毛，御风而行，寻找新的家园。

络石是一种很受欢迎的垂直绿化藤蔓。最常见的是将它作为花架等立体绿化和庭院植物来应用，因为花量大，雪白一片，能营造出静雅的环境氛围，深得人们喜爱。此外，在粗犷环境，可直接把它当作地被。

除却观赏价值，络石还是一味中药，其干燥后的藤茎带叶称为络石藤，是《中国药典》收录的品种。始载于《神农本草经》，列为上品，有祛风通络、凉血消肿功效。用于风湿热痹、筋脉拘挛、腰膝酸痛、喉痹、痈肿、跌扑损伤。近年来，对络石的相关研究表明，它还有抗氧化、抗炎、抗疲劳等药理活性，还可以与其他中药配伍治疗多种疾病。

络石

010 盒果藤 *Operculina turpethum* 旋花科 盒果藤属

多年生缠绕草本植物。其蒴果成熟后周裂，其状如盖，因此得名，也称松筋藤、红薯藤、软筋藤、假薯藤、水薯藤、紫翅藤。

生长于海拔0~520米的山谷路旁、溪边或灌丛阳处。产我国的广东、海南、广西西部、台湾、云南南部。分布于热带东非、马斯克林群岛、塞舌尔群岛、热带亚洲至热带大洋洲及波利尼西亚，输入大小安的列斯群岛。

最可爱的是它的果实，就像一个个诱人的水蜜桃，外表白里透红，很想尝试它的味道。可细究之下才发现，这白里透红的"果皮"只是增大的萼片，它们把里面的种子团团围住，好好保护着。待种子成熟了，它们才逐渐脱离，这是多么伟大的母爱呀。

盒果藤跟番薯很像，属于大型缠绕草本，茎、叶柄和花序梗常有翅，茎圆柱状，时而螺旋扭曲。叶全缘或掌状分裂，基部常心形。

它的花跟蕹菜的花几乎没啥区别，花大，排成具1至数花的聚伞花序；萼片5，通常一侧肿胀，常于结果时增大；花冠通常钟状；子房2室，花柱单一，柱头2裂。蒴果包藏于增大的花萼内，成熟时于中部或上部横裂，上半部脱落。蒴果扁球形，直径约1.5厘米。成熟的果实萼片自行打开，为种子的传播做好准备。每个果实里面有种子4，卵圆状三棱形，径约6毫米，黑色，无毛。

它的中药名就叫盒果藤，来自盒果藤的全草或根皮。资料显示，它们全年或秋季供采收，洗净，切片或段，晒干。有利水、通便、舒筋功效。主水肿、大便秘结、久伤筋硬、不能伸缩。

盒果藤

011 龙须藤 *Phanera championii* 豆科 火索藤属

常绿藤本植物。因为它的枝条上有细长卷须，看起来似龙须，又是藤本植物，故名龙须藤；别名很多，在《植物名实图考》中和江西叫田螺虎树；在广东还叫菊花木、五花血藤、圆龙、蛤叶、乌郎藤、罗亚多藤；在海南叫百代藤；在广西叫乌皮藤、搭袋藤；在湖南、台湾叫钩藤。

213

龙须藤生于低海拔至中海拔的丘陵灌丛或山地疏林和密林中。产浙江、台湾、福建、广东、广西、江西、湖南、湖北和贵州。印度、越南和印度尼西亚有分布。模式标本采自香港。

它的花跟我们绿化带常见到的羊蹄甲属物种很不一样，花很小，待到夏秋季节，一朵又一朵细小却精美无比的黄白色蕾丝状花蕾开始从下而上，渐次怒放，在山野的树丛里，岩石上像瀑布一样倾泻而下，如梦如幻，煞是好看。龙须藤最大的特点是它的"野"，生命力非常顽强，能在贫瘠的山石地生长，根极具穿透力，甚至能穿破岩石，所以又叫过岗圆龙或过岗龙。

它的叶片有两个尖端，并向两边敞开，在野外很容易分辨。不过，龙须藤的叶片变化很大，款式多样，甚至经常出现不裂的情形。

龙须藤小枝和花序有柔毛。单叶互生，叶片纸质，卵形或心形，先端微凹或2裂，表面无毛，背面有短毛，基脉5～7出，叶柄长2厘米左右。

6～9月是龙须藤开花的季节，总状花序，窄长，腋生；花蕾椭圆形，花托漏斗形，萼片披针形，花瓣白色，有瓣柄，瓣片匙形，长4毫米左右，雄蕊花丝长6毫米左右。秋天，龙须藤是一边开花一边结果。荚果倒卵状长圆形或带状，扁平，长7～12厘米，果瓣革质，里面有种子2～5粒。

大凡野外的植物，劳动人民都能发现它们的药用价值，而龙须藤更加是一款实打实的中药。干燥藤茎药用，全年可采，洗净切片蒸熟晒干即可；其味苦、涩、性平，具有祛风除湿、活血止痛、健脾理气功效；主要含有黄酮类、甾醇类、芳香酸类、萜类等有效成分。近些年，园艺工作者从野外把它引进栽培，关于它的颁奖词是这样写的：龙须藤为常绿藤本植物，叶形独特美观，缠绕攀爬能力强，遮阴性强，绿化面积大，是一种很好的园林绿化植物。

它可以作为棚架、绿廊、墙垣等处攀缘绿化；也可以在陡坡、岩壁作垂直绿化；还可以用于公路护坡绿化、盘树缠绕或林间配置。

龙须藤

012 扁担藤 *Tetrastigma planicaule* 葡萄科 崖爬藤属

攀缘木质藤本植物，茎呈阔扁状，因其像扁担而得名。又叫腰带藤、扁骨风、扁藤。

扁担藤主要生于山谷、山坡等海拔100~2000米环境中，我国广东、广西、福建、贵州、云南、西藏等地较多。

说起扁担无人不知。它是生产生活中的用具之一，尤其是山区交通不便的地方，依旧是搬运货物的便捷有效的工具。扁担藤和扁担当然是两回事，可扁担藤的茎神似扁担，只要你见过它，就过目不忘。进入热带地区的山野，随处可见它的身影，为了争取更多的阳光雨露，扁担藤依靠卷须，攀附大树或山石，依势而上，等到时机合适，再长枝长叶，大显身手。

扁担藤也是藤本植物中为数不多的具有老茎开花、老茎结果的植物，它的花果都仅仅出现在较粗壮的藤茎基部，甚至贴地而生。花不好看，也不显眼，十分细小，但数量极多，呈淡紫色，密密麻麻，成丛成簇。

它的果实大小如鸽卵，圆球形，串状或团状，果实幼嫩时绿色，成熟时棕红色，变软，汁多微甜，果子倒是可以吃的，但不太好吃，酸酸的，在缺乏零食的年代，它也算是儿时的水果了。据说在云南西双版纳傣族的朋友，还会用这种野果来酿酒，因为它本来就是葡萄科的，葡萄科的果实酿酒估计是它们的天职了。

木质藤本植物的主要特征是茎不能直立，必

扁担藤

须缠绕或攀附在他物而向上生长。扁担藤就属于这种。资料显示它的藤长5~6m。其茎很粗壮，是一种天然"水源"——如果切断扁担藤茎，有汁液流出，似泉水一般，甜美可口，可饮用解渴。生活在山区的农民朋友，进山一般不带水壶，就靠这种天然汁液解渴，因此这些山区的朋友也称它为"天然水壶"。

扁担藤全株都可以入药，具有祛风除湿、舒筋活络的功效，将扁担藤的茎切片洗净，晒干即可，使用的时候，用晒干的茎片煮水来洗患处，可起到治疗风湿骨痛、腰肌劳损、跌打损伤、半身不遂等多种症状，尤其是对于风湿一类病症，扁担藤的茎片可是良药，因此在西藏、云南等地民间，许多山区的农民朋友会用扁担藤来治风湿病。

扁担藤

扁担藤的花、果、茎皆美观，颇有观赏性和趣味性，其四季常绿、喜光耐阴、喜湿耐旱、抗逆性较强、攀爬能力强、覆盖面积大，是园林造景中垂直绿化的理想选材。

013 爱之蔓 *Ceropegia woodii*　　夹竹桃科 吊灯花属

多肉植物。也叫心蔓、吊金钱、蜡花、一寸心、心心相印、一串心、心连心。英文名为rosary vine（念珠藤），也是挺有诗意的。

爱之蔓原产于南非及津巴布韦，现世界多地可栽培。在华南植物园的沙漠温室，爱之蔓从路边的人造拱门里垂吊在眼前，两朵可人的小花一上一下挂在藤蔓里，沿着藤蔓往上看，竟然发现有果，对，那就是萝藦科所特有的蓇葖果，果实并不大，尖尖的、细细的、还没爆开，这无疑暴露了它的家族身份。

爱之蔓最出彩的部分是它成串的心形叶片，经常被当作爱情的象征，很容易吸引人们的目光。爱之蔓除了有可爱的心形叶外，另一个特色是成熟植株的叶柄基部，会长出一颗颗的圆形块茎，看起来就像一串串念珠。

爱之蔓在散射光的条件下就可以生长得很好，有人在室内栽种成片的爱之蔓，让它自然垂坠，当作区隔空间用的天然窗帘，别有一番风味。

爱之蔓具有如此纤细的身姿，却是多肉植物，当然，这个跟体型关系不大，是它的特性。

它的植株从带有结节的块茎中生出并匍匐生长，块茎灰色，质地坚硬、有褶皱。从中萌生出数根紫色、线状的匍匐茎。

该种会在叶腋处长出圆形块茎，称"零余子"，有贮存养分、水分及繁殖的功用。叶对生，肥厚肉质，呈心形；叶深绿色，叶面上有灰、白色网状花纹，叶背呈紫红色。爱之蔓的花也是特别有趣，它属于吊灯花属，看它的花，就知道这个属名是怎么来的了。花朵自叶腋生出，较细长、壶状，为鲜艳的红褐色。花托隆起，紫色。爱之蔓原属于萝藦科，所以它具有萝藦科特有的蓇葖果，羊角状，非常细。

爱之蔓性喜散射光，忌强光直射。较耐旱，不喜肥，其根部有硕大的块茎，能够储存养分和水分。爱之蔓一般采用扦插、压条和块茎繁殖，其茎叶纤细，形态优美，具有一定的观赏价值。

爱之蔓

014 鹅掌藤 *Heptapleurum arboricola*   五加科 鹅掌柴属

藤状灌木。

最有特色的是它的叶片，椭圆形的小叶片在叶柄上围绕成一圈，排列成手指的形状，在植物学上称之为掌状复叶，命名人说它像鹅掌就叫它鹅掌藤了，也因为这个叶片，民间还称之为汉桃叶、狗脚蹄等，商家称之招财树。

它生于谷地密林下或溪边较湿润处，常附生于树上，分布于我国台湾、广西及海南各地，现在广泛用于园林绿化。模式标本采自台湾。

在《中国植物志》描述的生活型里，它叫"藤状灌木"，在植物智里，它叫"灌木，稀藤本"，那是现在的形态。简单说，原生态的鹅掌藤它确实是藤，只是人们发现这种终年常绿又皮实耐修剪的植物，成了绿化带灌木篱的最佳选择，可是在城市里的它"惨遭毒手"，被人反复修剪，一有冒头的趋势就被人剪掉，于是我们看到的鹅掌藤只能长成灌木丛的样子。要是让鹅掌藤回归野外，任其生长，它会就恢复藤本植物的原貌，攀缘上树了。

鹅掌藤是常见的园艺观叶植物，经改良后而有斑叶鹅掌藤，高可达十余尺，故可当庭院树，虽是阳性植物，但因适阴性强，所以被推广为盆栽。

它还有药用价值，可行气止痛、活血消肿、辛香走窜、温通血脉，既能行气开瘀止痛，又能活血生新。民间用于治疗风湿性关节炎、骨痛骨折、扭伤挫伤以及腰腿痛、胃痛和瘫痪等。

鹅掌藤

第二十四章 指示植物

植物的生长和发育依靠植物本身与周围环境进行物质和能量交换。换句话说，植物的生长依赖于环境条件，因此，环境条件影响着植物的分布，植物对生长的环境也有着的指示作用。但不同植物对环境的敏感性是不尽相同的，同一植物对不同环境因子的敏感性也是不同的。人类在长期的观察与实践中，发现了很多对特殊环境具有指向性的植物种类。

指示植物是指具有环境指示作用的植物，它们能够指示一定区域范围内生长环境，是某些环境条件的植物种、属或群落。这些植物与被指示对象之间在全部分布区内保持联系的称为普遍指示植物；只在分布区的一定地区内保持联系的则称为地方指示植物。指示植物的作用包括指示土壤、水质情况、空气污染等。

指示植物应具备的条件包括：①对环境条件敏感，能够快速响应环境变化。②在特定环境中具有明显的生长优势或特定的生长习性。③易于识别和监测，以便于大规模应用和研究。④具有稳定的生物学或生态学特性，能够可靠地指示环境状况。

一、土壤指示植物

植物能指示土壤类型、土壤酸碱度、土壤水分状况。

芒萁为酸性土的指示植物。又称狼萁、芒萁骨、铁狼萁，俗名土藤。属于里白科蕨类植物，生于山坡林下，有保持水土的作用。

芒萁生强酸性土的荒坡或林缘，在森林砍伐后或放荒后的坡地上常成优势的中草群落。芒萁的繁盛，很大程度上要归功于那些横走的根状茎，它们匍匐在地面，下生出细密的根抓紧泥土，上举着密集的枝叶。当刀斧贴地砍过，枝损叶亡，低调的茎却顽强地活着，孕育着新芽，它们是冬日里隐蔽的堡垒，也是春日里将士们的大本营。

芒萁根系发达，地下茎具有无限分枝的特性，交叉分枝、每个节都可以生根，庞大的根系组成一个密集的根网，所以抗冲刷、固土能力特别强，这使它成为促进南方水土流失区植被恢复的首选植物。

圆叶乌桕喜生于阳光充足的石灰岩山地，为钙

芒萁

质土的指示植物,我国分布于云南、贵州、广西、广东和湖南,越南北部也有。

圆叶乌桕的花序跟山乌桕非常像,一根根长条形的花序竖立在枝顶,指向天空,它的花为单性,雌雄同株,黄绿色的小花聚集成穗状花序,雌花通常着生在花序轴的底端,雄花序则着生在上部。蒴果近球形,有三个果爿,还没成熟的是青青的,也不大,成熟后外壳会变成黑色,很快会炸裂脱落,每个蒴果有三爿,每个分果爿中有一粒种子,每个种子的外面有一层白色的蜡质假种皮,三颗种子聚集在一起。种子上这层蜡质,也是乌桕属植物的一个分类特征,乌桕、圆叶乌桕、桂林乌桕、山乌桕和多果乌桕,它们的种子都是有蜡质外套的。

圆叶乌桕树形优美,叶形独特,而且喜光并能适应旱生环境,是一种极具应用前景的石灰岩风景林树种;其种子的油脂含量高,是一种有应用前景的油脂树种。

任豆适应性强,耐干旱,生长迅速,侧根粗壮发达,是石灰岩地区特有种,生于石缝、石面浅层表土甚至石崖。任豆长期作为速生树种培育,具有推广种植和综合利用开发的特殊价值,对我国石漠化治理工程实施产生了积极的效果。

再如蜈蚣草是钙质土的指示植物;碱蓬的生长反映了盐碱性的土壤环境。

圆叶乌桕

二、气候指示植物

可以用某些植物能否正常生存,指示大气气候类型的边界所在和山地垂直气候带的划分。

红树林是指生长在热带、亚热带海岸潮间带(即潮涨潮落之间的滩涂地带),受周期性海水浸淹的木本植物群落统称。多数红树植物体内含有大量单宁,单宁遇到空气会被氧化变红,其木材常呈红色,从树皮中提炼出的单宁可用作红色染料,"红树"之名由此而来。秋茄、桐花树、木榄、海榄雌、老鼠簕、无瓣海桑、海桑、水椰等真红树植物就是热带亚热带潮间带的植物。

热带雨林是地球上一种常见于赤道附近热带地区的森林生态系统景观,是地球上抵抗力稳定性最高的生态系统,常年气候炎热,雨量充沛,季节差异极不明显,生物群落演替速度极快,是世界上大于一半的动植物物种的栖息地。望天树等龙脑香科植物是热带雨林的指示植物。

还如兴安落叶松指示湿润的亚寒带气候;油茶指示湿润的亚热带气候;椰子的正常生长是热带气候的标志。植物还可指示气候特征:仙人掌、骆驼刺指示干旱的气候;芦苇、芒萁指示湿润的气候。

红树植物

三、矿产指示植物

植物在生长过程中除了吸收必需的氮、磷、钾营养元素外，还会因为个体需求不同，吸收其他微量元素，而当土壤中某种微量元素异常丰富时，该种植物便会长得格外粗壮、高大、花色艳丽，表现异常繁茂。在我国古代，先人便掌握了植物的这些生长特性，把植物的这些生理特性应用于探矿寻宝，《酉阳杂俎》载："山上有葱，其下有银；山上有薤，其下有金；山上有姜，下有铜锡。"

问荆，自然界的黄金探测仪问荆草，最早是叫"问金"，能从土壤中吸收黄金。它长得越茂盛，就代表着土壤中的金属含量越高。问荆的幼嫩春枝的尖端可作蔬菜炒食，含胡萝卜素及丙种维生素，具有食用价值。还具有止血、利尿、明目之功效，主治鼻衄、吐血、便血、崩漏、外伤出血。

1985年，在山东三山岛，石竹被首次发现与胶东半岛的金矿在空间上存在伴生关系，至1989年胶东金矿开始开采，至今已累计生产黄金超过50吨。

石竹由此成为黄金矿产资源的主要指示植物。

再比如蔚蓝色野玫瑰，其下多有铜矿；忍冬草其下多有金、银伴生矿藏；石松一般是寻找铝矿的好地方；车前草生长茂盛的地方有锌矿；艾蒿下有可能是锰矿等。

四、环境污染指示植物

植物对有毒有害物质的忍受能力不同，可利用环境指示植物进行监测。

海菜花，也叫水性杨花，它是一种珍贵的沉水植物，喜爱洁净，水体要求清晰透明，无任何污染，才能生长。这种"富贵花"，由于生长条件苛刻，对水质污染很敏感，所以用它来判别水质是否受到污染，环保部门称其为"环保花"，是监测水体质量的指示植物之一。

海菜花和其他的沉水植物一样，能在水下形成大面积的、稳定的群落，吸附河流中的泥沙，吸收水中的氮、磷等营养物质，控制水体富营养化，从而起到净化水质的作用。海菜花的嫩叶和花莛富含多种微量元素、维生素和碳水化合物，是一种低热量、无脂肪的野生绿色食品，被当地人视为夏天的时令菜。海菜花除了营养丰富外，还具有养颜美容、明目养肝、化痰止咳的功效。

雪松是空气污染指示植物，对二氧化硫和氟化氢很敏感，若空气中有这两种气体存在时，它的针叶就会发黄变枯。

芦荟是空气质量指示植物，二氧化碳含量较高时，生长受到抑制；浓度过高时，叶片上会出现褐色或黑色斑点。

美人蕉是有害气体指示植物。美人蕉叶片易受害，反应敏感，是有害气体污染环境监测器。

对二氧化硫有指示作用的植物有地衣、紫花苜蓿、萝卜、松树、莴苣、菠菜、杉等；具有吸附作用的有黄瓜、菊、芹、玉米、夹竹桃、丁香、橘类果树等；对氟化物具有指示作用的植物有山芋、桃、杏、白薯、落叶松等。

植物的某些特征，如花的颜色、生态类群、年轮、畸形变异、化学成分等也具有指示某种生态条件的意义。

海菜花

第二十五章 古树名木

人们在谈论某件事物的时候，总是喜欢探究下"最"，比如树，这个存在于地球超过3.7亿年的生物体，最大的，最小的，最老的，最高的……都是哪些树，这些树又生长在哪里呢？

比如说世界上最高的树，目前是美国加利福尼亚州的一棵北美红杉，以115米的高度位居榜首，它的名字叫"亥伯龙神"。在中国，这个记录在近几年屡次被打破，2023年5月26日在林芝发现了一棵102.3米的西藏柏木，成为亚洲第一高。

而世界上最老的树，是一棵生长在瑞典的菲吕山上的云杉，其树龄可以追溯到公元前7158年，尽管这棵云杉母树已经死亡很久，但是在植物组织内依旧可以探寻到9550年历史的遗传物质。再有就是2012年在美国落基山脉发现的5067年的狐尾松。

在中国，超过5000年的古树，第二次全国古树名木资源普查结果显示有5棵，都在陕西省，分别是轩辕黄帝手植柏，生长在延安市黄陵县轩辕庙院内；仓颉手植柏，生长于渭南市白水县仓颉庙内；洛南古柏，生长在洛南县古城镇南村；黄陵武帝柏，原生长于黄陵县阿党镇史家河老君庙前，因南沟门水库修建处于淹没区，2011年3月26日将此柏移植于南沟门水库前川庄村；保生柏，生长于延安市黄陵县的黄帝陵景区。

说到这里，不禁有疑问，什么是古树？怎么确认古树的年龄呢？

一、什么是古树名木

古树，是指树龄在一百年以上的树木。古树分为国家一、二、三级，国家一级古树树龄500年以上，国家二级古树树龄300～499年，国家三级古树树龄100～299年。

名木，是指国内外稀有的、具有历史价值和纪念意义及重要科研价值的树木。名木不一定是古树，但是很有可能因为名木的关注程度而变成古树。

二、怎样测定古树的年龄

树龄鉴定应按以下先后顺序，采用文献追踪法、年轮与直径回归估测法、针测仪测定法、年轮鉴定法、CT扫描测定法和碳14测定法进行判定，并视为真实年龄；上述鉴定方法仍未解决的，可采用访谈估测法判定，并视为估测年龄。

（一）文献追踪法

很多古树位于宗祠、古庙等重要的场所，种植的时候均有记载。在深圳，最古老的银叶树位于坝光的盐灶村旁，最古老的榕树分别位于南园村的吴氏宗祠旁和新洲村的简氏宗祠附近，最古老的鸡蛋花树位于平湖伍氏宗祠旁边……这些古树种植和维护都有文献记录，提供了不用伤害树木本身就可以确定年龄的证据。

（二）年轮与直径回归估测法

测量不同年龄的树木的胸径后，得出一个胸径生长模型，根据生长环境的不同进行评估，这也是一种无创伤的估测方式。

（三）针测仪测定法

探针根据树干年轮中早晚材的材性阻力差异产生的阻力波曲线，然后通过技术软件分析曲线峰值，曲线中的每一个峰为一年，进而准确估测古树的年龄。

（四）年轮鉴定法

用专门的仪器取一段从树皮到中心的木质部，根据四季生长速度不同进行判断。这个方法符合大众对树木年轮的认知，但是年轮只在四季分明的地方明显，取标本的过程是有创伤的，对于古树来说，增加了感染的风险。

当然，评判一棵树的年龄，并不是单一方法的，很多时候都是几种方式综合判断出来的。

第二次全国古树名木资源普查结果显示，中国普查范围内现有古树名木共计508.19万株，包括散生122.13万株和群状386.06万株。

在广东省，截至2024年4月，根据广东省古树名木信息管理系统，全省共有古树85631株，名木81株，古树群907个。

从数据上可以看出，广东省的古树名木数量并不算多，这和地理位置有关。广东省位于我国大陆南部，地处亚热带，气候炎热，四季常春，降水充沛，台风频繁。植物种类繁多，四季都可以生长旺盛，同时也容易感染病菌，或因台风或暴雨天气遭到损伤。同时，广东省为经济大省，在近几十年的发展中，城市面积不断扩大，人口也在迅速增加，这样无疑会争夺树木的生长空间。

这一点，在深圳尤其明显。

比如平湖有个村落叫上木古村，为什么叫这个名字？因为附近曾经有一片古树林。在上木古村彩姿南路路东，据说原有一棵千年大樟树和一棵小樟树，上木古村民称之为"母子树"。1958年刮台风时，大樟树被掀翻，只剩下小樟树。现在106岁的小樟树还健康成长。至于古树林，早已不见踪影，徒留其名。

三、为什么要保护古树名木

古树是自然地理、人文历史的见证，是国家的瑰宝、活的文物，是城市林业资源的重要组成部分，是城市一项重要的自然资产。同时，古树大多数是乡土树种，都是经过千百年自然选择而存留下来的，具有非常重要的园林艺术价值，既具自然美，又有丰富的文化内涵，是构成风景旅游资源的主要内容和骨架。保护古树对研究城市的生物资源、植物分布、环境变迁和历史文化遗产具有重要的科学价值，对发展城市旅游业也具有重要的意义。还有，古树是活的基因库，是研究自然的标本，具有重要的科学价值，蕴含极其丰富的生物信息。

（一）政府层面做的保护

首先是立法。《广东省森林保护管理条例》对树龄300年以上的古树实行一级保护；对树龄100年以上不满300年的古树实行二级保护。对名木和500年以上的古树实行特别保护。

同时，进行古树名木的普查建档。根据《古树名木普查技术规范》，每十年进行一次全国性的古树名木普查，地方可根据实际需要组织资源普查。普查既要确定古树名木的树种、年龄、高度、树冠等数据，还要对其健康进行评估：正常、衰弱、濒危、死亡，对养护、管理与保护状态的调查等，最后形成报告。广东省古树名木信息管理系统（gd.

gov.cn）是公开的数据库，可以查询省内所有在册的古树名木。

（二）普通民众能做什么

探访古树名木，实地看望它，了解它的现状，寻找它的历史，跟身边的亲戚朋友讲述它的故事，让更多人了解身边的古树名木。

四、古树名木探访纪实

（一）盐灶村：银叶树古树群落

古树名木探访第一站，来到大鹏半岛的盐灶古村。

在中国传统中，建村立庄时，大都会在村口或者村庄四周广植树木。古人认为，这些树木是一个村庄的"风水林"，既能美化环境，防止天灾的发生，又能挡住"煞气"，为人们提供"藏风""得水""聚生气"的理想居所，达到"天人合一"的境界。

盐灶古村因此地曾是一处晒盐池而得名。深圳地区曾是古盐场，产盐历史可追溯至汉代，宋元时期发展达到顶峰，规模空前。清康熙《新安县志》中载有"盐田墟""盐田村""盐田迳"等地名。海盐自古取自海水，盐民把海水引进大锅，日夜烧煮，蒸发水分，结晶成盐，这种制盐方法俗称"灶盐"。

盐灶村的村民种植风水林的时候，大量种植了银叶树，这是一种既能在潮间带生长又能在陆地生长的半红树植物，既能固沙促淤、防浪护岸，又可净化空气和海水，树木高大优美，枝繁叶茂。目前这一片面积约2公顷的古银叶树，是我国保存最为完整、树龄最大、面积也最大的天然古银叶树群落，被列为国家珍稀植物群落保护区的重点保护对象。该片银叶树群落中，树龄超过500年的有1棵，树龄200年以上的有近30棵。每株树高达20米以上，胸径80厘米以上，最粗的胸径为130厘米，并且具有典型的板根现象。

板根，不但对树体起支撑和固定作用，可抵抗台风和潮水冲刷，还可以增加根部的呼吸面积。

找到这一棵最古老的银叶树，发现它伤痕累累，雷电击中主干后，失去了大半的枝条，剩下的部分也因为年岁已高活力微弱。

银叶树板根

对于这样的古树，不仅仅是把生长的环境保护起来，更要做一些措施：

增加支撑杆。"人"字形的支撑杆可以更有效地撑起粗壮的主干，另外，接触到树木表皮的部分也要做适当的防护。

截掉已经枯萎的树枝，并且在截面上涂上保护层。

树干旁边的几个竹筒，不是做支撑的，那是做什么的呢？原来是牵引高处的不定根往地下走，假以时日，新的根系可以更好地补充养分和水分。

（二）南园村：古榕树

地处亚热带的深圳，自然生长的树木中，最繁盛的莫过于榕树，目前在册的古树名木，也数

第二十五章 古树名木

银叶树支撑

银叶树标牌

不定根

银叶树引根

银叶树基部

榕树最多。各种各样的榕树,在漫长的岁月里,演化出许多适应环境的策略。最明显的就是旺盛的气生根,不但可以帮助榕树在湿热的环境中更好地吸收空气中的水分,在接触到土壤后,还能继续发育成支柱根,经年累月,一棵榕树可以长成一片小树林,也就是惯常所说的"独木成林"。

225

探访深圳的古树名木，自然想找个最老的。系统显示，深圳620年树龄以上的有2棵，一棵在南园村，一棵在新洲村。

南园村又称吴屋村，位于深圳市南山区南山街道，始建于南宋孝宗年间，距今已有近千年的历史。本地村民以吴氏为主，历来重视读书，据《南园吴氏历史纪念册》记载，宋、明、清三朝在朝为官或考取功名者共有一百余人，其中有深港地区唯一有据可考的"解元"吴国光。清嘉庆《新安县志·卷之十五选举表·乡科》载："吴国光，城外南头人，以《诗经》中解元，初授永福教谕，升广西兴安县、浙江乐清县知县。"城外南头，即南头古城往南三里远的南山区南头街道南园社区。解元，为古代科举制中乡试的第一名，有文、武解元之分。

吴国光于万历七年（1507）中文解元，于万历十五年（1587）英年病逝。算起来，南园村的古榕树比他还要大百岁，也许他也曾在树下读书。

南园村的古榕树，一共有9棵，其中一棵超过600年的一级古树，一棵超过400年的二级古树，其余都是三级古树。这几棵树分布在南园村的东街和西街。据《南园吴氏历史纪念册》记载：过去存

榕树引根

古榕树下

古老榕树围护

生长于居民楼间的古榕树

第二十五章 古树名木

气生根已经和墙壁融为一体

树下有北头村榕树伯公神位

树下有香火祭祀

树上有祈福挂上去的红丝带

气根旺盛

树上有附生的海芋和龙眼

自然教育实务：植物

部分气根已着地

树下广告

整体非常粗壮健康

此树在1400年左右由吴姓先祖种植于此

在宗族纠纷，往往因争地界，争水源而发生械斗，故村民筑起围墙把全村围了起来。北面与北头村交界的地方，就生长着这棵600多岁的老榕树。

这些古榕树，经历了多年村落的变迁，生长环境都显得比较狭小，根系周围地面硬化，虽然有栏杆和标识，但是旁边堆满了垃圾，有些树有引气生根的柱子，但是落点都很狭窄。

目前这棵榕树是被圈在一家房地产公司的院子里，随着旧改项目的推进，古树旁又要发生巨变，只能期望在村落改造的过程中，可以更多地考虑古树，将其保存下来。

（三）新洲村：榕树

探访完毕南园村的古榕树，去新洲村看看另外一棵。

关于新洲地名的由来，据新洲村的老人介绍，在500多年前，新洲先祖抵达这片土地时，见东有山岭，南面近海，退海成洲，形似沙洲，遂起名"新洲"。

福田区沙头街道新洲社区居委会新洲二路新洲

肉菜市场对面的古榕树，按照标牌而言比南园村的大两岁，不过数百年已过，两棵树的年岁差异也就不算什么了。

与南园村相比，新洲村在深圳城市发展过程中经历了更大的变动，这边的街道要宽敞一些，楼宇也更新一点。从植物的角度来看，大约是为了拓宽道路，整个村子的大树极少，只有并不高大的澳洲火焰木点缀其中，整个村子热闹极了，空气中弥漫着食物的香气，哪怕是工作日，店铺的生意也是极好的。

古榕树位于十字路口，让它有足够的空间伸展和接受阳光，它的旁边是新洲老人之家。古树与老人之家，这个搭配令人心生赞叹。

老人之家的楼上是社区图书馆和简氏宗亲会，不太远的街区有简氏宗祠。《宝安县新洲村简氏开维公家谱》记载：东莞、深圳简氏的始迁祖简季，号称富春先生，宋理宗时宦游至东莞县罗村，遂迁居于此，后又居大井头。其七世孙简用霖生有一子，名简南溪，迁至宝安（今深圳）。按族谱推算，简南溪约在明朝中叶从东莞罗村迁至新洲，成新洲简氏始祖。

从简氏宗亲会的平台看过去，可以切实地感受到树荫庇护下的惬意与安心。

向上看去，枝繁叶茂，树枝舒展。据悉，2003年古榕树一度出现生长危机，树枝枯萎发黄。随后福田区政府特拨120万元，新洲股份公司斥资80多万元用于护树，配电房被迁走，空中电线、电话线、有线电视线等铺设在地下管道内。没过多久，古榕树重新焕发了活力。

古树标牌

古树全景

树旁建筑——新洲老人之家

树旁天台的茶桌椅

自然教育实务：植物 ZIRAN JIAOYU SHIWU ZHIWU

树枝遮日

仿木支柱

气根

这棵古树的支撑与树干颜色融为一体。呼吸根已经爬上支撑杆，若干年后，呼吸根将有望重回地面。

据本地人回忆，在之前，这个树杈上经常有儿童爬上去再滑下来，嬉戏玩闹。

由于新洲村过于的"新"，感受不到这棵树在村子中的地理位置。但是当探访的脚步一次又一次路过这棵树时才发现，古榕树位于村子的中心位置，无论要去哪个角落，这里都是必经之路。

（四）平湖：鸡蛋花树

第四站，去找一棵深圳最古老的鸡蛋花树。

根据统计，古树当中，榕树最多，荔枝次之，然后是樟树。鸡蛋花树只有142株。深圳的古鸡蛋花树，仅此一株，树龄超过400年，是国家二级古树。

早在明朝末年（万历年间），平湖这边还叫作平溪，这里居住的伍氏族人长年累月深受湿气的困扰，那时候医学科技不是很发达，人们只能靠采集草药煎服或者热敷来缓解疼痛和不适。后来有海外医者留洋到这里，才传授过来一些新的医疗知识，告诉人们鸡蛋花可以治湿气，当时当地并没有这种树木，也是这位医者不远万里带来了树种才引种成功的，估计这棵鸡蛋花树就一直保留存活了下来，用来给当地的居民治病，成为当地人心目中不可缺少的一棵树，被看成健康的象征。后来的伍氏后人在这里修了祠堂，把这棵鸡蛋花保护起来，村民们每逢初一十五还来这里烧香祈福。

张寿洲等主编的《鸡蛋花园林观赏与应用》书中道：鸡蛋花传入中国的时间有两种说法，一是鸡蛋花树是随着利玛窦于1583年引进肇庆的鼎湖山；二是1645年左右由荷兰人引入我国台湾，后逐渐扩散到其他适合生长的地区。不管哪种说法，鸡蛋花树引入中国也就是400多年的历史，深圳这一棵，也是最早引种的那一批当中的。

从现场来看，这棵鸡蛋花树是保护措施做得比较到位的一棵古树，旁边有标识，围栏也足够宽敞，发现的问题得到了及时处理。但是这个区域除了宗祠，其余都处于拆迁重建的阶段，不知道后续的施工对古树是否有影响。

（五）广州市增城：白花鱼藤

树木是指树干及枝条木质化的植物，包括乔

第二十五章 古树名木

伍氏宗祠和古鸡蛋花树

古鸡蛋花树全貌

古树标牌

苍老的树干基部

现有的树干依靠在水泥平台上

枝条上有丝状附着物

木、灌木和木质藤本。茎木质化的藤虽然依赖于其他物体生长，却也符合树的定义。为了分享藤本古树的尊容，特介绍位于广州增城何仙姑风景区仙藤园内的千年古藤——白花鱼藤。

远观古藤，枝蔓蜿蜒纵横，苍翠遒劲。行至其间，仿若置身一处绿色藤蔓大厦，漫步幽径，顿感心静神宁。这棵白花鱼藤迄今已有1314年，它的存在，比广州城的历史还要久远。且看它攀缘廊

231

架，缠绕着一棵古榕和高大的人面子繁衍而成，在离地二三十米的高空时而穿越时而交错，绞绕在一起。与一众植物和谐共生，覆盖面积达900多平方米，形成了奇特的古藤幽径。古藤最粗处周围约225厘米，直径约72厘米，是当前世界白花鱼藤之首。因其如龙起舞，气势磅礴，被当地民众称为"盘龙古藤""千年仙藤"。每年6月，古藤花开如海，白色蝶形花朵串串相连，似白纱笼罩，香气袭人，吸引着无数人参观游览。

白花鱼藤（Derris alborubra）是豆科鱼藤属常绿木质藤本。羽状复叶，小叶五枚；叶柄基部增厚；圆锥花序顶生或腋生；花萼红色，斜钟状，花冠白色，旗瓣近圆形。荚果革质，斜卵形或斜长椭圆形。

白花鱼藤是自然的瑰宝，其壮观的形态和庞大的身躯，让人不禁对自然的力量肃然起敬。更是以

行于古藤幽径中，心神宁静

古藤穿越人面子树干，攀附向上，直跃天空

古藤低垂欲亲人

古藤开花

古藤结果

其悠久的历史和独特的魅力，成为连接过去与现在的桥梁。它不仅是增城的自然标志，也是当地文化的重要组成部分。它见证了增城从古至今的发展，承载了丰富的历史信息和文化内涵。

为使古藤健康生长，增城区政府和相关部门采取了一系列措施，包括建立古树名木信息管理系统、制定保护计划以及开展宣传教育活动等措施来保护这棵国家一级古藤。

白花鱼藤有专属的古树名片和档案，通过积极落实管护经费，定期对白花鱼藤进行日常巡查和养护监督，不断改善生长环境。区林科所针对白花鱼藤现状，科学规范地编制了古树名木"一树一策"保护方案。做好宣传引领，提高全民对古树名木的认知和主动做好古树保护的意识。并在白花鱼藤的树牌上印制了二维码，方便广大群众了解白花鱼藤的文化内涵，动员更多的社会力量参与到古树名木保护中来。

白花鱼藤作为生态旅游和文化传承的重要资源，也吸引着人们不断前来观赏和探索。

（六）仙湖：邓小平手植树

看过古树，再来看看名木。被认定为名木的，整个广东省就记录了9棵，其中5棵在深圳。而在深圳的，3棵在仙湖，2棵在莲花山公园。

手植树碑刻

名木标牌

仙湖的3棵名木，分别是位于湖区草坪的邓小平手植树和杨尚昆手植树、位于天上人间的江泽民手植树，3棵树都是高山榕。

高山榕是一种桑科榕属的亚热带植物，是广东省的代表树种，它生长快，树冠大，四季常青，气生根发达，因此不适合作行道树，适合种植在庭院或者作景观树。

邓小平手植树是仙湖植物园的镇园之宝，是改革开放的象征，是邓小平的化身。时常见到游人排队在树底下的石碑前拍照留念。

古树名木的探访，这只是开始，还有半天云村的古秋枫、横岗的茂盛世居风水林古樟树、羊台山下的古荔枝林、恩上湿地公园的古朴树、中山公园内伶仃纪念碑附近的古树群落、莲花山的名木……

探访古树，了解古树，可以增加我们的在地归属感，疗愈心灵。在亲生命性假说中提道：人类对自然的依赖远远超出了物质和物质的寄托，还包括了对自然、审美、智力、认知甚至精神意义和满足的渴望。亲近自然有助于认知功能的恢复、减轻压力、舒缓情绪等功效。

而古树，在经历了数百年甚至数千年的风雨后，依然屹立，依然繁盛，这本身就是对生命的礼赞。

围护

■ 第二十五章 古树名木

名木远眺

ZIRAN JIAOYU SHIWU
ZHIWU

自然教育实务
植物

第四篇

植物养护

DISIPIAN
ZHIWU YANGHU

第二十六章 日常养护作业

植物是绿色的生命体，野生植物在自然中可以繁衍生息。随着生活水平的提高，人们不仅需要天然的环境，也需要优美的人工环境，园林绿化是城市景观建设的重要一环。如何对植物进行科学养护，是园林人要做好的重要课题。很多植物养护不到位，绿地就会残缺、荒芜、退化。通过精心的绿地养护，保持绿地的完整性，保证植物多样性和植物群落良好的生长势，才能更好地实现绿地的各项生态效益，从而改善城市的生态环境，提升城市人居环境品质。园林绿化工程不同于建筑和市政工程，建筑和市政工程竣工验收就达到最佳状态，园林绿地竣工投入使用后，植物一般需经过一个生长周期的养护才能真正成活，然后要持续养护才能达到较好的景观效果。俗话说"三分种，七分养"，从某种意义上说，养护才是大头，才是营造和保持绿化景观的关键。

一、月度重点养护工作指引

（一）1月（小寒、大寒）：全年中气温最低的月份，露地树木处于休眠状态

1. **冬季修剪**：全面展开对落叶树木的整形修剪，主要对大小乔木上的枯枝、伤残枝、病虫枝、平行枝、交叉枝、背上枝、徒长枝、萌蘖枝及其他存在安全隐患或影响美观的枝条进行修剪，如紫薇、鸡蛋花、小叶榄仁等。
2. **行道树检查**：及时检查行道树绑扎、立桩情况，发现松绑、铅丝嵌皮、摇桩等情况时立即整改。
3. **防治害虫**：冬季是消灭园林害虫的有利季节。可在树下疏松的土中挖集刺蛾的虫蛹、虫茧，集中烧死。1月中旬的时候，介壳虫类开始活动，但这时候行动迟缓，可以采取刮除树干上的幼虫的方法防除。在冬季防治害虫，往往有事半功倍的效果。
4. **绿地养护**：绿地、花坛等地要注意野草；草坪要及时挑草、切边；绿地内要注意防冻浇水。
5. **施肥**：翻地冬耕，施足冬肥。

（二）2月（立春、雨水）：气温较上月有所回升，树木仍处于休眠状态

1. **养护**：基本与1月相同。
2. **修剪**：继续落叶树的冬季修剪。月底以前，把各种树木修剪完。
3. **防治害虫**：继续以防治刺蛾和介壳虫为主。
4. **浇水**：在冬季降水比较少的年份，从2月初开始浇水，补充土壤水分和养分，促进植物根系的生长。以后一般15~20天浇一遍水。
5. **施肥**：施基肥工作，继续积肥和制造堆肥，配置培养土，继续对各种落叶树施冬肥。

（三）3月（惊蛰、春分）：气温继续上升，中旬以后，树木开始萌芽，下旬有些树木开花

1. **植树**：春季是植树的有利时机。土壤解冻后，应立即抓紧时机植树。3月12日是植树节，适

合开始栽植树木、花草，并做好爱护、保护绿化成果的宣传和教育工作。植大小乔木前做好规划设计，事先挖（刨）好树坑，要做到随挖、随运、随种、随浇水。种植灌木时也应做到随挖、随运、随种，并充分浇水，以提高苗木存活率。

2. *春灌*：因春季干旱多风，蒸发量大，为防止春旱，对绿地等应及时浇水。

3. *施肥*：土壤解冻后，对植物施用基肥并灌水。

4. *防治病虫害*：本月是防治病虫害的关键时刻。一些苗木（如海桐等）出现了煤污病，瓜子黄杨卷叶螟也出现了（采用喷洒杀螟松等农药进行防治）。防治刺蛾可以继续采用挖蛹方法。

（四）4月（清明、谷雨）：气温继续上升，树木均萌芽开花或展叶开始进入生长旺盛期

1. *继续植树*：4月上旬应抓紧时间种植萌芽晚的树木，对冬季死亡的灌木应及时拔除补种，对新种树木要充分浇水。

2. *灌水*：继续对养护绿地进行及时浇水。

3. *施肥*：对草坪、灌木结合灌水，追施速效氮肥，或者根据需要进行叶面喷施。

4. *修剪*：剪除冬、春季干枯的枝条，可以修剪常绿绿篱。草坪处于生长初期时，每月修剪1~2次。

5. *防治病虫害*

（1）介壳虫在第二次蜕皮后陆续转移到树皮裂缝内、树洞、树干基部、墙角等处分泌白色蜡质薄茧化蛹。可以用硬竹扫帚扫除，然后集中深埋或浸泡。或者采用喷洒杀螟松等农药的方法防治。

（2）天牛开始活动了，可以采用嫁接刀或自制钢丝挑除幼虫，但是伤口要做到越小越好。

（3）其他病虫害的防治工作。

6. *绿地内养护*：注意大型绿地内的杂草及攀缘植物的挑除。5月雨季前，进行打孔，提高草坪透气性，促进生长。

7. *草花*：迎"五一"摆放草花，注意做好浇水工作。

8. *其他*：做好花架、花钵等油漆、清洗、维修等工作。

（五）5月（立夏、小满）：气温急骤上升，树木生长迅速

1. *浇水*：草花正是盛开时期，及时浇水；树木展叶盛期，需水量很大，应适时浇水。

2. *修剪*：修剪残花。行道树进行第一次剥芽修剪。

3. *防治病虫害*：继续以捕捉天牛、小蠹虫为主，同时强化对叶蝉大防治。刺蛾第一代孵化，但尚未达到危害程度，根据养护区内的实际情况做出相应措施。由介壳虫、蚜虫等引起的煤污病也进入了盛发期（在紫薇、海桐、夹竹桃等上），在5月中下旬喷洒10~20倍的松脂合剂及50%三硫磷乳剂1500~2000倍液以防治病害及杀死虫害（其他可用杀虫素、花保等农药）。

4. *其他*：草花花期过后，及时剪除残花，清除垃圾。

（六）6月（芒种、夏至）：气温高

1. *浇水*：植物需水量大要及时浇水，不能"看天吃饭"。

2. *施肥*：结合松土除草、施肥、浇水，以达到最好的效果。雨季小雨天气进行施肥，主要为氮磷钾复合肥。

3. *修剪*：继续对行道树进行剥芽除蘖工作。对绿篱、球类及部分花灌木实施修剪。

4. *排水工作*：有大雨天气时要注意低洼处的排水工作。

5. *防治病虫害*：本月着重防治袋蛾、刺蛾、毒蛾、尺蠖、龟蜡蚧等害虫和叶斑病、炭疽病、煤污病。6月中下旬刺蛾进入孵化盛期，应及时采取措施，现基本采用50%杀螟松乳剂500~800倍液喷洒（或用复合Bt乳剂进行喷施），继续对天牛进行人工捕捉。月季白粉病、青桐木虱等也要及时防治。

6. *预防台风工作*：做好树木防汛防台风前的检查工作，对松动、倾斜的树木进行扶正、加固及重新绑扎。

（七）7月（小暑、大暑）：气温最高，中旬以后会出现大风大雨情况

1. *移植常绿树*：雨季期间，水分充足，可以移植针叶树和竹类，但要注意天气变化，一旦碰到高温要及时浇水。

2. **排涝**：大雨过后要及时排涝。

3. **施追肥**：在下雨前干施氮肥等速效肥。

4. **修剪**：行道树进行防台剥芽修剪，对与电线有矛盾的树枝一律修剪，并对树桩逐个检查，发现松垮、不稳立即扶正绑紧。事先做好劳力组织、物资材料、工具设备等方面的准备，并随时派人检查，发现险情及时处理。

5. **防治病虫害**：刺蛾、袋蛾、天牛、龟蜡蚧、盾蚧、第二代吹绵蚧、螨类等害虫大量发生，应注意防治；同时要继续防治炭疽病、白粉病、叶斑病等。防治天牛可以采用50%杀螟松1:50倍液注射（或果树宝、或园科三号），然后封住洞口，也可达到很好的效果。香樟樟巢螟要及时剪除，并销毁虫巢，以免再次危害。

6. **预防台风工作**：本月进入台风、潮汛季节，要做好防台风防汛工作，经常检查，及时扶正风倒木，及时修剪影响路线安全的枝条。

（八）8月（立秋、处暑）：仍为雨季

1. **排涝**：大雨过后，对低洼积水处要及时排涝。

2. **防台风工作**：继续做好行道树的防台风工作。

3. **修剪**：除一般树木夏修外，要对绿篱进行造型修剪。气候条件适宜，草坪生长进入旺盛期，每月修剪2～3次。

4. **中耕除草**：杂草生长也旺盛，要及时除草，并可结合除草进行施肥。

5. **防治病虫害**：主要害虫（袋蛾、第二代刺蛾、天牛、螨类等）及主要病害（白粉病）炭疽病、叶斑病等。天牛以捕捉为主，注意根部的天牛捕捉。蚜虫危害、香樟樟巢螟要及时防治。潮湿天气要注意白粉病及腐烂病，要及时采取措施。

（九）9月（白露、秋分）：气温有所下降，迎国庆做好相关工作

1. **修剪**：迎接"十一"对整个公园进行大剪修，行道树三级分叉以下剥芽，绿篱造型修剪。绿地内除草，草坪切边，及时清理死树，做到树木青枝绿叶，绿地干净整齐。

2. **施肥**：对一些生长较弱、枝条不够充实的树木，应追施一些磷、钾肥。

3. **草花**：迎国庆，草花摆放和草花更换，选择颜色鲜艳的草花品种，注意浇水要充足。

4. **防治病虫害**：继续抓好病虫害防治工作，特别要检查发生较多的蚜虫、袋蛾、刺蛾、褐斑病及花灌木煤污病等病虫情况，及时防汛。

5. **其他**：节前做好各类绿化设施的检查工作。

（十）10月（寒露、霜降）：气温下降，10月下旬进入初冬，树木开始落叶，陆续进入休眠期

1. **落叶清扫**：做好秋季植树的准备，下旬树木开始落叶，做好树叶清扫，进行集中处理。

2. **绿地养护**：及时去除死树，及时浇水。绿地、草坪挑草切边工作要做好。草花生长不良的要施肥。

3. **防治病虫害**：继续捕捉根部天牛。香樟樟巢螟也要注意观察防治。

4. **修剪**：10月必须修剪1次；留草高度控制在6厘米，修剪后及时清理碎草并切边。

（十一）11月（立冬、小雪）：土壤开始夜冻日化，进入隆冬季节

1. **落叶清扫**：做好树叶清扫，进行集中处理。

2. **植树**：继续栽植耐寒植物，土壤冻结前完成。

3. **翻土**：对绿地土壤翻土，暴露准备越冬的害虫。

4. **浇水**：对干、板结的土壤浇水，要在封冻前完成。

5. **病虫害防治**：各种害虫在下旬准备过冬，防治任务相对较轻。

6. **防寒工作**：做好防寒工作，对部分树木进行涂白，或用草绳包扎，或设风障。

（十二）12月（大雪、冬至）：低气温，开始冬季养护工作

1. **冬季修剪**：对常绿乔木、灌木进行修剪。

2. **做好明年工作准备**：对养护区进行全面观察，根据本年的养护总结，制定下一年的更好的养护措施。

3. **病虫害防治**：继续抓好病虫害防治工作，剪除病虫枝、枯枝、消灭越冬病虫源，并结合冬季大扫除，搞好绿地卫生工作。

4. **其他**：维修工具，保养机械设备。

二、区域整治提升

针对整治提升采取以下措施。

(一) 对黄土裸露问题整治提升方案

制定了几个工作要点,具体整治方案如下:

1. 按计划整治时间节点,及时恢复或调整原有种植植物。
2. 林下无植被可播种野草花、花叶长春蔓等地被植物,空秃点可种植茑萝、野花等植物。
3. 及时恢复开挖工程完工后的裸露绿地,尽量降低各类开挖工程造成的环境影响。
4. 全面改植庇荫处的种植品种,按照植物的生物学特性,种植各类耐阴植物。
5. 对人流量大、人为踩踏严重的黄土裸露绿地,根据实际情况采取增高道牙、围栏,植草砖园路等改造措施,加强绿地保护,解决黄土裸露反复补植不保的问题。
6. 适当增加些色叶、花色丰富的地被植物。
7. 非直管范围主动跨前一步,进行多方协调,消除养护空白。

黄土裸露区域整治提升

(二) 对绿地缺株断垄问题整治提升方案

对绿化隔离带、公共绿地树木缺苗、死苗、草坪进行实地调查,及时恢复或调整原有种植植物。在恢复或调整原有种植植物时应注意以下几点:

1. 绿地缺株的整治,根据缺株的具体产生原因,选择补植方式。补种后应选择相应的保护及养护方式,避免重复发生此类现象。
2. 恢复时要按照植物的生物学特性,科学的合理地选择种植植物,并且在保证植物绿化的基础上，达到美化的效果。

3. 原有树木经确定需要保存的，在施工以前，应采取措施暂时围起来，以避免由于踏实造成损伤。

4. 为防止机械损伤树干、树皮，应用草袋保护。特别是行道树，有时由于更换便道板或树穴板，需要做垫层，石灰和水泥都会造成土壤碱化，危害树木正常生长。因此，在施工过程中应先将树穴用土护起，做成一定高度的土丘，避免石灰侵入。如果垫层需要浇水养护，应及时将树穴围起，或将水导向别处，禁止向树穴内浇含有石灰、水泥的水。

缺株断垄区域整治提升

（三）对绿地人为践踏严重问题整治提升方案

城市园林绿地人为破坏现象屡见不鲜，造成了不必要的经济损失，影响城市绿地景观，同时，管理部门往往需要花费大量的人力、物力进行防范、保护、维修，更增加了不少绿化养护的费用。因此，针对如何保护和减少绿地的人为破坏的相关问题，提出如下方案：

1. 加强巡查、监督管理：监督管理方面，养护单位应加强监督检查，对不良使用行为进行制止，并引导游人正确使用，对于偷盗和故意损坏现象给予一定的经济制裁或者法律制裁。需要加强定期的检查，及时更新维护，尤其对一些游人密集的区域，因为超负荷使用以及人为破坏，要加大检查的频率，及时维护，更新。

2. 加强宣传教育：市民对园林绿地人为破坏的监督及维护意识较为薄弱且关注度较低。许多居民对城市园林绿地人为破坏的监督及维护意识都较为薄弱，认为公共设施既然不归私人所有，那私人也没有责任对其进行维护，而在发现损毁时，也抱着"事不关己"的心态，因为觉得不是自己的私有财产轮不到自己管，况且对自己的利益也没有什么直接的损害，使其对这方面关注较少。因此，我们应加强引导市民和提高公众参与意识，就是要使广大市民积极参与城市园林绿地决策，让市民的参与贯穿于城市园林绿地景观规划设计以及景观评价与保护的全过程，使广大市民可以像养护自家的花草、维护自家的设施一样来保护公共的园林绿地及

提示牌

其设施。加强市民对生态环境知识的了解，普及园林基础知识，同时，对广大市民进行爱护园林绿化的宣传教育，表彰和奖励那些在积极参与城市园林绿地养护管理活动中做得好的单位和个人。

3. **张贴宣传标语**：做好绿化宣传，张贴宣传标语，如"青而易举，绿色永恒""保护环境，从我做起，从小做起，功在当代，利在千秋""草木绿，花儿笑，空气清新环境好""有了您的真心呵护，城市才会更加美丽"等。

4. **多增加满足需求的设计**：因为由于和环境的交互作用，公众在长期生活和社会发展中，逐步形成了许多适应环境的本能，这就是行为习性。当人们清楚地知道目的地时，或是有目的地移动时，总是有选择最短路程的倾向。这也就是我们会经常看到的现象：一片草地即使在周围设置了简单路障的情况下，由于其位置阻挡了人们的近路，结果仍旧被穿越，久而久之另辟成路。公众的行为习性遭到设计者破坏，在该设计路的地段却因为所谓的"设计需要"改设成草地等，这样，公众为了满足自身的需求，势必会破坏绿地，与设计者的设计相违背。所以，应该根据公众需求，设计中多增加满足需求的设计。例如铺汀步、设置道路等。

（四）对植物长势不佳问题整治提升方案

树木生长无非与光、水、温、肥、土壤等因素有关。有可能如下原因：

1. **根系受损**：树木树系周围覆土过厚；过多挖断植物根系。

2. **种植不科学**：种植土坑太小、土壤不好、树头空间太小、或者种植得太深、排水不好以及树体未做任何保护措施等。

3. **养护管理不当**：病虫害控制不力、不科学的修剪、不科学的浇水与施肥。

4. **苗木生长环境差**：光照不足、土壤板结、地下水位高或排水不畅积水、土壤pH值不适等。

俗话说得好，植物生长"三分栽、七分养"，科学合理的栽培管理对苗木的生长至关重要。针对不同原因导致的长势不好，首先要寻找症结，对症下药，这样才能有针对性地解决长势弱的问题。

（1）加强浇水与排水管养。浇灌设施应完好，不应发生跑、冒、滴、漏现象，应根据树木品种的生物学特性适时浇水，浇水应浇透，树穴浇水后应适时封穴，不封穴的表土干后应及时松土。春季干旱季节必须浇解冻水；夏季雨天注意排涝，积水不超过12小时，应根据灌木品种的生物学特性适时适量浇水，浇水应浇透，浇水前应进行围堰，围堰应规整，密实不透水，围堰直径视栽植树木的胸径（冠幅）而定，干旱季节宜多灌，雨季少灌或不灌；发芽生长期可多灌；休眠期前适当控制水量，浇水应采用pH值和矿化度等理化指标符合树木生长需求的水源，保证水源的pH值在5.5~8.0，矿化度在0.25克/升，应及时排出树穴内的积水。对不耐水湿的树木应在12小时内排除积水，做好针叶树的围护工作，浇水时应避免或减少对针叶树的危害。

（2）增加施肥、合理施肥。根据灌木品种需要、开花特性、生长发育阶段和土壤理化性质状况，选择施用有机肥，春秋季适时施肥，施肥时宜采用埋施或水施的方法，肥料不宜裸露；应避免肥料触及叶片，施完后应及时浇水。根据灌木的种类、用途不同酌情施肥；色块灌木和绿篱每年追肥至少1次，应根据树种需要，选择施用有机肥、无机肥以及专用肥，施肥时应符合下列要求：①休眠期宜施有机肥作基肥。②生长期宜施缓释型肥料。③花灌木施追肥应在开花前后。④叶面施肥宜在早晨或傍晚无风、无雨天气时进行。

施肥方法可采用环施、穴施或沟施方式。环施应在树冠正投影线外缘，深度和宽度一般为30~35厘米。挖施肥沟（穴）应避免伤根，施有机肥必须经充分腐熟，化肥不得结块，酸性化肥与碱性化肥不得混用，阔叶类乔灌木叶面喷肥浓度宜控制在0.2%~0.3%，针叶树种宜施苗根肥，采取促花、抑花、催熟、抑熟、矮化等特殊措施时，可选用激素类、催熟剂、生长抑制剂等进行调节控制。

（3）注重修剪的技巧及时间。常绿灌木除特殊造型外，应及时剪除徒长枝、交叉枝、并生枝、下垂枝、萌蘖枝、病虫枝及枯死枝，观花灌木应根据花芽发育规律，对当年新梢上开花的花灌木于早春萌发前修剪，短截上年的已花枝条，促进新枝萌发。

对当年形成花芽、翌年早春开花的花灌木，应在开花后适度修剪，对着花率低的花灌木，应保持培养老枝，剪去过密新枝。造型灌木（含色块灌木）的修剪，按规定的形状和高度进行，做到形状轮廓线条清晰、表面平整圆滑。

灌木过高影响景观效果时应进行强度修剪，宜在休眠期进行；修剪后剪口或锯口应平整光滑，不得劈裂、不留短桩，剪口应涂抹保护剂。

绿篱修剪应做到上小下大，篱顶、两侧篱壁三面光；还应严格按安全操作技术要求进行，并及时清理剪除的枝条、落叶。

树木修剪应符合以下基本要求：①剪口应平滑，不得撕裂表皮，从基部剪去的枝条不得留橛。②进行枝条短截时，所留剪口芽应能向所需方向生长，剪口位置应在剪口芽1厘米处。③截除干径在5厘米以上的枝干，应涂保护剂。④因特殊原因必须对树木进行强剪时，修剪部位应控制在主干分枝点以上，剪口应平滑，不得劈裂，茬口必须涂保护剂。

花灌木修剪应符合以下特殊规定：①具有蔓生、匍匐生长习性的花灌木，应以疏剪为主。②春季先花后叶的灌木，应与开花后再进行春梢修剪，春梢留芽以3~5个为宜。③夏秋季开花的花灌木应在早春芽萌动前修剪，花后修剪枝条留芽3~5个为宜。④顶芽开花灌木不宜进行短截。⑤多年生老枝上开花灌木，应培养老枝，剪除过密的新枝和枯枝。

（五）对枯枝落叶没有及时清理问题整治提升方案

1. *加强巡查*：增加巡查频次，及时发现并清理枯枝落叶。

2. *增加清运设备*：增加清运设备，提高清运效率，确保枯枝落叶及时清运。

3. *加强宣传教育*：加强宣传教育，提高市民对枯枝落叶清理的认识和意识。

4. *加强监管*：加强对保洁公司的监管，确保其按照规定及时清理枯枝落叶。

5. *建立长效机制*：制定并执行定期清理枯枝落叶的计划，确保清理工作成为一项常规工作，而不是只在特定情况下进行。

6. *培训和教育保洁人员*：为保洁人员提供培训和教育，提高他们对枯枝落叶清理的重视程度和技能水平。

7. *引入科技手段*：利用科技手段，如无人机、机器人等，辅助保洁人员进行枯枝落叶的清理工作。

8. *倡导绿化环保理念*：加强绿化环保理念的宣传，鼓励市民积极参与绿化活动，减少枯枝落叶的产生。

9. *建立奖惩机制*：对及时清理枯枝落叶的保洁人员给予奖励，对疏忽清理的保洁人员给予惩罚，以激励他们更好地履行职责。

第二十七章 病虫害防治

一、病虫害防治方法

绿化养护的重点之一是树木的病虫害防治，针对不同的树种，采取不同的措施防治病虫害。除了常见的植物病虫害外，还要预防红火蚁、老鼠等"四害"。定期检查园内绿化植物的生长情况，一旦发现有病虫害的先兆，立即采取措施治理。采取"预防为主，综合防治"的方针，针对不同的树种类别、形态特征及生长习性，制定不同的病虫害防治方案。成立病虫害防治小组，落实人员及时做好病虫害的防治工作，以防为主，精心管养，使植物增强抗病虫能力，经常检查，早发现早处理。采取综合防治、化学防治、物理人工防治和生物防治等方法防止病虫害蔓延和影响植物生长。尽量采用生物防治的办法，以减少对环境的污染。用化学方法防治时，喷药一般要在晚上进行；药物、用量及对环境的影响，要符合环保的要求和标准。

植物病虫害

（一）做好植物检疫，把好引种关

虽然病虫害的分布有一定的地域性，但可以借助人为因素进行地区甚至是国家间的传播。随着深圳园林绿化的发展，在使园林景观更具独特性和观赏性的同时，各种病虫害的传播和蔓延渠道增加。某些危险性病虫一旦传播到新的地区，原来制约其发展的环境因素被打破，条件适宜时，就会迅速扩展蔓延，猖獗成灾。因此，在新建城市绿地或者进行新的道路绿化引进苗木时，要认真做好检验检疫，把一些本地尚未发现、适应性广、繁殖力强、危险性大又能随着种苗及园林植物繁殖材料传播的危险性病虫害，作为重点检疫对象，确保苗木健壮、根系发达、生长良好。

（二）加强栽植管理

利用科学的栽植管理方式，使园林植物保持良好的生长势，这才是增强抗病虫能力的根本所在。在进行园林植物的配置规划时，应选栽适于本地气候、土壤、寿命较长的植物；不要片面追求奇花异草，盲目引种，应通过改善栽培和管理技术，创造利于园林植物生长而不利于病虫害发生的环境条件。同时强化抚育管理，要克服目前的一个误区，即只重视3年内新植树木，对3年以上树木则认为已成活而缺乏管理，因为城市环境恶劣，故3年以上的成活树木也需要呵护。

（三）物理及机械防治

即利用简单工具，或者用光、电以及辐射等物理技术来控制病虫害的方法，此种方法简单且有不污染环境、不杀伤天敌的优点。目前的物理及机械防治中，经常采用的方法主要有灯光诱杀、毒饵诱杀、潜所诱杀和人工捕杀等几种。灯光诱杀主要是针对那些趋光性强的昆虫，如某些鳞翅目的蛾类、蝶类等，在这些害虫成虫盛发期，利用黑光灯诱杀，可收到良好的效果；毒饵诱杀主要是针对那些地下害虫如蝼蛄、蟋蟀等，可用麦麸、米糠、玉米等谷物炒香拌适量杀虫剂做诱饵；潜所诱杀主要是利用害虫在某一时期喜欢某一特殊环境的习性，人为设置类似环境来诱杀害虫；人工捕杀就是利用人工或者各种简单的器械捕捉或者直接消灭害虫，虽然方法比较原始，但简单易行，特别是在害虫呈点片发生的地段，效果甚好。

（四）生物防治

随着人们对环境质量的要求越来越高，利用有益的生物或其代谢产物来防治病虫害的方法也越来越多地应用于实践。此种方法的优点是对人、畜、植物安全，与环境、天敌具有一定的和谐性，在防治过程中病虫害不易产生抗性。生物防治总结起来主要可以分为3个类型，即以虫治虫、以鸟治虫、以菌治虫。

以虫治虫就是通过保护或者繁殖寄生性、捕食性天敌昆虫来防治害虫；以鸟治虫成功的例子主要有利用人工鸟箱招引啄木鸟来防治双条杉天牛、人工驯养灰喜鹊来防止松毛虫幼虫等；以菌治虫是利用病原微生物，如真菌、细菌、病毒等或它们的代谢产物来防治害虫，目前用得较多的就是利用苏云金芽孢杆菌、白僵菌等来防治尺蠖、毒蛾等多种食叶害虫及松褐天牛等蛀干害虫。此外，生物防治中还可利用捕食螨防治花卉红蜘蛛；以人工合成的昆虫性外激素作引诱剂来防治害虫等。

（五）化学防治

化学防治具有快速、高效、使用方便、不受地域限制、适用于大规模机械化操作的优点，是目前处理病虫草害的主要方法之一。化学防治园林植物病虫害要想达到理想的效果主要应从施药期、农药剂型、使用方法、防治植物病虫害的类型等几方面考虑。笔者根据多年的园林植物病虫害防治工作经验，认为一般在病害的发生初期或虫害的低龄幼虫期施药，在园林绿化植物对药剂不敏感期施药为佳，同时也要考虑到对天敌是否安全等因素。如果长期单一地使用一种农药来防治某种病虫害，经过一定的时间后，病虫害会对该药剂产生抗性，从而降低了药剂防治效果，因此，在化学防治的施药过程中要注意交替合理用药。

根据深圳市气候特征、绿地植物特点及许多年来的绿化养护管理经验，对病虫害防治采用"预防为主，综合防治"的方针。尽量用农业防治或生物防治，少用或禁止使用高毒、剧毒农药，推广无公害（生物）农药。采用生态管理把病虫害危害控制

病虫害消杀作业

农药喷施作业

到最低。对园林植物病虫害,及时向专业技术人员汇报。专业技术人员到现场核实,进行诊断,然后由植保组负责实施防治。并根据宝安大道养护实际情况分为乔木、花卉及灌木、草坪、等几大类进行专项处理防治。

二、草坪病虫害防治

预防为主,精心管养,增强植物抗病能力,掌握病虫害发生的规律、特点,防止病虫害大量发生,减少环境污染。深圳地区草坪主要病虫害有纹枯病、锈病、蛴螬等,防治药品有敌敌畏、氧化乐果、粉锈宁、呋喃丹等。具体操作时要仔细观察、分析病虫害发病原因、种类、危害程度、受害面积等,选择最适药品,喷药前一定要计算准确农药用量,配药细致、认真,喷药时必须提醒草地上休憩的人群注意安全。枯草层比较容易滋生病虫害,加强剪草、疏草都是防治草坪病虫害的有效手段。

三、花卉和灌木病虫害防治

深圳市绿化服务养护花灌木品种多、种植面积大、病虫害数量及种类多。常见病虫害种类有美人蕉青枯病、褐斑病、锈病;九里香白粉病;黄金叶蚜虫、菟丝子;毛杜鹃丛枝病;马缨丹根结线虫等。防治手段以化学防治为主,辅以管理措施。主要农药用甲基托布津、多菌灵、抗枯灵、敌敌畏、速扑杀、代森锰锌等。在防治时一定要进行详细观察记录,打药时一定要认真、仔细,植物的叶面、叶背、茎干都要均匀喷雾,尽量应用新技术,采用生物防治,减少污染。对喷药后的情况每天都要进行观察记录,根据记录资料研究最有效果的药品和用量,寻找发病原因和规律性,为以后更好地防治病虫害打好基础。病虫害的危害程度应做到特级绿地低于2%,一级绿地低于5%,二级绿地低于8%,三级绿地低于10%。

花卉病害

四、乔木病虫害防治

深圳市主要乔木病虫害有棕榈科椰心叶甲、褐斑病、阴香蜡蚧、黑痣粉虱；苏铁的白粉虱、夜蛾、秋枫叶蝉、小叶榕绵蚧、假频婆叶螨。主要化学农药有乐斯本、灭扫利、速扑杀、叶蝉散、硫悬浮剂。

在喷药设备上要使用高压机喷喷雾器，因水车喷淋的雾化效果不佳且污染严重，要杜绝使用，喷药注意要隔离行人，喷洒均匀。行道树喷药必须在晚上进行，重要街道必须在晚上12:00之后进行。此外，要注意保护鸟类、瓢虫、天牛姬蜂等植物病虫害的天敌，掌握并应用食物链规律，多渠道、多方法地控制病虫害。

乔木病虫害防治作业

五、全年常见病虫害及防治方法

月份	受害植物	病虫害名称	防治方法
1月	小叶榕、垂榕	蓟马	喷施好年冬乳油1000倍液
	杧果	杧果瘿蚊	将病虫枝叶、内膛枝剪去，并集中枯枝落叶一起焚烧。于春梢抽出7天内，夏、秋梢抽出5天内，选用乐果、隆硫磷、敌百虫或敌杀死喷雾1~2次，消灭幼虫
	刺桐	刺桐姬小蜂	将受害的刺桐1~2年生的枝条全部剪除并集中处理
	双荚槐、海枣、美丽针葵	白蚁	浇灌博乐TC乳油400倍液
	扶桑、海桐、黄心梅	蚜虫	喷施20%好年冬乳油800倍液或喷洒阿维菌素1500倍液或20%灭扫利乳油2000倍液或50%灭蚜2000倍液
	象牙红、七里香、樟树、天竺桂、大叶紫薇、苏铁	介壳虫	喷施40%杀扑噻乳油800倍液或40%速扑杀乳油1000倍液
	七里香、福建茶、高山榕	煤烟病	修剪枝条加强通风；注意防治蚜虫、介壳虫 喷施疮炭煤烟净1000倍液或80%炭疮溃烟1200倍液
2月	垂榕、小叶榕	蓟马	喷施好年冬乳油1000倍液
	鸡蛋花	红蜘蛛	喷施1.8%阿维菌素乳油1500倍液
	海枣、杧果、双荚槐、美丽针葵	白蚁	浇灌博乐TC乳油400倍液
	杧果	杧果瘿蚊	将病虫枝叶、内膛枝剪去，并集中枯枝落叶一起焚烧。于春梢抽出7天内，夏、秋梢抽出5天内，选用乐果、隆硫磷、敌百虫或敌杀死喷雾1~2次，消灭幼虫
	刺桐	刺桐姬小蜂	将受害的刺桐1~2年生的枝条全部剪除并集中处理
	福建茶、扶桑、七里香、高山榕、象牙红	蚜虫	喷施20%好年冬乳油800倍液或喷洒阿维菌素1500倍液或20%灭扫利乳油2000倍液或50%灭蚜威2000倍液

续表

月份	受害植物	病虫害名称	防治方法
	象牙红、七里香、樟树、天竺桂、大叶紫薇、苏铁	介壳虫	喷施40%杀扑噻乳油800倍液或40%速扑杀乳油1000倍液
	扶桑	灰霉病	未发病时，用75%百菌清可湿性粉剂喷雾预防。发病后用50%扑海因可湿性粉剂和抗霉威可湿性粉剂混合喷雾
	苏铁	白斑病	发病初期喷75%百菌清800倍液或50%速克灵可湿性粉剂1000倍液防治
	美女樱、月季、凤仙花、七里香、象牙红	白粉病	喷施15%粉锈宁可湿性粉剂1000倍液或三唑酮1000倍液
	美女樱	茎枯病	发病初期喷用75%百菌清600倍液或58%甲霜灵锰锌可湿性粉剂500倍液或64%杀毒矾可湿性粉剂400倍液或50%扑海因可湿性粉剂1000倍液或70%乙磷锰锌500倍液
	桂花、鱼尾葵、大叶榕、遍地黄金	叶斑病	喷施70%甲基托布津1000倍液
	美人蕉	褐斑病	喷施40%萎立可湿性粉剂1000倍液
	高山榕、象牙红	煤烟病	修剪枝条加强通风；注意防治蚜虫、介壳虫；喷施疮炭煤烟净1000倍液或80%炭疮溃烟灵1200倍液
3月	马尾松	马尾松毛虫	越冬前后抗药性最差，是化学防治的最佳时期。用20%杀灭菊酯乳油、50%杀螟松乳油喷雾。施放白僵菌粉炮，每亩3~4个
	黄金榕	红蜘蛛	喷施卵螨双乳油1200倍液
	杧果	瘿蚊	喷洒大比功1500倍液
	双荚槐、海枣、美丽针葵	白蚁	浇灌博乐TC乳油400倍液
	七里香、小叶榕、夹竹桃、美女樱、黄心梅、扶桑、海桐	蚜虫	喷施20%好年冬乳油800倍液或喷洒阿维菌素1500倍液或20%灭扫利乳油2000倍液或50%灭蚜威2000倍液
	象牙红、七里香、樟树、天竺桂、大叶紫薇、苏铁	介壳虫	喷施40%杀扑噻乳油800倍液或40%速扑蚧乳油1000倍液
	一串红、鸡冠花、凤仙花、三色堇	猝倒病	及时检查，发现病苗立即拔除，喷洒58%甲霜灵·锰锌可湿性粉剂800倍液、15%噁霉灵水剂450倍液，50%立枯净可湿性粉剂900倍液
	美女樱、七里香、月季、凤仙花	白粉病	喷洒三唑酮1000倍液
	七里香、福建茶、高山榕	煤烟病	修剪枝条加强通风；注意防治蚜虫、介壳虫喷施煤烟净1000倍液或80%炭疮溃烟灵1200倍液
	美人蕉	褐斑病	喷施40%萎立可湿性粉剂1000倍液
	桂花、鱼尾葵、大叶榕、遍地黄金	叶斑病	喷施70%甲基托布津1000倍液
4月	海桐	澳洲吹绵蚧	初孵若虫期喷洒10%吡虫啉1000倍液，盛发期喷洒杀扑噻1500倍液或蚧杀手1500倍液
	双荚槐、海枣、美丽针葵	白蚁	浇灌博乐TC乳油400倍液
	海枣	白蚁	挖穴，撒上松木屑，用40~100倍博乐液浸湿木屑，后覆土压实
	扶桑、海桐、黄心梅、果、高山榕、夹竹桃	蚜虫	喷施20%好年冬乳油800倍液、喷洒阿维菌素1500倍液、20%灭扫利乳油2000倍液、50%灭蚜威2000倍液
	杧果	瘿蚊	喷洒大比功1500倍液
	桃树、杜鹃	螨类	喷施40%三氯杀螨醇乳油1000倍液
	美人蕉	夜蛾	喷施50%辛硫磷1000~1500倍液（傍晚喷施）
	马占相思	毒蛾	喷施苏得利500倍液、辛硫磷1000倍液
	龙船花	红蜡蚧、褐斑病	喷好年冬乳油1000倍液

续表

月份	受害植物	病虫害名称	防治方法
5月	桃花心木、小叶榕	粉蚧	喷施蚧杀手1500倍液
	一串红	潜叶蝇	喷施90%敌百虫晶体1000倍液
	杜鹃花	灰霉病	发病初期,喷洒1:100波尔多液或50%扑海因可湿性粉剂1500倍液或50%多菌灵可湿性粉剂500倍液防治
	美女樱、七里香、小叶紫薇	白粉病	喷洒三唑酮1000倍液或25%粉锈宁可湿性粉剂2000~2500倍液
	狗牙根、夹竹桃	叶斑病	喷施70%甲基托布津1000倍液
	垂榕、黄金榕	灰白蚕蛾	喷施Bt苏得利500倍液或中西杀灭菊酯2000~3000倍液
	双荚槐、海枣、美丽针葵	白蚁	灭蚁灵喷粉防治
	海枣	白蚁	挖穴,撒上松木屑,用40~100倍博乐液浸湿木屑,后覆土压实
	扶桑、海桐、黄心梅、杧果、高山榕	蚜虫	喷施20%好年冬乳油800倍液或喷洒阿维菌素1500倍液或20%灭扫利乳油2000倍液或50%灭蚜威2000倍液
	杧果	瘿蚊	喷洒啶虫脒1500倍液
	桃树、杜鹃	螨类	喷施阿维菌素乳油1500倍液
	美人蕉	夜蛾	喷施50%辛硫磷1000~1500倍液(傍晚喷施)
	龙船花	红蜡蚧	喷好年冬乳油1000倍液
	桃花心木、小叶榕	粉蚧	喷施蚧杀手1500倍液
	一串红	潜叶蝇	喷施90%敌百虫晶体1000倍液
	黄金榕	白粉蝶幼虫	喷施50%辛硫磷1000~1500倍液(傍晚喷施)
	蟛蜞菊	毒蛾	喷施50%辛硫磷1000~1500倍液(傍晚喷施)
	七里香、垂榕	粉虱	喷施粉虱尽1000倍液
	蒲葵	吊丝虫	喷施好年冬乳油1000倍液
	美女樱、七里香、小叶紫薇	白粉病	喷洒三唑酮1000倍液或25%粉锈宁可湿性粉剂2000~2500倍液
	月季	黑斑病	喷施50%多菌灵可湿性粉500~1000倍液或75百菌清可湿性粉500倍液或80%代森锌可湿性粉500倍液或1:1:100倍波尔多液或70%甲基托布津1000~1200倍液
	狗牙根、夹竹桃	叶斑病	喷施70%甲基托布津1000倍液
6月	大叶榕、垂榕、美人蕉、红草等	毒蛾	可选用40%乐斯本乳油1000倍液;5%高效氯氰菊酯乳油1200倍液;苏云金杆菌粉悬液3000倍
	双荚槐、海枣、美丽针葵	白蚁	灭蚁灵喷粉防治
	扶桑、海桐、黄心梅、孔雀草	蚜虫	喷施20%好年冬乳油800倍液或喷洒阿维菌素1500倍液或20%灭扫利乳油2000倍液或50%灭蚜威2000倍液
	黄金榕、垂榕、大叶榕、小叶榕	蚕蛾	喷施阿维菌素1000倍液或好年冬乳油1000倍液
	杧果	瘿蚊	喷洒啶虫脒1500倍液
	桃树、杜鹃	螨类	喷施阿维菌素乳油1500倍液
	马尾松	松毛虫	白僵菌
	小叶榕	介壳虫、榕母、管蓟马	喷施蚧霸乳油3000倍液
	盆架子	尺蠖	喷施Bt苏得利400~500倍液
	木虱	鸡冠花	喷施好年冬乳油1000倍液
	草坪	褐斑病	在发病初期,及时用敌菌灵、代森锰锌和百菌清进行防治,连续喷施3次,每隔7~10天喷施一次
	美女樱、七里香、小叶紫薇	白粉病	喷洒三唑酮1000倍液
	龙船花	叶枯病	喷施多菌灵1000倍液
	美人蕉、白蝴蝶、菩提	叶斑病	喷施70%甲基托布津1000倍液

续表

月份	受害植物	病虫害名称	防治方法
7月	栀子花、散尾葵、夹竹桃、樟树	康氏粉蚧	喷施20%灭扫利乳油2000倍液或10%氯氰菊酯乳油1000~2000倍液
	凤凰木、杧果、小叶榕、洋紫荆、海枣、美丽针葵	白蚁	喷施40%博乐TC乳油1000倍液
	美人蕉、菊花、月季、仙客来、三叶草、马尼拉草	斜纹夜蛾、草地螟	喷施30%敌百虫加4.5%高效氯氰菊酯1500~2000倍均匀喷雾、或使用生物农药Bt乳剂
	黄心榕	卷叶蛾、粉蝶	喷施75%辛硫磷1000倍液
	海枣	蓑蛾科幼虫	喷施20%灭幼脲2000~3000倍液或青虫菌1000倍液
	杧果	炭疽病	剪病枝烧毁 喷洒80%克菌丹可湿性粉剂800倍液或50%多菌灵500倍液或70%甲基托布津1000倍液
	虎刺梅	根腐病	喷施98%噁霉灵3000倍液
	美人蕉、草花、黄心榕、白蝴蝶等	黑斑病	喷施50%多菌灵可湿性粉剂500~1000倍液或75%百菌清500倍液或80%代森锰锌500倍液
	高山榕、福建茶、仙丹、紫薇	煤烟病	修剪枝条加强通风，注意防治蚜虫、介壳虫，喷施疮痂煤烟净1000倍液或80%疮痂溃烟灵1200倍液
8月	松树、针叶树等	卷叶蛾	喷施48%的乐斯本1000~1200倍液，一旦卷叶可用24%美满5000倍液防治；人工释放松毛虫赤眼蜂
	菩提、扶桑、天竺桂	粉虱	喷施5%安诺可湿性粉剂1500倍液或10%扑虱灵乳油1000倍液或20%虫必克乳油2500倍液
	双荚槐	白蚁	喷施40%博乐TC乳油1000倍液
	凤凰木、相思树	尺蠖	喷施森得保1500倍液
	黄金榕、垂榕	蚕蛾	喷施千胜500倍液或辛硫磷1000倍液
	虎刺梅、红桑	蛴螬	48%毒死蜱乳油1000倍液灌根
	双荚槐、栀子花、苏铁	介壳虫	喷施20%杀扑磷乳油1200倍液或40%速扑杀乳油1000倍液。
	凤凰木	夜蛾	喷施苏得利500倍液、辛硫磷1000倍液
	棕榈	叶尖枯病	修剪后伤口涂抹达科宁药膏进行处理；如有病害发生可用70%甲基托布津800倍液或75%百菌清1000倍液喷洒
	非洲菊	根腐病	喷施98%噁霉灵3000倍液
	沿阶草	炭疽病	喷施80%炭疽福美可湿性粉剂1200倍液
	高山榕	煤烟病	修剪枝条加强通风；注意防治蚜虫、介壳虫 喷施煤烟净1000倍液或80%炭疽溃烟灵1200倍液
9月	象牙红、夹竹桃、海桐	康氏粉蚧	喷洒40%速扑杀乳油1200倍液、20%杀扑磷乳油1500倍
	菩提	粉虱	喷施10%大比功可湿性粉剂2500倍液
	海枣、杧果	白蚁	喷施40%博乐TC乳油1000倍液
	扶桑、月季、菊花	棉蚜	喷施蚜虱净可湿性粉剂2500倍液，或20%好年冬乳油2500倍液，或20%中西杀灭菊酯乳油2000倍液
	大叶榕、垂榕	蚕蛾	喷施20%一扫光乳油2000倍液
	海枣、紫薇	蓑蛾	喷施20%中西杀灭菊酯乳油2500~3000倍液
	日日春	根茎腐烂病	发现病株及时拔除，用敌克松1000~1500倍液处理土壤
	美人蕉	褐斑病	喷施40%萎可湿性粉剂1000倍液
	大叶油草	根腐病	喷施98%噁霉灵3000倍液
	桂花、遍地黄金	叶斑病	喷施70%甲基托布津1000倍液
	高山榕、小叶榕	煤烟病	修剪枝条加强通风；注意防治蚜虫、介壳虫 喷施煤烟净1000倍液，或80%炭疽溃烟灵1200倍液，或安纳园林清洗剂200倍液

续表

月份	受害植物	病虫害名称	防治方法
10月	杧果、桃树等	白蛾蜡蝉	喷施40%速扑杀乳油600~800倍液
	菩提树	粉虱	喷施10%大比功可湿性粉剂2500倍液
	鸡蛋花	介壳虫、红蜘蛛	喷施敌死虫机油乳油100~200倍液
	大叶榕、垂榕	蚕蛾	喷施20%一扫光乳油2000倍液
	小叶榕	蓟马	喷施好年冬乳油1000倍液
	海枣、紫薇	蓑蛾	喷施中西杀灭菊酯2500~3000倍液
	海枣、杧果	白蚁	喷施40%博乐乳油1000倍液
	月季	白粉病	发病前喷洒保护剂如15%粉锈宁可湿性粉剂800倍液或75%百菌清可湿性粉剂600~800倍液，每隔7~10天喷洒1次
	美人蕉	褐斑病	喷施40%萎立可湿性粉剂1000倍液
	桂花、遍地黄金	叶斑病	喷施甲基托布津1000倍液
	杧果	枝腐病	涂抹并灌根瑞毒霉锰锌可湿性粉剂1000倍液
	大叶油草	根腐病	喷施98%噁霉灵3000倍液
	小叶榕	煤烟病	喷施安纳园林清洗剂200倍液
11月	菩提树	海枣、红棕象甲	喷施10%大比功可湿性粉剂2500倍液
	鸡蛋花	粉虱	喷施1.8阿维菌素乳油1500倍液
	象牙红、七里香、樟树、天竺葵、大叶紫薇、苏铁	红蜘蛛	喷施40%杀扑噻乳油800倍液或40%速扑杀乳油1000倍液
	大叶榕、垂榕	介壳虫	喷施10%氯氢菊酯乳油1200倍液
	小叶榕	蚕蛾	喷施好年冬乳油1000倍液
	杧果	蓟马	将病虫枝叶、内膛枝剪去，并集中枯枝落叶一起焚烧。于春梢抽出7天内，夏、秋梢抽出5天内，选用乐果、降硫磷、敌百虫或敌杀死喷雾1~2次，消灭幼虫
	海枣、杧果	杧果瘿蚊	喷施40%博乐TC乳油1000倍液
	菊花	白蚁	用40%五氯硝基苯粉剂3.5~5克与0.1立方米的细土拌合，杀灭土壤中的病菌
	美人蕉	黄萎病	喷施40%萎立可湿性粉剂1000倍液
	桂花、鱼尾葵、大叶榕、花生藤	褐斑病	喷施70%甲基托布津1000倍液
	非洲菊、日日春、万寿菊	叶斑病	喷施98%噁霉灵3000倍液
	七里香、福建茶、高山榕	煤烟病	修剪枝条加强通风；注意防治蚜虫、介壳虫 喷施疮炭煤烟净1000倍液或80%疮炭溃烟灵1200倍液
12月	鸡蛋花	红蜘蛛	喷施1.8阿维菌素乳油1500倍液
	象牙红、扶桑、鸡蛋花	介壳虫	喷施40%杀扑噻乳油800倍液或40%速扑杀乳油1000倍液、或敌死虫机油乳油100~200倍液
	小叶榕、垂榕	蓟马	喷施好年冬乳油1000倍液
	杧果	杧果瘿蚊	将病虫枝叶、内膛枝剪去，并集中枯枝落叶一起焚烧。于春梢抽出7天内，夏、秋梢抽出5天内，选用乐果、降硫磷、敌百虫或敌杀死喷雾1~2次，消灭幼虫
	海枣、杧果、双荚槐、美丽针葵	白蚁	喷施40%博乐TC乳油1000倍液
	沿阶草	根腐病	喷施98%噁霉灵3000倍液
	美人蕉	褐斑病	喷施40%萎立可湿性粉剂1000倍液
	桂花、鱼尾葵、大叶榕	叶斑病	喷施70%甲基托布津1000倍液

续表

月份	受害植物	病虫害名称	防治方法
	七里香、福建茶、高山榕	煤烟病	修剪枝条加强通风；注意防治蚜虫、介壳虫 喷施疮炭煤烟净1000倍液或80%疮炭溃烟灵1200倍液
	扶桑、海桐、黄心梅	蚜虫	喷施20%好年冬乳油800倍液或喷洒阿维菌素1500倍液或20%灭扫利乳油2000倍液或50%灭蚜威2000倍液
	凤凰木、相思树	尺蠖	喷施森得宝1500倍液
	菩提树、扶桑	粉虱	喷施10%大比功可湿性粉剂2500倍液
	凤凰木、杧果	叶蝉	喷施啶虫脒1800倍液
	多种乔木	天牛	磷化铝熏杀棒熏蒸
	海枣	蓑蛾	喷施中西杀灭菊酯2500~3000倍液

第二十八章 绿地保护

城市绿化是城市建设中不可或缺的组成部分,是改善城市生态环境的重要手段之一。现状绿地作为城市绿化的重要组成部分,对保持城市生态平衡、促进城市可持续发展起着不可替代的作用。目前,随着城市快速发展,城市绿地面积逐渐减少,现状绿地遭受更多的破坏和损坏,保护现状绿地迫在眉睫。

一、总体设计

(一)方案目标

本方案的主要目标是确保现状绿地的正常生长和发育,保护现状绿地的成果,恢复已经破坏的绿地,提高绿地的生态效益,塑造城市良好的绿化形象。

(二)方案原则

本方案的主要原则是依法依规、科学管理、分类保护、统筹协调、可持续发展。

(三)方案建议

本方案的主要建议是完善现状绿地管理体制、强化现状绿地保护监管、制定详细的现状绿地管理制度、加强现状绿地的技术支持、完善现状绿地资金保障机制。

二、方案实施

(一)方案实施方式

方案实施的主要方式是分类管理、分步实施、分类保护和统筹协调,确保施工过程中对现状绿地的干扰尽可能小。

(二)方案施工人员资质要求

方案施工人员应具备相应的资质证书,并经过专业培训和考核合格者方可参与施工工作。

三、方案措施

（一）规划先行，确保绿地布局合理

在城市规划和建设中，应将绿地保护作为重要考虑因素，确保绿地布局合理、科学。在规划阶段，应充分考虑绿地的生态、景观和休闲功能，合理规划绿地的规模、位置和形态。同时，应注重绿地的连通性和完整性，提高绿地的生态服务功能。

（二）定期巡查，及时发现并处理破坏行为

应建立定期巡查制度，对绿地进行全面、细致的巡查，及时发现并处理破坏绿地的行为。对于破坏绿地的行为，应根据情节轻重采取相应的处罚措施，形成有力的威慑力。

（三）建立绿地保护法规，明确责任与义务

应制定和完善绿地保护法规，明确政府、企业和个人在绿地保护方面的责任与义务。同时，应建立绿地保护考核机制，对各级政府和相关部门的绿地保护工作进行考核评价，推动绿地保护工作的有效开展。

（四）宣传教育，提高市民的绿地保护意识

应加强绿地保护的宣传教育，通过各种渠道向市民普及绿地保护知识，提高市民的绿地保护意识。同时，应鼓励市民积极参与绿地保护工作，形成全社会共同参与绿地保护的良好氛围。

（五）张贴宣传标语

做好绿化宣传，张贴宣传标语，如"青青绿草地，脚下请留情""一言一行如有爱，一草一木均含情""绿化家园，文明人心""青而易举，绿色永恒""保护环境，从我做起，从小做起，功在当代，利在千秋""草木绿，花儿笑，空气清新环境

宣传标语

好""有了您的真心呵护，城市才会更加美丽"等。

（六）植被养护，保持绿地的生态功能

应对绿地进行科学、合理的养护，保持绿地的生态功能。应根据绿地的特点，采取相应的养护措施，如浇水、施肥、修剪、除草等，促进植被的生长和发育。同时，应注重绿地的可持续性发展，避免过度开发和破坏。

（七）恢复受损绿地，确保绿化覆盖率达标

对于受损的绿地，应及时进行恢复和修复，确保绿化覆盖率达标。在恢复过程中，应注重生态恢复和景观恢复的协调统一。

第二十九章 古树名木养护管理

古树名木是活文物，是自然界和前人留给我们的瑰宝，是城市绿化美化的重要组成部分，是一种不可再生的自然和文化遗产，具有重要的科学和历史观赏价值，对其实施有效保护具有现实意义。

一、古树衰老的原因

随着树龄增加，古树名木生理机能逐渐下降，加之环境污染，生长环境日趋恶化以及各地重视程度、保护意识或资金投入情况不一样，导致部分古树名木逐渐枯萎死亡，损失巨大。为此有必要探讨古树名木衰老的原因，以便采取有效措施。

（一）土壤密实度过高

城市公园里游人密集，地面受到大量践踏，土壤板结，密实度高，透气性降低，机械阻抗增加，对树木的生长十分不利。据测定：北京中山公园在人流密集的古柏林中土壤容重达1.7克/立方厘米，非毛管孔隙度1.1%；天坛"九龙柏"周围土壤容重为1.59克/立方厘米，非毛管孔隙度为1%，在这样的土壤中，根生长受抑制。

（二）古树根系环境透气性差

树干周围铺装过大，有些地段地面用水泥砖或其他材料铺装，仅留很小的树池，影响了地上与地下部分气体交换，使古树名木根系处于透气性极差的环境中。

（三）土壤理化性质恶化

风景区各种文化、商业活动等的急剧增加，设置临时厕所，倾倒污水等人为原因而使土壤中的盐分含量过高是某些局部地段古树名木致死的原因。

（四）根部营养不足

肥分不足是古树名木生长衰弱的原因之一。氮、磷、钾等元素不足，使古树名木生长缓慢，树叶稀疏，抗性减弱。

（五）人为损害

由于各种原因，人为地刻划钉钉、缠绕绳索、攀树折枝、剥损树皮；借用树干做支撑物；在树冠外缘3米内挖坑取土、动用明火、排放烟气等都会对古树造成伤害。如，不少公园在追求商业利益的驱使下，在古树附近开各式各样的展销会、演出会或是开辟场地供周围居民（游客）进行操练，随意排放人为活动的废弃物，污水造成土壤的理化性质发生改变，一般情况下土壤的含盐量增加，土壤pH值增高的直接后果是致使树木缺少微量元素、营养生理平衡失调等。

二、古树名木的复壮措施和养护管理

（一）古树名木调查、登记、存档

调查内容主要包括树种、树龄、树高、冠幅、生长势、病虫害、养护及有关资料（如碑、文、诗、画、图片、传说等）。在调查的基础上加以分级，对于各级古树名木，均应设永久性标牌，编号在册并采取围栏、加强保护管理等措施。对于年代久远的树木予以特殊保护，必要时拨专款专人养护，并随时记录备案。

（二）古树的复壮措施

1. 埋条法：分放射沟埋条和长沟埋条。放射沟埋条是以古树名木为圆心，在树冠投影外侧挖4~11条放射沟，每条沟长110厘米左右，宽为10~70厘米，深80厘米。沟内先垫放10厘米厚的松土，再把剪好的树枝缚成捆，平铺一层，每捆直径10厘米左右，上撒少量松土，同时施入有机肥和尿素，每沟施有机肥1千克（干重），尿素150克，为了补充磷肥可放少量脱脂骨粉，覆土10厘米后放第二层树枝捆，最后覆土踏平。

2. 铺装梯形砖块和草皮：在地面上铺置上大下小的特制梯形砖，砖与砖之间不勾缝，留有通气道，下面用石灰砂浆衬砌，砂浆用石灰、沙子、锯末配制，比例为1∶1∶0.5。同时还可以在埋树条的上面种上花草，并围栏禁止游人践踏。

3. 做渗井：依埋条法挖深110~140厘米，直径110~110厘米的渗井，井底壁掏3~4个小洞，内填树枝、腐叶土、微量元素等。井壁用砖砌成坛子形，不用水泥砌实，周围埋树条、施肥，井口盖盖儿。其作用主要是透气存水。

4. 埋透气管：在树冠半径4/5以外挖放射状沟，一般宽80厘米，深80厘米，长度视条件而定。挖沟时保留直径1厘米以上的根，在沟中适当位置垂直安放透气管，每株树1~4根，管径10厘米，管壁有孔，管外缠枝，外填腐叶土、微量元素和树枝的混合物。

（三）养护管理措施

养护管理的基本原则恢复和保持古树原有的生境条件；养护措施必须符合树种的生物学特性，每一种都有自身生长发育规律和生态特性，在养护中应顺其自然，满足生理要求，将古树生长的各项环境指标控制在允许范围内，养护措施必须有利于提高树木生活力，有利于增加树体抗逆性，这类措施包括灌水、排水、松土、施肥、支撑、防病虫等。

1. 保持生态环境：古树名木不要随意搬迁，不应在周围修建房屋、挖土、架设电线、倾倒废土、垃圾及废水，以免破坏原有的生态环境。

2. 保持土壤通透：古树名木生长季节进行多次中耕松土，冬季进行深翻，施有机肥料，改善土壤的结构及透气性，为防止人为破坏树体应设立栅栏隔离游人，避免践踏。土壤要求疏松、透气性好，有效孔隙度应在10%以上，容重应在1.35克/立方厘米以下；土壤含水量应保持在7%~10%；松柏类古树生长土壤含水量应在14%~17%；土壤pH值应在6.5~7.5；土壤含盐量应在0.3%以下。树穴直径不得小于4米。半径10米之内不得采用硬铺装。如因条件限制需要铺装，必须采用透气铺装材料。

3. 加强水肥管理：根据树木的需要，及时进行施肥，并掌握"薄肥勤施"的原则，应以施有机肥为主，无机肥为辅。有机肥必须经充分腐熟。施肥应在树冠垂直投影的外缘，或环施或穴施、沟施，沟或穴深0.3~0.5米，沟施或穴施均应分布均匀，施肥位置每年应轮换。施肥量应根据树种及土壤肥分情况而定。施有机肥以土壤解冻后、树木萌芽前或秋季落叶后为宜。针叶类古树（如油松）应注意调节土壤的元素平衡，可增施松林中的菌根土或栎树腐叶土，也可施用专用菌根肥。叶面施肥应在生长季节进行。每年可进行1~3次叶面施肥，叶面施肥配比为氮∶磷∶钾=1∶1∶1，施肥浓度0.1%~0.3%。叶面施肥宜在无风雨的傍晚进行。当土壤质地恶化、不利树木生长时，可进行换土。在地势低洼或地下水位过高处，要注意排水；当土壤干旱时，应及时灌水。

4. 防治病虫害：加强有害生物的监测工作，对在巡视中发现的有害生物应做好调查记录，及时上报管理古树名木的部门。苹桧病、双条杉天牛、白蚁、红蜘蛛、蚜虫等病虫害常危害古树名木，要及时防治，定期检查，掌握病虫习性，一旦发现立即进行防治，防治应采用综合治理方法，药物防治应以无、低毒药剂为主。

5. **补洞防治**：古树洞衰老加上人为的损伤，病菌的侵袭，使木质部腐烂蛀空，造成大小不等的树洞，对树木生长影响极大。除有特殊观赏的树洞外，一般应及时填补，先刮去腐烂的木质部，用硫酸铜或硫酸粉，然后在空洞内壁涂柏油防腐剂，为恢复和提高观赏价值，表面用1∶1水泥黄沙，加色粉面，按树木皮色装饰，较大树洞则要用钢筋水泥或填砌砖块，填补树洞并加固，再涂油灰粉饰。

6. **支架支撑**：古树名木年代久远，主干、主枝常有中空或死亡，造成树冠失去均衡，树体倾斜；又因树体衰老，枝条容易下垂，对有枝干下垂、折断、劈裂或树体倾斜有被风刮倒危险的古树名木，应及时设立支架支撑，并在支撑物与枝干接触处用胶皮做衬垫。

7. **堆土筑台**：堆土、筑台可起保护作用，也有防涝效果。砌台比堆土收效尤佳，可在台边留孔排水。

8. **整形修剪**：对于一般古树名木可将弱枝进行缩剪或锯去枯枝死枝，通过改变根冠之比达到养分集中供应，有利发出新枝。对于特别有价值的珍贵古树名木，以少整枝、少短截，轻剪、疏剪为主，基本保持原有树形为原则。

9. **设避雷针**：目前古树多数未设避雷针，古木高耸且电荷量大，易遭雷电袭击。据调查，千年古银杏大部分曾遭过雷击。如遭受雷击，应立即将伤口刮平，涂上保护剂，堵好树洞。

10. **日常管理**：春季、夏季灌水防旱，秋季、冬季浇水防冻，灌水后应松土，一方面保墒，同时增加通透性，古树施肥方法各异，可以在树冠投影部分挖穴（深0.5米，直径0.3米），穴施腐殖土加粪肥，有的施化肥，有的在沟内施马蹄掌或酱渣（油箔饼）。

11. **树体喷水**：由于城市空气浮尘污染，古树树体截留灰尘极多，影响观赏效果和光合作用，北京北海公园和中山公园常用喷水方法加以清洗，此项措施费用较高，只在重点区采用。

三、古树与周围其他植物之间关系的处理

（一）在松柏类古树周围可适量保留壳斗科树种，如栎、槲等，以利菌根菌的活动，促进古树生长。

（二）古松树冠垂直投影范围内严禁种植核桃树、接骨木、榆树，以避免对其生长产生抑制作用。

（三）除对古树生长有利的部分植物可进行适量保留外，必须对古树周围生长的阔叶树、速生树和杂灌草进行控制。

（四）应保持古树及周围环境的清洁。

（五）应因地制宜地设置围栏保护古树，孤立树或树群围栏与树干的距离不小于3米。

（六）在古树保护范围内（树冠垂直投影外沿3米范围内），禁止动土或铺砌不透气材料。各种施工范围内的古树必须在其保护范围边缘事先采取保护措施。

（七）在古树根系分布范围内，严禁设置临时厨房或厕所等有污染气体、液体的设施和排放污水的渗沟；严禁在树下堆放污染古树根系、土壤的物品，如石灰、撒过盐的积雪、人粪尿、垃圾、废料或倒污水等。

（八）严禁在树体上钉钉子、绕铁丝、挂杂物或作为施工的支撑点。严禁攀折、剐蹭和刻划树皮等伤害古树的行为。

（九）防腐与树洞处理

1. **日常管理**：有纪念意义和特殊观赏价值的古树，应保留其原貌，对枯枝采取防腐处理。需修剪的应制定修剪方案，报主管部门批准。古树树体上的伤疤或空洞应及时填充修补，防止进水。

2. **防腐技术**：应及时对古树名木的腐烂部位进行清除，裸露的木质部应使用消毒剂，如5%硫酸铜或5‰高锰酸钾；待干后涂防腐剂，如桐油。

3. **堵树洞**：先将树洞刮干净，并进行消毒处理，保持洞口的圆顺；树洞内不填充，宜用玻璃钢或硅胶（不宜用发泡胶）罩上，外面用环氧树脂、水泥、胶水、颜料拌匀后（接近树皮颜色）进行修

补，在下部留排气孔；封口要求平整、严密，并低于形成层；形成层处轻刮，最后涂伤口愈合剂。

4. 其他：对位于树干侧面的树洞可以不堵，将腐烂部位进行清除、消毒后，在根颈处进行硬化，做成斜坡引流，保证根颈处无积水。

（十）古树树体及大枝有倾倒、劈裂或折断的可能时，应及时采取加固或支撑等保护措施。

（十一）对高大树体必须安装避雷装置，以防雷击。

（十二）在坡林地环境的古树应有下木和地被植物伴生的自然生态环境。应对坡坎进行加固、防止水土流失。平地古树林地应适时适地栽种豆科地被植物。浇水应一次浇透浇足。暂不使用再生水浇灌古树。

（十三）古树复壮要严格采用成功的方法，吸收和运用新的研究成果，及时报请主管部门审查。

（十四）古树复壮和移植工程必须是具有二级或二级以上的园林绿化施工资质的企业方可承担。古树移植必须确保成活。施工技术方案必须经专家组论证，报请北京市园林局审查批准后，并在园林监查部门监督下实施。移后要落实养护管理责任制，及时制定养护方案，并进行跟踪管理，确保质量。古树名木的保护与研究是园林绿化工作的重要组成部分，是历史的见证，是活化石。但目前古树名木正日趋减少，作为园林工作者应当根据目前古树名木的实际情况，以古树名木衰老和减少的原因为依据，提出相应的解决方案，并对古树名木登记造册，对于衰老的古树，提出相应的复壮措施，进行实验、研究，为保护古树名木作出贡献。让古树名木更好地为文化艺术增添色彩。

自然教育实务
植物
ZIRAN JIAOYU SHIWU
ZHIWU

第五篇

森林康养

DIWUPIAN
SENLIN KANGYANG

第三十章 森林康养

森林是孕育生命的母体，人类社会的摇篮，也是中华文化的根源所在。基于优质森林资源的森林康养是将森林资源结合现代医学和传统医学，以沉浸在森林环境中，充分调动身体感知自然，获得心灵的宁静和疗愈的实践活动，以达到有益身心健康的目的。现多以心理学和中医养生理论等的研究为导向，在森林生态环境中进行心理疗愈、养生保健及康复疗养。森林康养的方法称为森林疗法，是指以森林环境为载体，通过与大自然接触，为增进人的身心健康和预防疾病提供森林环境的疗愈系统支持，主要包括直接疗法和辅助疗法两种形式。直接疗法有游憩疗法、作业疗法（制作自己的"自然名牌"、园艺疗法、制作植物相、大地艺术创作）、气候疗法或气候地形疗法、芳香疗法食物疗法（森林蔬菜类、森林水果类、森林坚果类、森林肉食类、森林粮食类、森林药材类、森林饮料类）、运动疗法（森林漫步、森林瑜伽）、静休疗法（森林心理疏导）、森田疗法（落叶浴、与树相处、森林冥想、五感疗法）、自然教育（德国森林幼儿园、自然观察）。辅助疗法有睡火坑、泡温泉、体验当地文化、冒险治疗、宠物治疗等。

一、国外森林康养概况

森林康养最早起源于德国。德国人于1864年发现了常绿森林适合结核病的防治，于1885年发明了森林地形疗法，于19世纪末建立了林地日间照顾中心，这些疗养地大多有医生的指导，用于结核病、心血管疾病和呼吸疾病的预防与治疗。亚洲的森林康养发展最为迅猛，其标志为1982年日本林野厅提出森林浴，森林浴的理念是通过五感与森林互动，放松并呼吸林中释放的植物杀菌素等挥发性物质，促进身心健康的同时，欣赏森林美景。同一时期的韩国开始建设和实施自然康养林制度，也开展了森林康养的科学研究。森林康养的发展因不同国家和地区的传统文化以及对森林的重视程度有关，在思想意识和活动形式上表现出了浓厚的地域特色，并相互学习和借鉴。分为①亚洲模式，以日韩两国为代表的亚洲国家，继续推进和完善各国家的森林康养事业，以基地建设、认证体系和法律政策为手段，形成了亚洲特色的森林康养模式。②欧洲模式，欧洲大部分国家将森林休闲视为公民的一项传统和基本权利，森林是人们进行户外休闲的首选之地。在开展研究方面，欧洲科技合作组织对自然和人类健康的多个方面进行研究，主要目标是提高人们对森林和自然对人类福祉贡献的认识，并尝试建立林业、卫生、环境和社会科学领域的研究网络。③北美模式，北美模式与欧洲模式类似，但是北美模式将重点放在了森林康养培训、认证等专业服务上。特点就是以第三方机构向个人或团体提供培训和认证服务，再由经认证的个人向公众提供森林康养服务。美国的森林康养以疗愈功能为核心，以提升全民健康为愿景，其典型模式主要有心理疗愈、运动健康、医疗保健和森林医疗4大类。

基于森林疗法的心理疗愈，是一种通过让人沉浸在森林环境中，利用身体和所有感官体验自然，获得心灵的宁静和疗愈的实践活动。在美国，森林疗法的形式以沿着森林小径漫步为主，也可以冥想或是停下来触摸树干、饮用花草茶、聆听风吹鸟鸣等，这种形式的活动也可以称为"森林浴"。基于森林环境的运动健康，基于森林环境的医疗保健，与医院协作的森林医疗……现今，国际森林康养研究热点演变呈现出由探索、论证森林环境对人类生理健康的益处转向其对人类心理健康的益处的趋势。

二、森林康养对人体的影响

（一）森林康养对生理机能的影响

有研究发现，森林康养有益身体生理的效益表现为能让人身心放松、降低压力、预防和降低高血压，提高身体免疫力等。

一是在森林环境中观景、漫步等活动均能有效抑制交感神经活动，促进副交感神经活动，显著降低心率，调整血压，令人身心放松。

二是增强机体免疫力。有文献报道，森林康养不仅能够增加自然杀伤细胞数量，还能增强其活性和抗癌蛋白的表达，且该效应在被试离开森林环境后至少能够持续7天，对男女均有效果。

（二）森林康养对心理的影响

亲近自然的森林康养有利于改善情绪状态、提高注意力与主观活力、提升自尊心和创造力等。心理学家称大自然能让人产生一种"软愉悦"的东西，减少因长期城市由压力生活产生的懈怠，重启感官和意识，摆脱疲劳感；与自然互动能够帮助人们更好地集中注意力，增加活力与幸福感。森林中产生的大量负氧离子可以通过放松自律神经、净化血液、强化细胞功能、促进新陈代谢令人们心情愉悦。有文献报道，森林环境能够帮助人们恢复感受活力和积极情绪，提升人们的创造力。

三、我国森林康养的现状

我国有丰富的森林资源和各具特色的森林景观，大部分地区气候舒适，有利于发展森林康养。健康中国前提下通过森林康养促进全民健康是可行的，我国的森林康养在保护生态环境的同时实现多元化、高质量发展，平衡社会、经济、生态三方效益。随着国家公园体系的建立，森林康养获得了良好的发展环境。与自然风景结合的同时融合当地的人文历史，将森林康养与中国文化和乡村振兴有效地结合在一起。

四、自然教育在森林康养方面的可行性

（一）引领森林康养的身体体验

从中医养生理念出发，通过中国特色的二十四节气，设置森林植物导赏。引导人们认识植物和植物背后智慧生存的故事，通过五感体验的观察结识植物朋友，并与大自然产生链接，帮助城市内快节奏生活的人们获得归属感和安全感。在森林开展正念行走、正念冥想等；野外开展餐桌上的自然，可参考专业营养师提供的结合二十四节气养生的保健天然食物，当令时蔬，让自然到餐桌，增强人们对

自然的深度感知。通过对药用植物的认识，结合中医理疗，多学科多部门协作开展森林康养。同时，向人们介绍森林生态、自然环境保护等方面的知识。并鼓励参与者在大自然中分享感受与互动，通过自然游戏，锻炼社交和沟通能力。适时在自然森林中开展绘画、摄影、写作、手工等艺术创作，激发思维提高创造力。体验漫步森林的宁静感，手作步道周围的环境让人感到内心平静，适当的人声和自然界的声音令人愉悦。

（二）引领森林康养的心智体验

自然教育提倡的五感体验，能帮助参与者实现全身心的体验。在视觉感受方面，自然导赏从植物的色彩、观果、观叶及观花的不同角度观察，结合植物智慧生存知识点，引发参与者兴趣和关注。能够缓解视觉疲劳、精神疲劳及紧张情绪。在听觉感受方面，以大自然中的风声、水声、鸟吟虫鸣声，让参与者感知风吹过树林、吹落树叶、鸟之欢歌、溪水潺潺等大自然的声音。遇鸟观鸟，遇虫观虫，在自然中随遇而安，安享现时此刻的宁静。在嗅觉感受方面，通过芳香植物和不同花及果的香气怡情，适时可以开展手作活动，体验制作香氛、沐浴用品、插花等。也可开展园艺种植芳香植物的同时利用植物精油的嗅觉芳香疗法，可舒缓人的压力、增强免疫系统、缓解疲劳、调节失眠、促进学习与记忆等认知功能。在触觉感受方面，可以通过对无毒植物的树皮、树枝、叶及花和果实及可视到的根茎的触摸，触摸粗糙的树枝，踩在柔软的树叶上，触摸被微风吹拂过的柔柔青草，都是一种触发人类愉悦心情、舒缓疲劳的良方，体验对植物的各部位质的感受，加深对植物朋友的认知；例如认识竹子时，可以体验竹制作的椅子和建造的竹楼、竹亭等。

五、自然教育在森林康养方面实施的建议

自然教育者在森林生态环境中引领一种正念活动，引导参与者专注于当下，有助于重建人与自然的联系，有益于心灵的疗愈。针对所处地理环境优势可设计以湿地生态、滨海植物及红树林、野生动植物、园艺体验及种植等主题自然教育。又如设计以古树名木为主旨的自然教育康养路线，经历岁月洗礼的古树名木可成为人们依赖的对象，能用语言以外的方式传递最深的情感，参与者可以把难以言说的伤痛和苦难交付给古树这种无须语言的生命体。我国古老的传说中常有通过一些仪式象征地把疾病、悲伤转移给树，或祈福古树带给人们平安健康，让树承载人类难以解决的苦难和带来希望。还可以深入挖掘古树名木背后的人文故事及文化内涵，让参与者沉浸式体验树与人类的同呼吸共命运，以达到疗愈身心的目的。

随着我国城市化的不断扩大及人口老龄化，更多的人受限走入森林，越来越多的人对自然的接触更多局限于电视节目和网络视频。如何引导更多的人从室内走入自然，要给人们提供相对容易和轻松到达的可能，那么，城市森林公园和社区公园是一个好的选择，而基于城市公园的运动健康是行之有效的康养途径。运动能提高人体内的内啡肽、多巴胺和血清素等神经递质的水平，能改善情绪。而通过自然教育志愿者的引领，在城市公园的自然导赏活动，是方便易行的。还可以开展社区花园共建，让社区居民领略共建花园的喜悦和成就感，同时还可能提升对城市绿化和环保的认识，也是符合我国国情的森林康养的途径之一。有研究表明，城市中绿色空间的覆盖率，能提升人们的生活幸福指数。城市森林公园、郊野公园、手作步道、绿地及社区公园均可开展康养活动。可通过自然导赏志愿者引领的自然教育活动与自然链接，同时兼具保护生态环境，如清理垃圾、保护生物多样性、保护水资源等。这类活动在缓解疲劳的同时提升了参与者对森林环境的保护意识。城市社区公园中通常设置了功能多样的健身设施和器材，城市中融合体育健身功能为一体的文体公园越来越多，充分利用设立基于社区公园规划的运动健康，有利于广泛开展和普及森林康养。人们能轻而易举走进家附近的社区公园，从简单的跑步、球类运动、观植、观鸟、自行车或徒步及健身器材的使用等活动，都不需要花费太多就能体会到自然给身心带来的益处。人们因此获得与自然更方便更密切的联系，获得身心健康的提升。也可在森林和公园环境中引领团队锻炼，比

如集体舞、太极、瑜伽等。同时，也增加了社交机会，团队互动获得的鼓励和从众心理更可能提升参与者走进自然的频率，获得持续的健康改善。

开展基于森林环境的具有中医特色的医疗保健，以期预防疾病、维护健康和延缓衰老，对于我国即将面临的老龄化社会具有积极意义。随着我国全科医疗的开展，社区全科医生通常会开出一份书面运动建议的处方用于辅助治疗，鼓励患者每周在户外进行一定时期的运动，而不再是提供昂贵的检查及药物治疗。运动处方有利于抗抑郁、减重、有益于心脏病和糖尿病及慢性病的治疗。组织有医学背景的自然教育志愿者带领社区居民一起在森林或社区公园中的植物导赏活动，或散步、或自然手作或园艺种植等活动，同时自然教育志愿者可以在活动中向参与者科普健康知识，宣传森林康养知识及重要性。森林绿色充盈的自然环境，让参与者远离焦虑，能用放松的心情面对来自身体各种不适和更多地关注健康。一个医学背景的自然教育志愿者可以同时服务多位参与者，而且参与活动的人可以彼此分享和交流，积极的能量传递效率更高，效果也更好。有医学专业背景的自然教育志愿者引领的活动，对于参与者会有更强的吸引力，这类以森林康养为主题的自然教育活动可持续性强。还可以针对不同实施森林康养的环境，因地制宜开发艺术化的自然游戏，在森林环境中，在有专业背景的自然教育志愿者引领下，利用自然物，如捡拾落叶和种子创作、在自然安静的环境中记录自然笔记以及开展二十四节气的持续森林观察主题，以森林中所见多种元素进行诗歌创作、写作等。深入地沉浸在自然森林体验中，每个人都可从中受益。研究结果表明，森林康养能提高敏感人群的抗压能力和自我调节能力。

基于与医院协作的森林医疗在发达国家业已成熟，公众普遍认可自然环境的疗愈效果，许多医院或疗养院逐渐将森林疗法与传统医疗方法结合使用，康复花园和为病人专门设计的户外康复疗养场所应运而生，在大自然的元素营造出的宁静和舒适的氛围中散步、冥想以及开展园艺治疗等活动。在大自然中有很多益处，最基本的接触日光，就能促进身体合成维生素D。阳光中的蓝光有利于设定我们的睡眠-清醒周期，调节大脑中血清素的生成速率。血清素能令人的幸福感提升，有助于调节情绪和增强同理心，可以促进康复。人们认可运动和植物的芳香能改善人的情绪，接触园艺挖土有助于调节血清素水平，因为土壤中有一种常见的母牛分枝杆菌，接触少量这种细菌就能提高大脑中血清素的水平。它在富含粪肥和堆肥的土壤中特别丰富，参与者在园艺种植时就会吸入它。实验证明，接触母牛分枝杆菌的大鼠表现出更低的炎症水平和更强的抗压能力。除了母牛分枝杆菌，土壤中其他常见细菌也可能有利于身心健康。不同的研究表明，肠道中产生的各种细菌代谢物有助于激活迷走神经，它是休息-消化功能的副交感神经系统中的一部分。而其他代谢物与大脑的小胶质细胞会进行某种"信息交互"，从而使大脑进入一种更能抗炎的状态。总之，接触阳光、参与运动、接触泥土，这些园艺活动对神经系统的疗愈发挥着关键作用。人们在自然界中会感到更富有生机活力，内心平和又精神振奋，在自然中徜徉会唤醒人们追求与自然连结的天性。

六、我国森林康养发展的必要性

当今社会，人们被各种电子科技产品分心，科技为我们提供了各种各样的小玩意及预先设置好的电子游戏，让人轻易获得美好的幻觉而产生依赖性，影响学业和工作。特别对孩子的影响越来越大，更多的孩子沉迷室内电子产品虚拟的世界中不能自拔。城市居民的生活方式，更多的是久坐不动，更容易受心理问题影响。城市越来越大，人们离自然越来越远。而走进自然，才能让人们摆脱上述困扰。于是在我国生态文明建设与发展健康中国战略的指引下，通过森林康养促进全民健康被提到日程上来。符合我国国情的"森林康养"应不只局限于森林疗养基地、森林医院等特定的生态场所，更多的要落地于城市绿地、社区公园、郊野公园、植物园、湿地公园、国家级森林公园、城郊田园乃至城市绿道等地方，让城市居民能够更方便更亲密地接触自然，享受到森林康养方式对人体带来的"绿色疗养"。把城市绿地、社区公园、城市郊野公园、森林公园等都充分利用起来，是普及森林康养的有效方式之一。在有限的城市公园、社区共建花园等运用适当的栽植方法，以及空间的构建，尽量使用复层结构群落植物配置，同时注意选择可以产生较高负氧离子的乔木，可以提高自然疗愈的效果。因为就自然的疗愈效果而言，自然的复杂性和多样性非常重要。生态学家理查德·富勒在英国谢菲尔德市主持的一项研究发现，人们在公园游玩获得的益处，与公园植被的多样性之间存在着明确关系。但是，目前公众对森林康养的健康保健功能依然认知不足，宣传力度不够。在自然教育引导下把森林康养理念传播开去，会实现灵活度很高的森林康养模式，大到国家森林公园，小到几十平方米的私家花园及庭院、屋顶花园等都可以作为康养的空间。以深圳为例，以自然导赏为主的自然教育志愿者培训开展得如火如荼。志愿者来自各行各业，通过专业的培训，在自然导赏的同时结合自己专业知识背景设计并开发的针对不同园景、面对不同人群的自然教育活动，能达到一定程度的森林康养功能。

在健康中国的大背景下，急需引领人们走进自然。因为我们已经和自然渐渐疏远了，甚至忘了自己隶属于一个巨大的生命连续体，我们亦是自然的一部分。埃塞克斯大学环境与社会学教授、绿色运动大师朱尔斯·普雷蒂认为，沉浸式的体验是大自然有益我们心理健康的关键因素。仔细地观看和耐心地倾听自然，能滋养我们，让我们恢复活力。亲近森林大自然有助于形成一种崭新的对生活的认识。在自然环境中，我们周围都是鲜活的生命，可以带给我们独处却不孤独的感觉，而这种方式的独处会给人慰藉，可疗愈日渐疲惫的内心。

爱默生说过，自然吸引着我们："因为同样是有眼睛看到的景象，自然显得那么壮观"。大自然出神入化的美丽可以让我们摆脱孤僻、摆脱抗争、焦虑和厌倦。它们很容易磨平我们生活的轨迹，而我们只需要走出去，呼吸并享受宁静。森林具有得天独厚的生态资源和环境，又兼具一定的历史文化底蕴。探索森林生态康养才能充分实现"绿水青山"转化为"金山银山"。

森林植物释放植物精气或植物挥发性有机物，主要为萜烯类物质，有镇静催眠、缓解精神障碍；降糖、调脂、保护心血管系统；抗敏、抗炎、抗菌、抗病毒、镇痛；抗氧化、延缓衰老；抗肿瘤等作用。据研究，森林环境中的常见树种——侧柏的芳香性挥发物可以使人感到轻松愉悦，从而调节情绪，缓解压力。还有研究发现植物组成、气温和林内风速是影响林内萜烯类有机物浓度的关键因子，即在温度相对较高、风速较小的午后，更适宜在林内开展康养活动。以深圳梧桐山毛棉杜鹃节花期的午后自然导赏为例，开花时森林景观非常壮美，而且具有芳香，在赏花和认知自然的同时，获得了森林浴，森林步道漫步，自然教育的舒缓疗养、康养运动等综合体验，可以减轻参与者的紧张情绪，缓解疲劳，起到人体生理保健、心理保健作用的。

另外，在城市公园、社区绿化、学校、医院等公共绿地区设计芳香植物园，通过自然导赏志愿者有意识地引导，感受植物挥发的芳香性化合物，是有益于人体呼吸系统、心血管系统、免疫系统等的理疗保健作用的。比如薄荷、苍术等自然挥发的芳香物质可以刺激人体呼吸系统，有抗病毒和细菌的作用；丁香、罗勒和香茅精油挥发物，可以加快血管内皮舒张；紫苏精油挥发物与免疫功能存在量效关系；由甘牛至、薰衣草、罗勒等植物组成的绿植区域，能缓解高血压的症状。校园绿化可选蓝铃花、薄荷，它们的芳香性挥发物可以较持久保持人的注意力，提升学习能力；薄荷驱虫，还能提高人的机敏性。薰衣草及雪松精油挥发物有急性抗焦的作用，而迷迭香精油挥发物可以改善抑郁和焦虑者的症状；柠檬及薰衣草的芳香性挥发物可以有效提高人的记忆力，改善体验者的认知功能，能预防和延续老年痴呆。

芳香保健区可以引入的芳香植物品种还有白兰、茉莉花、柚、柑橘、留兰香、薄荷、金银花、栀子花、金莲花、桉树、桂花、八角金盘、山茶、百合、夜来香、西洋甘菊、玉簪、月见草、紫茉莉等植物，释放的天然酚类、萜烯类物质具有抗菌、抗炎、驱虫等功能。如金莲花、柚及桉树等植物精油对金黄色葡萄球菌有抑制作用；榉树、杨树、槐树等释放的植物精气，能降低城市空气的细菌含量；万寿菊、香叶天竺葵具有驱蚊效果。有利保健的植物芳香植物还有黄金香柳、黄缅桂、橙花、广藿香、红千层、白千层、金莲花、百里香等。

总之，森林康养是利用优质森林环境、具有地域特色的森林景观、优质的空气等综合因素，促进人体身心健康。森林康养注重的是改善，是保健，是治未病。而以森林生态环境和城市公共绿化地为基础的自然教育导赏，也是一种能促进大众健康易行的、可持续的、有益于整体心身健康的康养方式。

第三十一章 应急处置

户外活动应注意安全，避免不必要的损伤。所有的应急处置都不如防范重要，遵循以防范为主的原则，学习自然知识及急救是必不可少的人生课程，它会帮助我们认识可能存在的自身和周围环境的问题。

选择适合个人经验和体能的线路，配备适合的食品、水、急救工具和药物。

尊重自然，不随意破坏自然，包括一草一木，避免不必要的伤害。跟随有经验的团体及老师，不建议擅自活动。

应急处置时应避开危险区域，保证施救者和被施救者的自身及环境安全。

户外应急处置可以参考国际野外医学协会的伤患评估系统。

具体情况列举如下。

图片版权归国际野外医学协会所有

一、受伤出血

（一）出血的种类

1. 小渗血：血液由伤口慢慢渗出，主要是一些划伤、刺伤等。

2. 大出血：血色鲜红或暗红，流血速度快，若是动脉出血为喷射性或搏动性。

（二）出血的一般处理

多数为一些划伤、刺伤等，流血量一般不多，最好不直接接触伤口及血液，有条件的先戴上手套，处理伤口前先洗手或手部局部消毒。

1. 清洁：根据条件用清水或消毒水清洗。

2. **消毒**：用棉签或消毒棉球蘸消毒药水抹净伤口，每次由伤口中心向外消毒，不建议逆向或一次来回消毒。

3. **止血**：让伤者坐在舒适的地方，安慰患者并提高伤肢，用一块消毒敷料盖住伤口，用手压在敷料上，施以适量压力，协助止血。

4. **包扎**：若敷料上没发现有血渗出，就可以判定伤口已经基本上止了血，这时就用胶布把敷料固定。若伤口很小，也可以在止血后利用药水胶布作包扎。

5. **特别的出血**

（1）头部。消毒，用敷料盖上直压止血，处理时不要让伤者躺下，若伤者有头晕、恶心、呕吐、失忆等征象，或止血不佳，必须送医治疗。

（2）流鼻血。垂头向前，不要让血流进喉咙以免呕吐，用手指捏着鼻梁的软骨位置，等待止血，必要时可在额头用扭干的冷毛巾作冷敷。止血后两小时不要擤鼻涕或挖鼻孔。

（3）外伤出血。野外备餐时如被刀等利器割伤，可用干净水冲洗，然后用手巾等包住。轻微出血可采用压迫止血法，一小时过后每隔10分钟左右要松开一下，以保障血液循环。

二、抽筋

（一）原因

是由于行山时过度地运动或姿势不佳，而引起肌肉的协调不良，或因登山时或登山后受寒，体内的盐分大量流失，因而致使肌肉突然产生非自主性的收缩，休息时常会有抽筋的现象。

（二）症状

患处疼痛，肌肉有紧张或抽搐的感觉，患者无法使收缩的肌肉放松。

（三）处理步骤

拉伸患处肌肉，轻轻按摩患处肌肉，有条件可涂抹舒缓的药膏或药油。补充水分及盐分，休息直到患处感觉舒适为止。

（四）预防方法

1. 在参加行山等其他户外活动的前后，应做充足的热身和准备运动。
2. 在行山的过程中应多吃零食和多注意休息。

三、踝关节扭伤

（一）症状

痛是必然出现的症状，肿及皮肤青紫、关节转动受限或诱发疼痛。

（二）处理步骤

1. 首先是要静养，应立即用冷水或冰块冷敷15分钟，然后，用手帕或绷带适当扎紧扭伤部位，争取及早康复。此时不可热敷及用力搓揉，以免加重损伤。受伤24小时后可以贴膏药或搽药水治疗。恢复期（伤后3天后）用热水浸泡或热敷有助于加快恢复。

2. 为防止再度发生踝关节扭伤，要在鞋底外侧后半段垫高半厘米（即在外侧钉一片胶皮或塑料），以保护韧带。

3. 预防方法：防止踝关节扭伤，最好穿着厚实的高帮鞋。

四、水疱

长期行山的你肯定有过长途跋涉后脚被磨破，长出水疱的经历。

（一）原因

长时间的行走与穿着新的登山鞋。

（二）处理原则

一旦磨出了水疱，首先要将疱内的液体排出。

（三）处理步骤

先用碘酒和酒精等药水消毒水疱表面，再用消毒过的缝衣针在水疱最底部刺个洞，挤出水疱内的液体，然后抹干创口及周围，最后用干净的纱布包好，有条件的话可以外涂龙胆紫（紫药水）。

（四）预防方法

1. 尽量不要穿着新的登山鞋出行，最好穿着与你的脚"磨合"惯了的鞋。
2. 可穿着预防起水疱的袜子或吸汗的棉或线袜子。
3. 在容易磨出水疱的地方事先贴一块创可贴。如有条件，可以到商店里买一瓶防止起疱的喷雾剂（主要减轻摩擦作用）。

五、中暑

（一）原因

在夏季湿热无风的环境中开展行山活动时，由于身体无法靠汗液蒸发来控制体温，人就会很容易中暑。

（二）症状

头痛、头晕、烦躁不安、脸发红、脉搏加快、体温升至40℃以上。如果不及时处理，中暑的人很快会失去意识，导致生命危险。

（三）预防和治疗中暑的药物

避免高热环境中活动，外出活动注意遮阳，配备充足水和电解质水，准备十滴水、清凉油、仁丹等。

（四）处理原则

1. 立即将患者转移到阴凉的地方，并且平卧在平地上，降低体温。
2. 若患者尚有意识，应补充水分（以运动饮料为宜）。
3. 中暑者意识清醒，应让其一半坐姿休息，头与肩部给予支撑；若中暑者已失去意识，则应让其平躺。

（五）处理步骤

1. 将患者转移到阴凉、通风的地方。松开束缚颈部和身体的衣扣及腰带，将浸过冷水的毛巾或衣服帮患者擦身，同时为患者送风，直到患者的体温降到38℃以下。
2. 当患者的体温有所下降，意识开始恢复或稍有稳定时，应让患者摄取水分，最好喝一些运动饮料。
3. 昏迷不醒或恢复不佳，应及早送医。

（六）预防方法

参加行山等其他户外活动，应注意休息和多饮水，出行时记得戴帽子和太阳镜，避免高温外出。

六、晕厥

晕厥时初步判断晕厥原因，多是由于摔伤、疲劳过度、饥饿过度等原因造成的。主要表现为脸色突然苍白，脉搏微弱而缓慢，失去知觉。遇到这种情况，不必惊慌，一般过一会儿便会苏醒。醒来后，应喝些热水，并注意休息。根据既往疾病和伴随的症状，注意有无心脑血管问题，及时送医院。

七、热昏厥

（一）原因

体质较弱的行山者，在夏季登山的活动中，由于活动剧烈、体力消耗过大，尤其是未能及时补充体内损失的水分和盐分时，容易发生热昏厥。

（二）症状

感觉精疲力尽，却烦躁不安、头痛、晕眩伴恶心。脸色苍白，皮肤感觉湿冷。呼吸快而浅，脉搏快而弱。可能伴有下肢和腹部的肌肉抽搐，体温保持正常或下降。

（三）处理步骤

一旦发生热昏厥，应尽快将患者移至阴凉处躺下。若患者意识清醒，应让其慢慢喝一些凉开水。若患者大量出汗，或抽筋、腹泻、呕吐，应在水中加盐饮用（每升一茶匙）。若患者已失去意识，应让其卧姿躺下，充分休息直至症状减缓，送医院进行进一步救治。

（四）预防方法

为避免发生热昏厥，一些体质较弱的行山者，在参加夏季登山的活动中应特别注意避免体力消耗过大的活动，注意休息节奏、保持体力。应多喝一些含有盐分的水或饮料，及时对体内的电解质损失给予补充。

八、低温症

（一）原因

海拔愈高，气候的变化愈大，当缺乏适当的保暖设备，或长期暴露在气候恶劣的低温环境下，特别是身体热量损耗超过即时所能产生的补充热量时和衣物潮湿的情况下，会产生体温下降的生理反应。当体温降到35℃以下时，人体即已进入失温状态。

（二）症状

感觉寒冷、皮肤苍白、四肢冰冷、剧烈而无法控制的震动、言语含糊不清、反应迟钝、脉搏减缓、失去意识。

（三）处理原则

1. 防止患者继续丧失体温，并逐步协助患者获得正常体温。

2. 待患者意识清醒时，则可让患者喝一些甜而热的饮品。

（四）处理步骤

1. 防止患者继续丧失体温，并逐步协助患者获得正常体温，将患者带离恶劣的低温环境，并移至温暖的地方（帐篷、屋内），若在环境情况允许下可在户外生火取暖。

2. 帮患者脱掉潮湿冰冷的衣物，以温暖的衣物、睡袋包着患者全身。

3. 待患者意识清醒时，则可让患者喝一些甜而热的饮品，若已不省人事，则让他以复原姿势躺着。可给予患者热水瓶或施救者以体温传导，以防患者体温再度下降。若患者呼吸及心跳停止，应展开心肺复苏，并尽快送医。切记不可给患者喝酒，亦不可擦拭或按摩患者四肢，也不可鼓励患者运动。

（五）预防方法

1. 在营地休息时，应多吃和多饮含热量高的食品，应多穿保暖的衣物。
2. 不要把营地建在风大而寒冷的地方。
3. 随时关注天气变化，遇恶劣天气及时终止活动。

九、溺水

将伤员抬出水面后，应立即清除其口、鼻腔内的水、泥及污物，用纱布（手帕）裹着手指将伤员舌头拉出口外，解开衣扣、领口，以保持呼吸道通畅，然后抱起伤员的腰腹部，使其背朝上、头下垂进行倒水。或者抱起伤员双腿，将其腹部放在急救者肩上，快步奔跑使积水倒出。或急救者取半跪位，将伤员的腹部放在急救者腿上，使其头部下垂，并用手平压背部进行倒水。

呼吸停止者应立即进行人工呼吸，一般以口对口吹气为最佳。急救者位于伤员一侧，托起伤员下颌，捏住伤员鼻孔，深吸一口气后，往伤员嘴里缓缓吹气，待其胸廓稍有抬起时，放松其鼻孔，并用一手压其胸部以助呼气。反复并有节律地（每分钟吹16~20次）进行，直至恢复呼吸为止。

心跳停止者应先进行胸外心脏按压。让伤员仰卧，背部垫一块硬板，头低稍后仰，急救者位于伤员一侧，面对伤员，右手掌平放在其胸骨下段，左手放在右手背上，借急救者身体重量缓缓用力，不能用力太猛，以防骨折，将胸骨压下4厘米左右，然后松手腕（手不离开胸骨）使胸骨复原，反复有节律地（每分钟100~120次）进行，直到心跳恢复为止。

十、误触有毒物质

如接触农药、漆树、有毒菇类等，皮肤出现红肿热痛痒，甚至出现水疱，可能同时出现如哮喘等全身过敏性现象。

（一）急救办法

1. 向患处冲大量冷水，也用湿冷毛巾之类敷伤处。
2. 不要让患者搔抓伤处。
3. 送最近的医院。

（二）食物中毒

吃了腐败变质的食物，除有腹痛、腹泻外，还伴有发烧和衰弱等症状，应多喝些饮料或盐水，也可采取催吐的方法将食物吐出来。

（三）中毒

其症状是恶心、呕吐、腹泻、胃疼、心脏衰弱等。遇到这种情况，首先要洗胃，快速喝大量的水，用指触咽部引起呕吐，然后吃蓖麻油等泻药清肠，再吃活性炭等解毒药及其他镇静药，多喝水，以加速排泄。为保证心脏正常跳动，应喝些糖水、浓茶，暖暖脚，立即送医院救治。

十一、蛇咬伤

（一）原因

在参加户外活动、休息或经过蛇类栖息的草丛、石缝、枯木、竹林、溪畔或其他比较阴暗潮湿处时，如果不慎被蛇咬伤，不要吓得不知所措。

（二）症状

1. 如是出血性蛇毒：伤口灼痛、局部肿胀并扩散，伤口周围有紫斑、瘀斑、起水疱，有浆状血由伤口渗出，皮肤或者皮下组织坏死、发烧、恶心、呕吐、七窍出血。有血痰、血尿、血压降低，瞳孔缩小、抽筋等。被咬后6~48小时内可能导致死亡。

2. 如是神经性蛇毒：伤口疼痛、局部肿胀、嗜睡、运动失调、眼睑下垂、瞳孔散大、局部无力、吞咽麻痹、口吃、流口水、恶心、呕吐、昏迷、呼吸困难，甚至呼吸衰竭。伤者可能在8~72小时内死亡，被咬伤后，争取时间是最重要的。

3. 毒蛇咬伤的治疗

（1）先分清是有毒蛇还是无毒蛇咬伤，毒蛇咬伤通常见1~3个比较大而深的牙痕。无毒蛇咬伤常见4排细小牙痕。但一些情况下伤口可能模糊不清。

（2）处理原则。若不知是有毒蛇还是无毒蛇咬伤应按毒蛇咬伤处理。如受伤者单独在野外时，不要惊慌失措地奔跑，而应使伤口部位尽可能放低，并保持局部的相对固定，以减慢蛇毒的吸收。同时立即去附近医院治疗。

（3）早期结扎。用绳子、布带、稻草等，在伤口上方几厘米处结扎，不要太紧也不要太松。结扎要迅速，在咬伤后2~5分钟内完成。此后每隔15分钟放松1~2分钟，以免肢体因血循环受阻而坏死。注射抗毒血清后，可去掉结扎。

（4）冲洗伤口。用肥皂水和清水清洗伤口周围皮肤，再用温开水反复冲洗伤口，洗去黏附的蛇毒液。

（5）排毒。经过冲洗处理后，用消毒过的小刀划破两个牙痕间的皮肤，同时在伤口附近的皮肤上，用小刀挑破米粒大小数处，这样可使毒液外流。不断挤压伤口20分钟。被蝮蛇、五步蛇咬伤，一般不作刀刺排毒，因为它们含有出血毒，会造成出血不止（不建议跟公众普及可以用口吸毒液）。

（6）立即服用解蛇毒药片，并将解蛇毒药粉涂抹在伤口周围。尽量减缓伤者的行动，并迅速送附近的医院救治（如不能确定是哪种蛇毒应将蛇打死，一并带到医院）。

（7）局部用药。例如依地酸二钠注射液可以螯合金属蛋白酶，抑制一些水解酶的活性。对蝮蛇、五步蛇、蝰蛇咬伤的局部组织坏死有效。各地药品供应站有不同的蛇伤药，参照说明书使用（大规模长时间野外活动时领队应考虑带上蛇伤药）。

（8）人工呼吸。银环蛇、金环蛇咬伤后昏迷的重病人可采取人工呼吸维持。

（9）抗蛇毒血清治疗。抗蛇毒血清应用越早，疗效越好。但遗憾的是因为保存困难，只有极少数医院储备有抗毒血清。所以伤者被送往医院后，救护者还应打听最近的抗毒血清储备地。

十二、毒虫咬伤

毒虫咬伤主要包括蜈蚣咬伤、蝎子蜇伤、蚂蟥叮咬、毛虫蜇伤等。

（一）急救措施

1. 蜈蚣咬伤：其伤口是一对小孔，毒液流入伤口，局部红肿。蜈蚣的毒液呈酸性，用碱性液体就能中和。可立即用5%~10%的小苏打水或肥皂水、石灰水冲洗，不用碘酒。然后涂上较浓的碱水或3%的氨水。

2. 蝎子蜇伤：蝎子尾巴上有一个尖锐的钩，与一对毒腺相通。蝎子蜇人，毒液即由此流入伤口。蜇伤如在四肢，可在伤口近心侧缠止血带，拔出毒钩，将明矾研碎用米醋调成糊状，涂在伤口上。必要时请医生切开伤口，抽取毒汁。

3. 蚂蟥叮咬：蚂蟥是危害很大的虫类。遇到蚂蟥叮咬时，不要硬拔，可用手拍或用肥皂液、盐水、烟油、酒精滴在其前吸盘处，或用燃烧着的香烟烫，让其自行脱落，然后压迫伤口止血，并用碘酒涂搽伤口以防感染。如在鞋面上涂些肥皂、防蚊油，可以防止蚂蟥上爬。涂一次的有效时间为4~8小时。此外，将大蒜汁涂抹于鞋袜和裤脚，也能起到驱避蚂蟥的作用。

4. 毛虫蜇伤：被毛虫蜇伤后可用橡皮膏粘出毒毛。

5. **蜘蛛咬伤**：应该与毒蛇咬伤同样对待，采用冷敷有助缓解疼痛，如用泥敷剂；但如得到冰块，用布包裹进行冰镇效果就更加理想。

6. **蜂蜇**：如果不幸被蜂蜇，用细针边缘勾挑蜂刺以取出，不能用针尖刺，不要挤压伤口，以免剩余的毒素扩散进入体内。然后用氨水、苏打水甚至尿液涂抹被蜇伤处，中和毒性。可用冷水浸透毛巾敷在伤处，减轻肿痛。

补充：最好穿戴浅色光滑的衣物，因为蜂类的视觉系统对深色物体在浅色背景下的移动非常敏感。如果有人误惹了蜂群，而招致攻击，唯一的办法是用衣物保护好自己的头颈，反向逃跑或原地趴下。千万不要试图反击，否则只会招致更多的攻击。

蜜蜂蜇的时候屏住呼吸很重要，因为蜜蜂是根据气味来判断方向的。

（二）注意事项

1. 如被毒虫叮咬后，出现头痛、眩晕、呕吐、发热、昏迷等症状时，应立即去医院。

2. 被蜈蚣、毛虫叮咬后，常在被叮咬过的皮肤上形成风疹或水疱。对于风疹，可先用酒精将皮肤擦干，然后涂上1%的氨水；有水疱的，不可因痒而用手去抓，可用烧过的针将水疱刺破，将血挤出，然后涂上1%的氨水。

3. 在野外为了防止昆虫的叮咬，应穿长袖衣和裤，扎紧袖口、领口，皮肤暴露部位涂搽防蚊药。不要在潮湿的树荫和草地上坐卧。宿营时，烧点艾叶、青蒿、柏树叶、野菊花等驱赶昆虫。被昆虫叮咬后，可用氨水、肥皂水、盐水、小苏打水、氧化锌软膏涂抹患处止痒消毒。

十三、常用药品准备

（一）慢性病病友药品准备

1. 平时有慢性病如高血压、糖尿病、冠心病、慢性阻塞性肺疾病，要病情平稳才能外出，病情平稳是指血压、血糖控制良好，冠心病病友近期没有急性心脏缺血症状发作，慢性阻塞性肺疾病近期没有急性发作或肺部感染。

2. 出门时需携带足量的药品（降压药、降糖药、冠心病用药等），足量是指计划外出天数的2倍的药量，比如出门1周，备足2周的药量。

3. 慢性病病友最好备齐急性发作时的急救药品，高血压的心痛定含片、冠心病的硝酸甘油含片、喘息性支气管炎或哮喘的沙丁胺醇（喘乐宁、万托林）气雾剂；糖尿病病友备糖果，在低血糖时食用。

4. 激素替代治疗如甲减、皮质醇减少症的朋友，外出要劳逸结合、避免疲劳、受凉。最好不前往极端天气的地区。

5. 慢性病患者尽量避免高强度运动，外出时更要按时按量服药，尽量避免暴饮暴食，情绪波动。

（二）健康人群药品准备

1. **户外蚊虫叮咬用药**：防蚊虫主要是做好物理防护，户外穿浅色衣服、长袖长裤，扎紧裤腿或把裤腿塞进袜子或鞋子里。裸露的皮肤涂抹驱避剂，如含有避蚊胺的驱蚊喷雾剂或花露水。

2. **预防花粉过敏**：有过敏史的朋友尽可能减少在春天开花的季节或有风的天气出门，不要碰触甚至闻嗅花草，外出时可佩戴口罩，抗过敏药物外用的有抗组胺药膏（盐酸多塞平乳膏、苯海拉明软膏、糠酸莫米松软膏），口服的有氯苯那敏、氯雷他定。

3. **止泻**：蒙脱石散、盐酸小檗碱片，口服补液盐。

4. **防中暑的药物**：藿香正气水、苏合香丸消暑散热、十滴水。

5. **肌肉拉伤或扭伤**：扶他林软膏，云南白药气雾剂、绷带。

6. **皮肤刮伤、擦伤**：碘伏。

以上药品视外出天数和季节、天气酌情准备。